程式設計邏輯訓練 超簡單

SCRATCH 3
初學特訓班 與AI應用
（第二版）

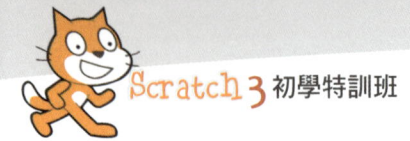

ABOUT eHappy STUDIO

關於文淵閣工作室

常常聽到很多讀者跟我們說：我就是看您們的書學會用電腦的。是的！這就是我們寫書的出發點和原動力，想讓每個讀者都能看我們的書跟上軟體的腳步，讓軟體不只是軟體，而是提昇個人效率的工具。

文淵閣工作室創立於 1987 年，第一本電腦叢書「快快樂樂學電腦」於該年底問世。工作室的創會成員鄧文淵、李淑玲均為苦學出身，在學習電腦的過程中，就像每個剛開始接觸電腦的您一樣碰到了很多問題，因此決定整合自身的編輯、教學經驗及新生代的高手群，陸續推出「快快樂樂全系列」電腦叢書，冀望以輕鬆、深入淺出的筆觸、詳細的圖說，解決電腦學習者的徬徨無助，並搭配相關網站服務讀者。

隨著時代的進步與讀者的需求，文淵閣工作室在邁向第四個十年之際，除了原有的 Office、多媒體網頁設計系列，更將著作範圍延伸至各類程式設計、攝影、影像編修與創意書籍，持續堅持的寫作品質更深受許多學校老師的支持，選定為授課教學書籍，讓我們的書能幫助更多的學生在踏入社會前即能學得一技之長。

文淵閣工作室讀者服務資訊

如果您在閱讀本書時有任何問題，或是許多心得想要與人一起討論、共享，歡迎光臨文淵閣工作室網站，或者使用電子郵件與我們聯絡。

文淵閣工作室網站 http://www.e-happy.com.tw

服務電子信箱 e-happy@e-happy.com.tw

Facebook粉絲團 http://www.facebook.com/ehappytw

總 監 製	鄧文淵	責任編輯	邱文諒・鄭挺穗
監 督	李淑玲	執行編輯	邱文諒・鄭挺穗・黃信溢
行銷企劃	David・Cynthia	企劃編輯	黃信溢

PREFACE

前言

因應十二年國民基本教育的實施，108 年課綱正如火如荼地在校園中推行，這不僅影響新一代的學生對於競爭力的培養，也決定了整個國家的走向與未來。其中科技領域的課程主旨在培養學生的科技素養，程式設計的學習正能符合這個教育目標與期待：學習者能透過科技工具、材料、資源的運用，進而培養動手實作、設計與創造科技工具及資訊系統的知能，也同時涵育創造思考、批判思考、問題解決、邏輯與運算思維等高層次思考的能力。

Scratch 的誕生提供了邁入程式設計學習領域一個很好的入口，與一般程式碼不同，它不強調複雜的輸入與艱澀的語法，所有的開發過程都是透過視覺式的圖像，來學習程式語言的邏輯和架構。學習者可以在積木堆疊的過程中進行開發，設計出許多有趣而且充滿互動的遊戲，並完成程式設計概念的學習。

而新版的 Scratch 3 更將這個概念推伸延續，結合以往聲光效果豐富的角色場景、易學易懂的程式拼塊，更加入許多進階的應用，如狀況的偵測判斷、角色的提問、視訊、語音、翻譯等拼塊，讓學習者能在音樂、動畫、故事、遊戲中建構運算思維與邏輯推演的基礎，成功邁入AI人工智慧的新領域。

在本書中，第一部份將 Scratch 的積木分門別類進行詳細介紹，每個單元都加入大量的實例進行說明，並且搭配延伸練習立即回饋學習成果。第二部份是將專題開發常用技巧進行整理，如角色、場景的移動、計時器、繪圖、物理運動等效果，讓學習者能建構專題開發的能力。本書特地加入了 18 個不同方向且有趣的專題，讓學習者能在實際的開發中，增進自己程式的邏輯思維、解決問題的能力。除此之外，我們還特地為這些專題錄製教學影片，讓學習者能在遭遇困難時，能有直接的幫助與參考。

別再遲疑了，讓我們 Learning Programming from Scratch 吧！

文淵閣工作室

SUPPORTING MEASURE

學習資源說明

為了確保您使用本書學習的完整效果,並能快速練習或觀看範例效果,本書提供了許多相關的學習配套供讀者練習與參考。

1. **本書範例**:將各章範例的完成檔依章節名稱放置各資料夾中。
2. **馬上練習**:將各章範例後的馬上練習完成檔依章節名稱放置各資料夾中。
3. **延伸練習**:將各章的延伸練習使用的練習完成檔依章節名稱放置各資料夾中。
4. **影片教學**:特別錄製「專題實作教學影片」,將本書所有專題實作的過程記錄下來,讓你在閱讀本書內容的同時,搭配影音教學的輔助,在最短的時間內掌握學習的重點。
5. **附錄 PDF**:Appendix A、B 兩個單元是提供 PDF 形式的電子檔。

相關檔案可以在碁峰資訊網站免費下載,網址為:

http://books.gotop.com.tw/download/ACL071100

專屬網站資源

為了加強讀者服務,並持續更新書上相關的資訊的內容,我們特地提供了本系列叢書的相關網站資源,您可以由我們的文章列表中取得書本中的勘誤、更新或相關資訊消息,更歡迎您加入我們的粉絲團,讓所有資訊一次到位不漏接。

藏經閣專欄　　http://blog.e-happy.com.tw/?tag=程式特訓班
程式特訓班粉絲團　https://www.facebook.com/eHappyTT

注意事項

學習資源是提供給讀者自我練習以及學校補教機構於教學時練習之用,版權分屬於文淵閣工作室與提供原始程式檔案的各公司所有,請勿複製做其他用途。

CONTENTS

本書目錄

Chapter 01 輕鬆進入 Scratch 殿堂

- 1.1 Scratch 作業環境 1-2
  - 1.1.1 優越的 Scratch 1-2
  - 1.1.2 線上版開發環境 1-3
  - 1.1.3 離線版開發環境 1-4
- 1.2 操作 Scratch 1-6
  - 1.2.1 認識介面及中文化 1-6
  - 1.2.2 舞台區 1-7
  - 1.2.3 角色區 1-10
  - 1.2.4 程式區 1-13
  - 1.2.5 腳本區 1-15
  - 1.2.6 背包區 1-18
  - 1.2.7 功能表區 1-19
  - 1.2.8 我的東西 1-20
  - 1.2.9 圖形編輯 1-22
- 1.3 第一個 Scratch 專案 1-25
  - 1.3.1 舞台設計 1-25
  - 1.3.2 安排角色 1-26
  - 1.3.3 積木安排 1-28

Chapter 02 動作、外觀、聲音與畫筆

- 2.1 動作與外觀類積木 2-2
  - 2.1.1 動作類積木 2-2
  - 2.1.2 外觀類積木 2-4
  - 2.1.3 動作與外觀類積木綜合演練 2-6

2.2 音效與音樂類積木 2-10
- 2.2.1 音效類積木 2-10
- 2.2.2 音樂類積木 2-11
- 2.2.3 音效與音樂類積木綜合範例 2-12

2.3 畫筆類積木 2-15
- 2.3.1 畫筆類積木總覽 2-15
- 2.3.2 畫筆類積木範例 2-16

Chapter 03 事件、控制與運算

3.1 事件類積木 3-2
- 3.1.1 事件類積木總覽 3-2
- 3.1.2 鍵盤事件範例：鍵盤控制貓咪移動 3-3
- 3.1.3 廣播事件範例：貓咪與恐龍對話 3-5

3.2 控制與運算類積木 3-8
- 3.2.1 控制類積木總覽 3-8
- 3.2.2 運算類積木總覽 3-9
- 3.2.3 判斷式 3-11
- 3.2.4 條件式迴圈 3-14
- 3.2.5 亂數積木 3-18
- 3.2.6 數學運算積木 3-22
- 3.2.7 角色分身積木 3-24

Chapter 04 變數與清單

4.1 變數類積木 4-2
- 4.1.1 資料類積木總覽 4-2
- 4.1.2 全域變數 4-3
- 4.1.3 角色變數 4-9
- 4.1.4 清單 4-14

Chapter 05 偵測、函式、視訊與翻譯

5.1 偵測類積木 5-2
5.1.1 偵測類積木總覽 5-2
5.1.2 判斷相關積木 5-3
5.1.3 提問積木 5-5
5.1.4 聲音響度積木 5-8
5.1.5 時間相關積木 5-12

5.2 函式積木類別 5-16
5.2.1 無參數的函式積木 5-16
5.2.2 具有參數的函式積木 5-18
5.2.3 建立個人專屬程式庫 5-22

5.3 視訊、文字轉語音及翻譯 5-24
5.3.1 視訊偵測類積木 5-24
5.3.2 文字轉語音類積木 5-27
5.3.3 翻譯類積木 5-30

Chapter 06 移動相關技巧

6.1 角色移動 6-2
6.1.1 角色隨著滑鼠或其他角色移動 6-2
6.1.2 角色不斷的移動 6-6
6.1.3 角色在指定的路徑上行走 6-10
6.1.4 角色碰撞後反彈的技巧 6-12

6.2 場景移動 6-19
6.2.1 前景移動 6-19
6.2.2 背景移動 6-21

Chapter 07 其他常用技巧

7.1 計時器 ... 7-2
7.2 以函式積木指令繪製幾何圖形 ... 7-7
7.2.1 繪製直線 ... 7-7
7.2.2 繪圓 ... 7-10
7.3 物體運動 ... 7-13
7.3.1 等速圓周運動 ... 7-13
7.3.2 自由落體 ... 7-15
7.3.3 斜拋體 ... 7-17

Chapter 08 基礎專題

8.1 專題：世界杯章魚大賽 ... 8-2
8.2 專題：最佳捕手 ... 8-5
8.3 專題：彈鋼琴 ... 8-11
8.3.1 彈鋼琴(播放音效檔) ... 8-11
8.3.2 彈鋼琴(彈奏音符) ... 8-13
8.4 專題：猜拳遊戲 ... 8-14
8.5 專題：心情刷刷樂 ... 8-18
8.6 專題：障礙賽 ... 8-22
8.7 專題：打磚塊 ... 8-26
8.8 專題：乒乓球雙人對戰 ... 8-30

Chapter 09 進階專題

9.1 專題：隨機轉盤 ... 9-2
9.2 專題：打雪怪遊戲 ... 9-7
9.2.1 打雪怪遊戲基本版 ... 9-7
9.2.2 打雪怪遊戲進階版 ... 9-11
9.2.3 打雪怪遊戲複製分身版 ... 9-13

9.3　專題：吃角子老虎 9-15

9.4　專題：打字高手 9-20
   9.4.1　打字高手基本版 9-20
   9.4.2　打字高手進階版 9-24

9.5　專題：黃金的考驗 9-27
   9.5.1　黃金的考驗基本版 9-27
   9.5.2　黃金的考驗進階版 9-34

Appendix A

Scratch + micro:bit 應用 (此單元為 PDF 檔，請見線上下載連結)

A.1　micro:bit 微控制板 A-2
   A.1.1　認識 micro:bit 微控制板 A-2
   A.1.2　Scratch 3 搭配 micro:bit A-2

A.2　安裝 Scratch Link 和 Scratch micro:bit HEX A-3
   A.2.1　安裝 Scratch Link A-3
   A.2.2　安裝 Scratch micro:bit HEX A-4

A.3　Scratch 3 連接 micro:bit A-6

A.4　micro:bit 積木 A-9

A.5　感測器和數位腳位輸入 A-13
   A.5.1　當晃動事件應用 A-13
   A.5.2　當傾斜事件應用 A-15
   A.5.3　當引腳接地事件應用 A-18

Appendix B

Scratch + AI 應用 (此單元為 PDF 檔，請見線上下載連結)

B.1　Teachable Machine：線上模型訓練 B-2
   B.1.1　Teachable Machine 圖片機器學習模型 B-2
   B.1.2　使用 Teachable Machine 模型 B-8

B.2　開啟客製化的 Stretch3 .... B-11
   B.2.1　TM2Scratch 類積木 B-11
   B.2.2　TM2Scratch 類積木綜合演練 B-13

Chapter 01

輕鬆進入 Scratch 殿堂

由美國麻省理工學院媒體實驗室所開發的 Scratch 是一套圖形化程式設計軟體，適合學生作為學習程式設計的入門軟體，可以輕易製作劇情、動畫、遊戲、音樂等程式架構，創作的作品可以上傳與全世界一起分享。

Scratch 操作頁面上方是功能表，主要操作介面分為舞台、角色、程式、腳本及背包五區。

認識與進入 Scratch
的操作環境

1.1 Scratch 作業環境

Scratch 同時支援線上及離線作業環境。只要能連上網際網路，就能以瀏覽器開啟 Scratch 官方網站進行開發工作，不需任何安裝程序，非常方便，並且可享受雲端存取功能。當處於沒有網際網路連線的情況時，可以安裝 Scratch 離線作業系統，一樣可以正常開發 Scratch 專案。

1.1.1 優越的 Scratch

由美國麻省理工學院媒體實驗室所開發的 Scratch 是一套圖形化程式設計軟體，適合學生作為學習程式設計的入門軟體，可以輕易製作劇情、動畫、遊戲、音樂等程式架構，創作的作品可以上傳與全世界一起分享。

Scratch 能於短短數年在世界造成風潮，是因其具有下列優點：

- **開發環境佈署方便**：Scratch 支援線上開發，只要連上網路就可撰寫程式。為了造福沒有網路環境的使用者，官方也不斷釋出離線版軟體，讓使用者可以在本機上開發專案。

- **拼圖式程式撰寫**：圖形化的程式設計，可讓程式流程一目了然。程式積木已中文化，更使程式易懂易學。

- **瀏覽器管理系統**：整個開發介面是透過瀏覽器操作，設計的成果皆儲存在雲端，無論設計者身在何處，只要有網路，隨時都可以開啟瀏覽器進行設計工作。

- **方便參考原始程式**：Scratch 官方網站有全世界愛好者分享的成千上萬作品，幾乎所有主題都可以找到相關程式，每一個程式的原始程式碼都是開放的，初學者可以參考其他人的程式碼做為學習對象，或加以修改讓程式更完整，如此可大幅增加學習效率。

1.1.2 線上版開發環境

Scratch 只要連上官方網站就可開發專案。

1. 請於瀏覽器網址列輸入「https://scratch.mit.edu/」，進入 Scratch 官網：

2. 如果沒有登入網站，部分功能無法使用。若尚未申請帳號，可按 **加入 Scratch** 鈕申請新帳號。

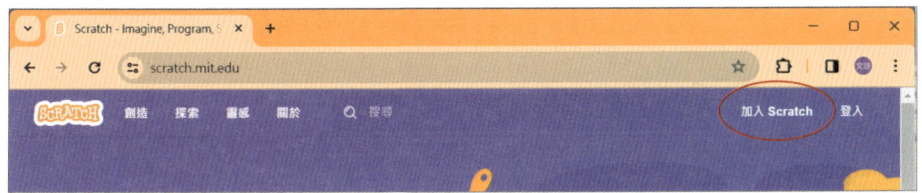

3. 請輸入帳號、密碼按 **下一步** 鈕，再繼續填寫各種基本資料後就可建立新帳號並登入網站。如果輸入的帳號已有人使用，系統會立即顯示訊息告知。

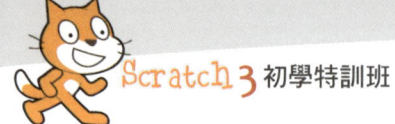

4. 登入網站後畫面與尚未登入前略微不同：左方是動態消息，右方為 Scratch 最新消息。本書的操作說明以線上版開發環境為主。

1.1.3 離線版開發環境

許多使用者的作業環境不是隨時都能連上網路，學校教學時也可能因某些因素導致網路不通，此時就可使用離線版 Scratch 開發專案。

1. 開啟瀏覽器並在網址列輸入「https://scratch.mit.edu/download/」，進入離線版 Scratch 安裝頁面：先選擇作業系統 (此處選 **Windows**)。注意離線版 Scratch 作業系統需求:Windows 版本需 win 10 以上，macOS 需 10.13 以上。

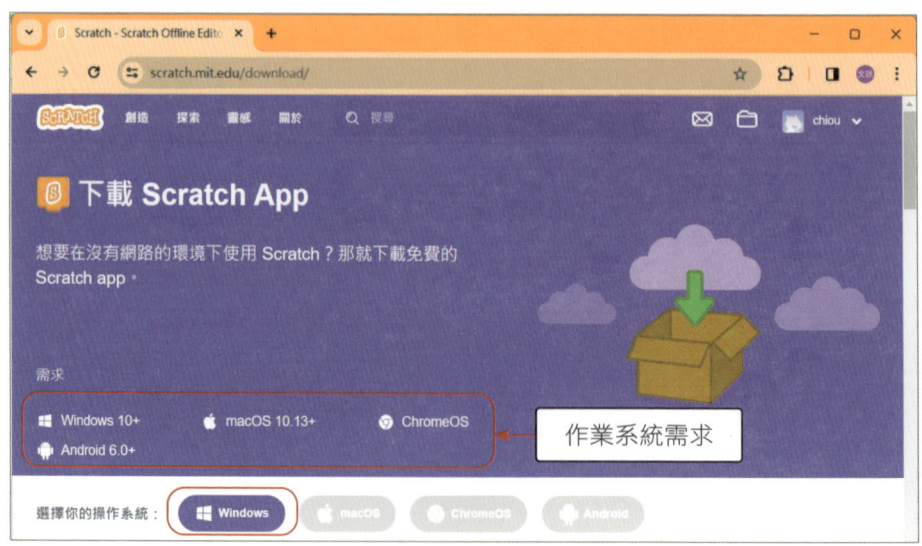

往下捲動，再按下方的 **直接下載** 鈕下載安裝檔。

輕鬆進入 Scratch 殿堂 01

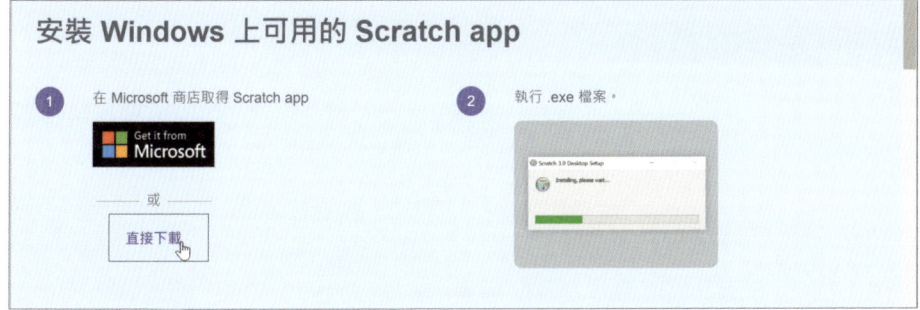

2. 於下載的 <Scratch 3.29.1 Setup.exe> 檔按滑鼠左鍵兩下進行安裝，安裝完成後會自動開啟 Scratch，如此即可使用離線版 Scratch 撰寫程式了！

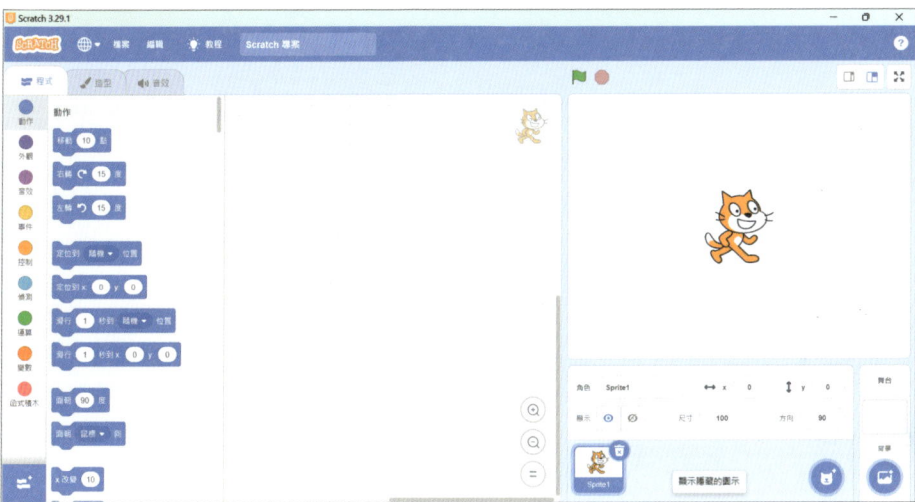

1-5

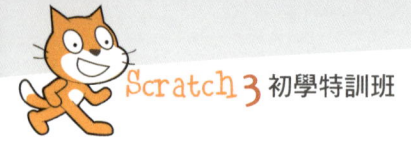

1.2 操作 Scratch

Scratch 操作介面分為舞台、角色、程式、腳本及背包五區,可以撰寫及執行應用程式專案。

1.2.1 認識介面及中文化

使用線上版 Scratch 時最好登入使用者,才能享受完整功能。開啟瀏覽器,於網址列輸入「https://scratch.mit.edu/」,如果沒有登入網站,可按網頁右上角的 **登入** 鈕,輸入 **用戶名稱** 及 **密碼** 後按 **登入** 鈕即可登入網站。

登入後在右上角會顯示登入者名稱,按 **創造** 鈕進入 Scratch 操作頁面。

Scratch 操作頁面上方是功能表。功能表右方為專案名稱,預設專案名稱為「Untitled」,在專案名稱上按一下滑鼠左鍵即可修改專案名稱,專案名稱可使用中文。主要操作介面分為舞台、角色、程式、腳本及背包五區。

1-6

01 輕鬆進入 Scratch 殿堂

1.2.2 舞台區

舞台區呈現應用程式介面，程式執行結果會在此區域顯示，新建專案時，系統會自動產生一個角色「Sprite1」(圖形為貓咪)，將其置於舞台區。

左上角的綠色旗幟 為執行圖示，按下後就執行程式；紅色八角形 為停止執行圖示，按下後會停止執行程式。右上角 是縮小舞台區圖示，按下後可顯示較小的舞台區； 是放大舞台區圖示，按下後可顯示較大的舞台區，這是預設值； 是全螢幕圖示，按下後會以全螢幕顯示舞台區。

Scratch 為方便設計者測試程式執行結果，只要按舞台區右上角的 就可執行程式觀看結果，但此時使用者仍可以拖曳角色移動角色位置，常造成結果失真。若要觀看真正執行結果，最好按 圖示切換到全螢幕，再按 執行程式，此時角色的位置無法拖曳，可得到正確執行結果。

舞台座標

舞台區的寬度為 480 Pixels，高度為 360 Pixels，以舞台區正中央為原點 (0,0)，原點向右的 X 軸為正，向左為負；原點向上的 Y 軸為正，向下為負。

1-7

Scratch 3 初學特訓班

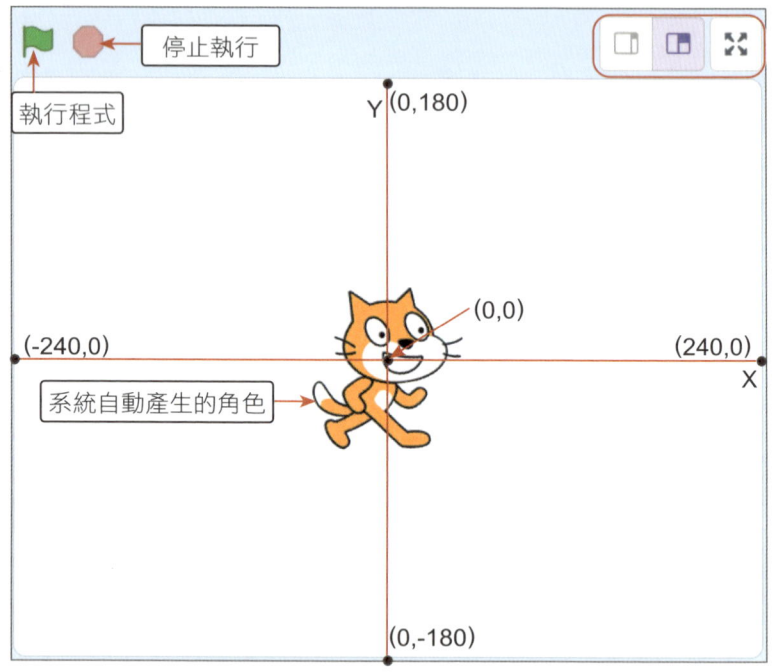

製作舞台背景

預設舞台背景顏色為白色，沒有任何圖形，非常單調。Scratch 提供四種方法產生舞台背景，位於頁面右下角：將滑鼠移到 圖示 上就會顯示彈出視窗讓使用者選擇。

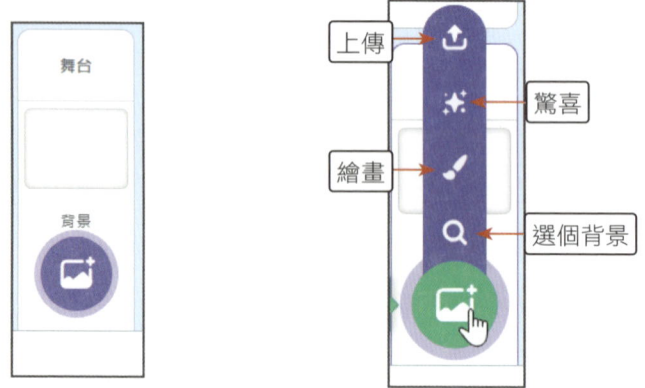

- **上傳**：如果已有現成圖形檔，可上傳做為背景，背景圖形最好是寬 480 Pixels，高 360 Pixels。按 圖示後會啟動 **開啟** 對話方塊，選取上傳圖形檔案名稱再按 **開啟** 鈕就會上傳檔案。

輕鬆進入 Scratch 殿堂　01

- **驚喜**：按 🎲 圖示後會由系統內建的範例背景圖形隨機選取一個背景圖形，並開啟圖形編輯區讓使用者編輯圖形。
- **繪畫**：按 ✏ 圖示後腳本區會轉變為繪圖區，可手動繪製圖形。繪製工具的使用將在後面章節說明。

- **選個背景**：Scratch 已建置數十種舞台背景供設計者取用，顯示時有數種方式可以選擇，讓設計者快速找到需要的背景圖形。按 🔍 圖示會開啟範例背景頁面，點選背景圖形就可加入背景。

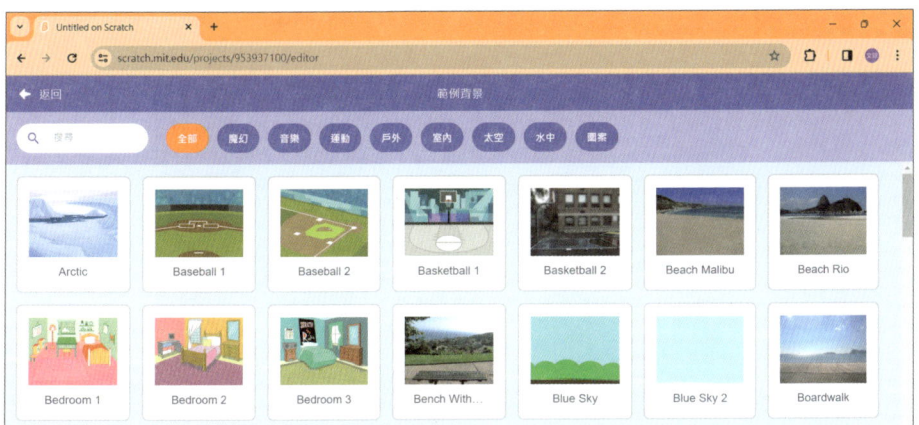

1-9

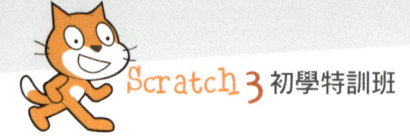

1.2.3 角色區

角色是 Scratch 的核心，相當於電影中的演員。新建 Scratch 專案時，系統已自動產生一個「貓咪」角色，如果不需要此角色，可將其刪除，刪除的方法是在角色上按滑鼠右鍵，於快顯功能表中點選 **刪除** 項目。

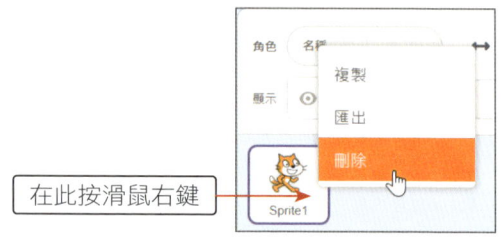

快顯功能表中其他項目的功能：

- **複製**：製造與原角色完全相同的角色，新角色的名稱由系統設定。複製時會連程式碼一起複製。
- **匯出**：將角色下載到本機電腦中，儲存的檔案名稱為「角色名稱 .sprite3」，例如角色名稱為「Sprite1」，則角色檔的名稱為「Sprite1.sprite3」。下載的角色檔可上傳給其他專案使用。

製作角色

新增角色的方法與新增舞台背景的方法雷同：

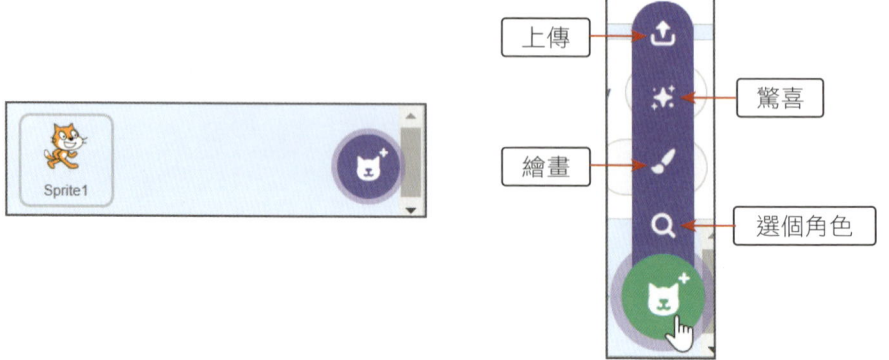

- **上傳**：可上傳圖形檔，也可上傳由其他專案下載的角色檔 (附加檔名為 .sprite3)。
- **驚喜** 及 **繪畫**：使用方法與新增舞台背景相同。

1-10

輕鬆進入 Scratch 殿堂　01

- **🔍 選個角色**：按 🔍 圖示會開啟範例角色頁面，Scratch 內建近百種角色供設計者使用，大部分角色含有數個造型，可用於製作動畫，將滑鼠移到角色圖形上就會顯示動畫。使用者點選角色圖形就會新增一個角色。

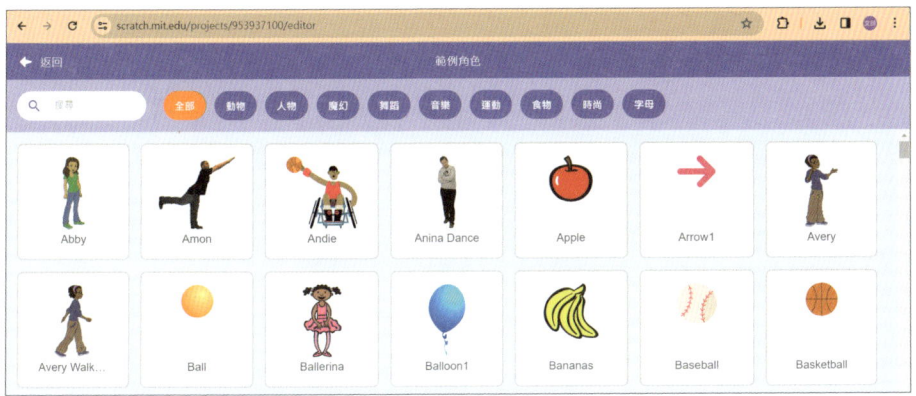

角色屬性設定

角色有許多屬性可以改變其特性，如角色名稱、顯示位置等。

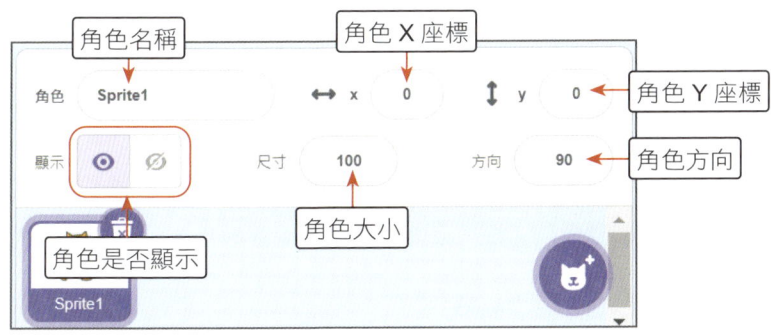

- **角色名稱**：可使用中文命名。
- **角色 X、Y 座標**：可設定角色在舞台的位置，若直接在舞台拖曳角色來改變角色位置，此處的座標值會同步改變。
- **角色方向**：預設值為 90^0，下面為各種角度的圖形。

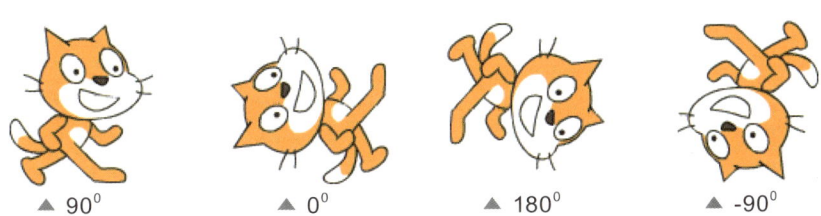

▲ 90^0　　▲ 0^0　　▲ 180^0　　▲ -90^0

1-11

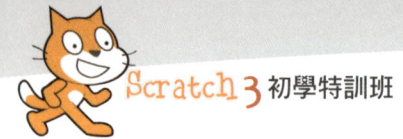

- **顯示**：預設值為角色會在舞台上顯示，若點選右方 ⊘ 圖示，則角色不會在舞台上顯示。
- **尺寸**：設定角色大小。

造型及聲音

一個角色可擁有多張圖片，每一張圖片稱為「造型」，例如系統自動產生的貓咪角色就有兩個造型：點選程式區上方的 **造型** 頁籤可顯示所有造型。

新增造型的方法與製造角色的方法雷同。

如果要移除造型，點按造型右上角的 圖示就可刪除造型。

當有多個造型時，最常用的功能就是在程式中不斷變換造型，形成動畫效果。

> 🐱 **多個背景圖片**
>
> 舞台也可擁有多張背景圖片，做為切換場景使用。當選取 **舞台** 時，**造型** 頁籤會變為 **背景** 頁籤，新增及刪除背景圖片的方法與造型相同。

聲音也是 Scratch 的特色之一，每個角色可擁有自己獨特的聲音資源。點選程式區上方的 **音效** 頁籤可顯示角色擁有的聲音檔，系統已自動加入一個 <Meow> 聲音檔，這是貓咪的叫聲。

輕鬆進入 Scratch 殿堂 01

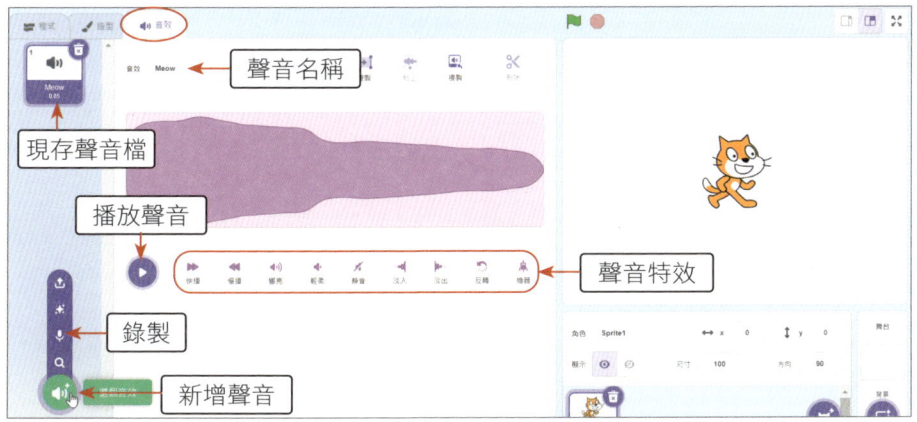

新增聲音有四種方式：

- **上傳**、**驚喜**：使用方法與新增舞台背景相同。
- **錄製**：按 圖示後會啟動錄音裝置讓使用者錄音。
- **選個音效**：按 圖示會顯示系統中的聲音檔，將滑鼠移到聲音檔上的 圖示就會播放聲音，點選要使用的聲音檔案就會建立新的聲音。

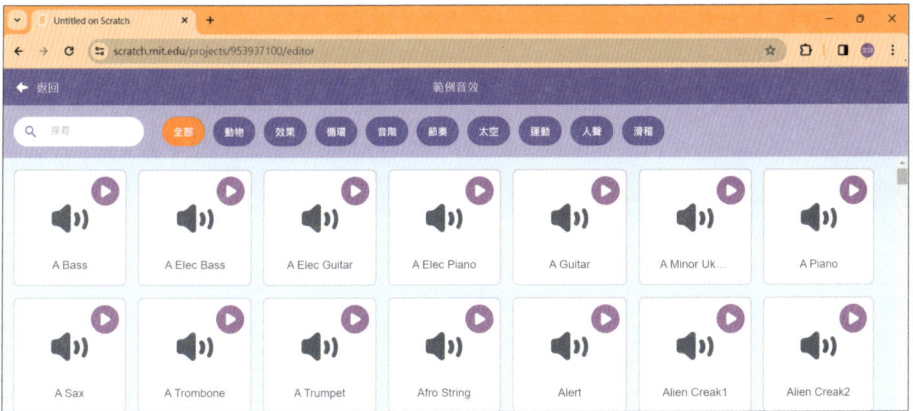

1.2.4 程式區

程式區包含 **程式**、**造型**（或 **背景**）、**音效** 三個頁籤，**造型** 及 **音效** 頁籤已在前一小節說明。**程式** 頁籤提供百餘個積木讓設計者取用，為了方便使用及辨識，積木分為十類，不同類別以不同顏色標示 (最下方的「添加擴展」例外)，設計者只要將所需的積木拖曳到腳本區組合，就可完成所需的程式功能。

1-13

Scratch 3 初學特訓班

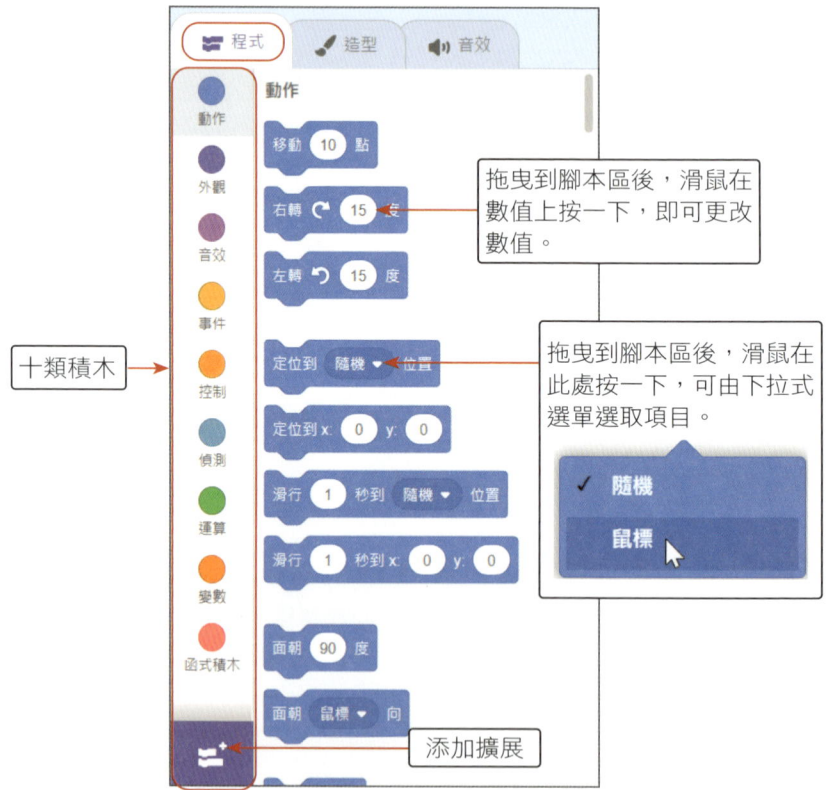

十類積木的功能為：

- **動作**：設定角色的移動、方向、旋轉及位置。
- **外觀**：設定文字顯示，及角色的造型、特效、大小等。
- **音效**：播放聲音檔案、調整音量大小。
- **事件**：設定事件發生時所要執行的程式。
- **控制**：設定程式流程控制，如判斷、迴圈等。
- **偵測**：判斷角色是否發生特定狀況，例如是否碰撞顏色或其他角色、是否按下鍵盤或滑鼠按鍵等。
- **運算**：進行運算式操作，例如取得亂數、數值運算、字串運算等。
- **變數**：建立變數及清單來儲存資料。
- **函式積木**：建立函式，對於需重複使用的積木可撰寫函式，只要呼叫函式就可執行函式積木。

- **添加擴展**：包括音樂、畫筆、視訊偵測、文字轉語音、翻譯、MaKey Makey 及 microbit 等擴充功能。

1.2.5 腳本區

腳本區的內容會隨使用者點選程式區上方 **程式**、**造型** 或 **音效** 頁籤而改變，**造型** 及 **音效** 頁籤已在 1.2.3 節說明，接下來將說明點選 **程式** 頁籤時，腳本區的使用方法。

積木的基本操作

使用者點選 **程式** 頁籤後，腳本區是撰寫程式的區域，右上角會顯示角色縮圖，表示目前撰寫的是該角色的程式。撰寫程式的方法：拖曳所需的程式區積木到腳本區即可，例如拖曳 **事件** 類 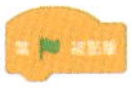 積木到腳本區：

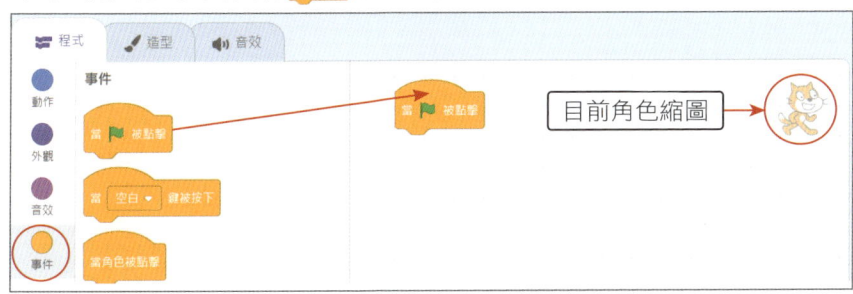

積木在腳本區的位置不影響執行結果。大部分積木的左上方有一個凹下的缺口，用來銜接上層積木；左下方有一個凸出的小方塊，可讓下層積木接上來，如此就可一直不斷的延伸積木。

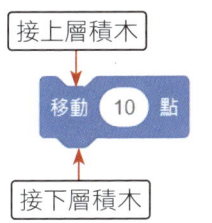
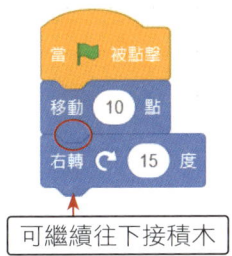

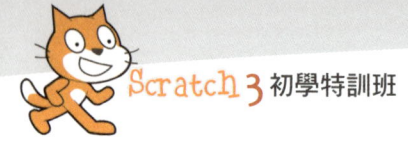

程式註解

當程式日趨龐大時,積木的數量也會越來越多,會降低程式可讀性。另一種情況是撰寫的程式經過相當時日後,會忘記當初撰寫的程式邏輯,必須花費很多時間重新解讀程式。程式設計的初學者,最好養成為程式碼加入註解的好習慣。

為 Scratch 程式積木加入註解的方法是在積木上按滑鼠右鍵,再點選快顯功能表 **添加註解** 項目,可在米黃色的註解區域中輸入註解,註解區域與積木間有一條米黃色線段連結,拖曳右下角 圖示可改變註解區大小。

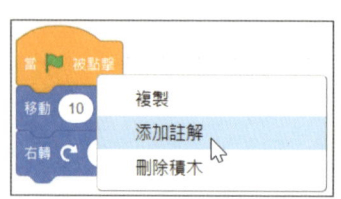 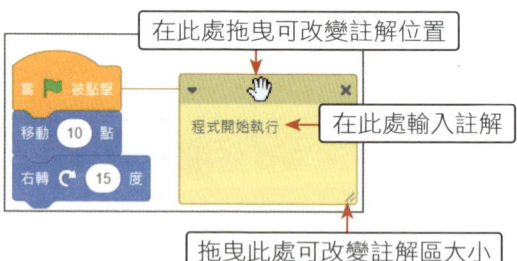

若要移除註解,可在註解區上方按滑鼠右鍵,再點選快顯功能表 **刪除** 項目就可移除該註解。或直接按右上角 鈕移除註解。

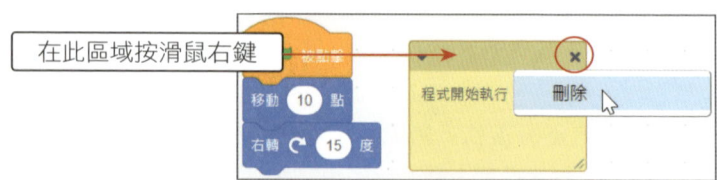

為了節省註解區顯示空間,可按註解區左上角 圖示將註解設定為單列模式。

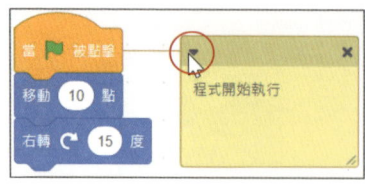 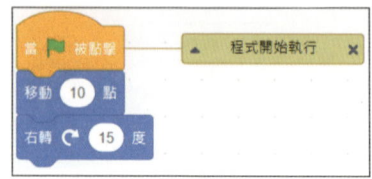

複製及刪除積木

若要使用腳本區已建立的積木,可以複製需要的積木使用,不需重複拖曳積木。若有不再使用的積木,可以將其刪除。複製及刪除積木的方法是在積木上按滑鼠右鍵,再點選快顯功能表 **複製** 或 **刪除積木** 項目即可。

輕鬆進入 Scratch 殿堂 **01**

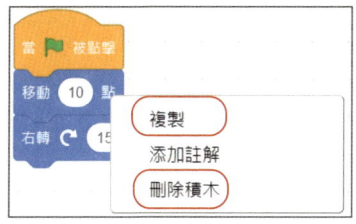

需注意的是複製積木時，會複製指定積木下面所有的積木，例如下圖會複製包含 在內共三個積木。

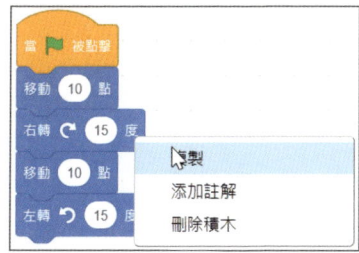

複製的積木

而刪除積木時，則只刪除指定積木 (一個積木)。

複製積木到其他角色

有時不同角色會擁有相同程式積木，或程式積木雷同，例如打磚塊遊戲中所有磚塊的程式積木都相同。此時可以在完成一個角色程式積木後，將程式積木複製給其他角色使用。

1. 以將 Sprite1 角色 (貓咪) 的程式積木複製給 Abby 角色 (女孩) 為例：在角色區點選 Sprite1 角色，將腳本區的程式積木拖曳到角色區 Abby 角色上：

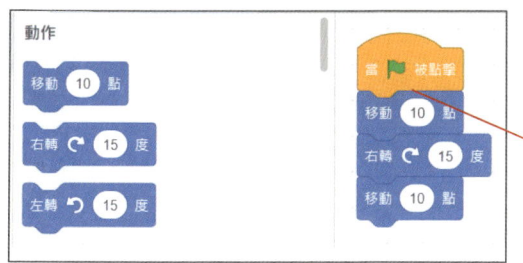

2. 放開滑鼠後會看到程式積木回到腳本區。在角色區點選 Abby 角色，可在腳本區觀察到程式積木已複製到 Abby 角色中了！

1-17

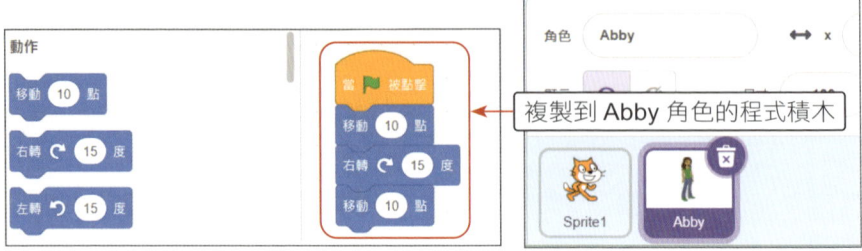

1.2.6 背包區

開啟 Scratch 時,背包區預設是收合狀態。

在背包區空白處按一下滑鼠左鍵即可展開背包區,此時背包內空無一物。

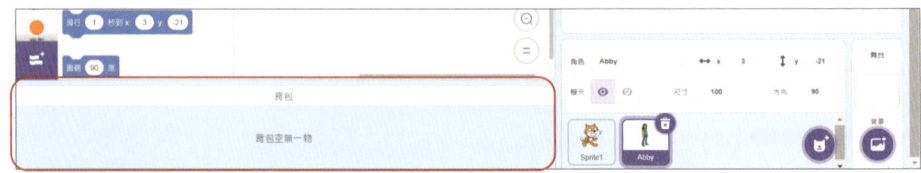

背包區的功能是可以跨專案共用資源。背包區是一容器,可將程式積木、角色、造型、背景等拖曳到背包區儲存,背包區儲存的資料在關閉專案或關閉 Scratch 後仍然存在,因此可將常用的資源儲存在本區,開啟其他專案或新建專案時,只要將本區資源拖曳到對應的區域後,就可新增積木、角色等。

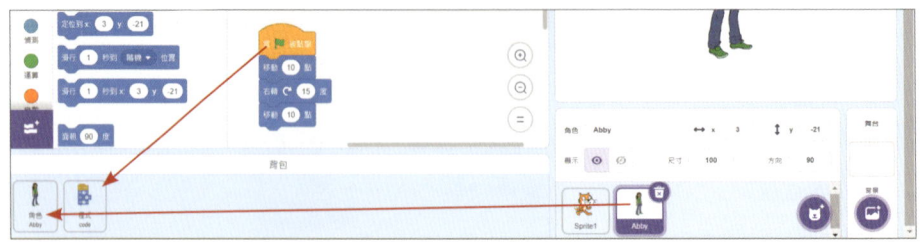

 離線版無背包區

只有線上版 Scratch 擁有背包區資源共享功能,離線版 Scratch 沒有背包區。

1.2.7 功能表區

Scratch 功能表提供語言、檔案、編輯、分享及教程功能。

1. **語言** 功能：按 圖示可在下拉式選單 中選取要使用的語言， 可選擇樣式的彩度。

2. **檔案** 功能提供的處理項目如下：

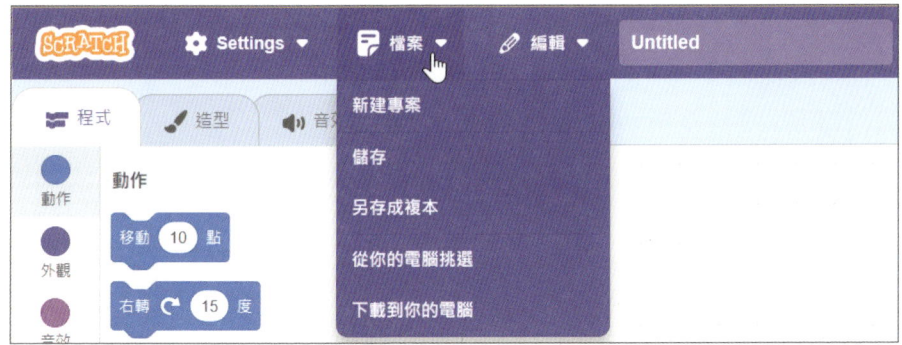

- **新建專案**：建立新專案，如果原來使用的專案內容有變更而尚未存檔，系統會先儲存原專案後再建立新專案。
- **儲存**：儲存目前正在使用的專案。
- **另存成複本**：以新的專案名稱儲存專案，原來專案仍會保留。新的專案名稱為原來專案名稱加上「copy」，例如原來專案名稱是「brick」，則新的專案名稱為「brick copy」，使用者可自行修改專案名稱。
- **從你的電腦挑選**：將本機中的專案檔案傳送到線上版 Scratch，上傳檔案的附加檔名為「.sb2」(Scratch 2) 或「.sb3」(Scratch 3)。若上傳 Scratch 2 專案，系統會自動轉換為 Scratch 3。

1-19

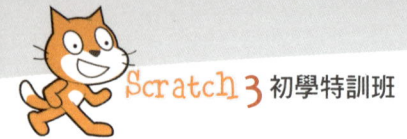

- **下載到你的電腦**：與 **從你的電腦挑選** 功能相反,是將線上 Scratch 專案儲存到本機中,儲存的檔案名稱為「專案名稱 .sb3」。

3. **編輯** 功能提供的處理項目有:

- **復原角色**：此選項預設是無法點選(灰階),在使用者刪除角色、造型、音效等元件以後,項目文字會變為 **復原角色**、**復原造型** 等,點選後就會復原被刪除的元件。
- **開啟加速模式**：以較快速度執行程式,彷彿快轉播放電影。

> **復原程式積木**
> 使用者刪除程式積木後並無法以 **編輯 / 復原** 功能復原刪除的程式積木,此時可按 **CTRL + Z** 復原刪除的程式積木。

4. 點選 **教程** 功能會開啟 **選擇教程** 頁面,內有非常多教學專案,會以動畫按部就班讓使用者學習 Scratch 3。

1.2.8 我的東西

線上版 Scratch 使用「我的東西」來管理專案:登入者點選頁面右上角 📁 圖示就會開啟「我的東西」頁面。

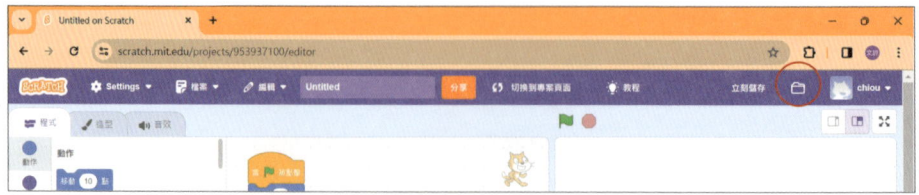

「我的東西」中有所有專案的列表,可以新增或刪除專案。

1-20

輕鬆進入 Scratch 殿堂 01

- **建立新專案**：建立一個新的專案，建立後會開啟編輯專案頁面。
- **專案排序方式**：當專案數量龐大時，要如何快速找到所需的專案呢？Scratch 提供多種排序方式，選取適當排序方式有助於快速找到專案。
- **分享的專案、未分享專案、我的創作坊**：顯示目前已分享專案、未分享專案、創作坊的數量。
- **刪除專案**：移除不再需要的專案。特別注意刪除專案時不會顯示確認對話方塊，按 **刪除** 立刻移除該專案。
- **專案名稱**：點選專案名稱會開啟專案屬性設定頁面，可在此頁面設定應用程式使用說明、注意事項，也可在此觀看執行結果。
- **觀看程式頁面**：進入專案編輯頁面修改專案。

1-21

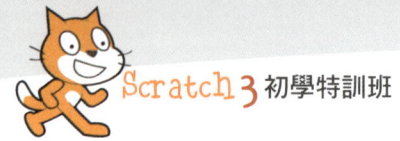

1.2.9 圖形編輯

Scratch 提供簡易圖形編輯功能讓設計者自行繪製所需的圖形。圖形編輯功能可以從無到有繪製新圖形，也可以修改已存在的圖形。

Scratch 中圖形主要用於舞台的背景及角色的造型，下列兩種情形會開啟圖形編輯功能：

- 在舞台區點選 **舞台**，於程式區點選 **背景** 頁籤，將滑鼠移到舞台區 上，於彈出視窗點選 圖示。
- 在角色區點選任一角色，於程式區點選 **造型** 頁籤，將滑鼠移到角色區 上，於彈出視窗點選 圖示。

圖形編輯功能分為編輯向量圖及點陣圖，預設為編輯向量圖。

編輯向量圖的介面如下：

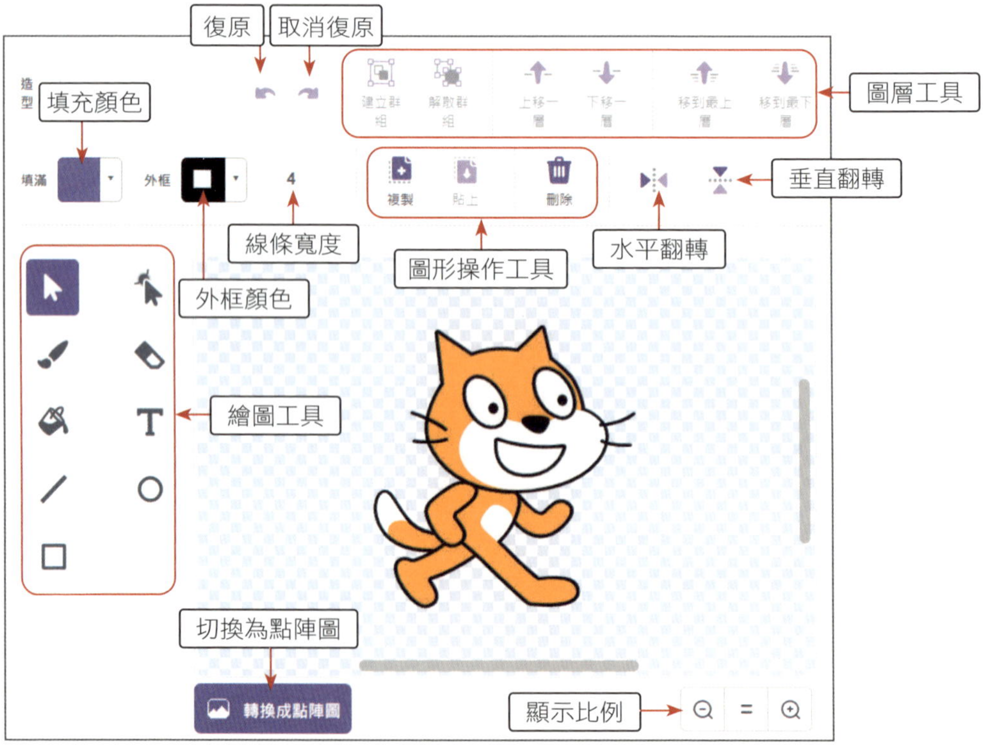

- （**選取**）：選取圖形。

1-22

輕鬆進入 Scratch 殿堂　01

- **↖（重新塑形）**：**重新塑形** 可以為向量圖形增刪節點，例如為直線增加節點的操作：點選 ↖ 工具後，在直線上按一下滑鼠左鍵選取直線，再於直線上任一點按一下滑鼠左鍵即可在該處增加一個節點，拖曳節點就可形成曲線。

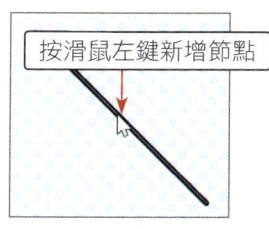
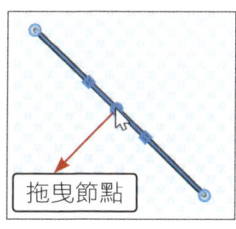
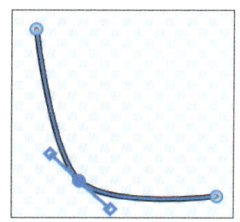

- **（筆刷）**：拖曳滑鼠自由繪圖。
- **（擦子）**：擦掉圖形。
- **（填滿）**：以指定顏色將特定封閉區域填滿。
- **T（文字）**：輸入文字。
- **／（線條）**：畫直線。
- **○（圓形）**：畫空心或實心橢圓形，若按住 **Shilt** 鍵則畫空心或實心正圓形。
- **□（方形）**：畫空心或實心矩形，若按住 **Shilt** 鍵則畫空心或實心正方形。

向量繪圖有圖層觀念，當兩個圖形重疊時，上層圖形會蓋住下層圖形。**上移一層** 鈕可將圖層向上移一層，**下移一層** 鈕可將圖層向下移一層，**移到最上層** 及 **移到最下層** 選項，可將圖形移到最上層及最下層。

向量繪圖常會將圖形分為許多小部分再組合，不但容易維護，製作動畫時更有利，只要調整局部圖形即可。**建立群組** 鈕可以將許多小圖形組合，**解散群組** 鈕可以將圖形還原為未群組狀態。

1-23

編輯點陣圖的介面如下：

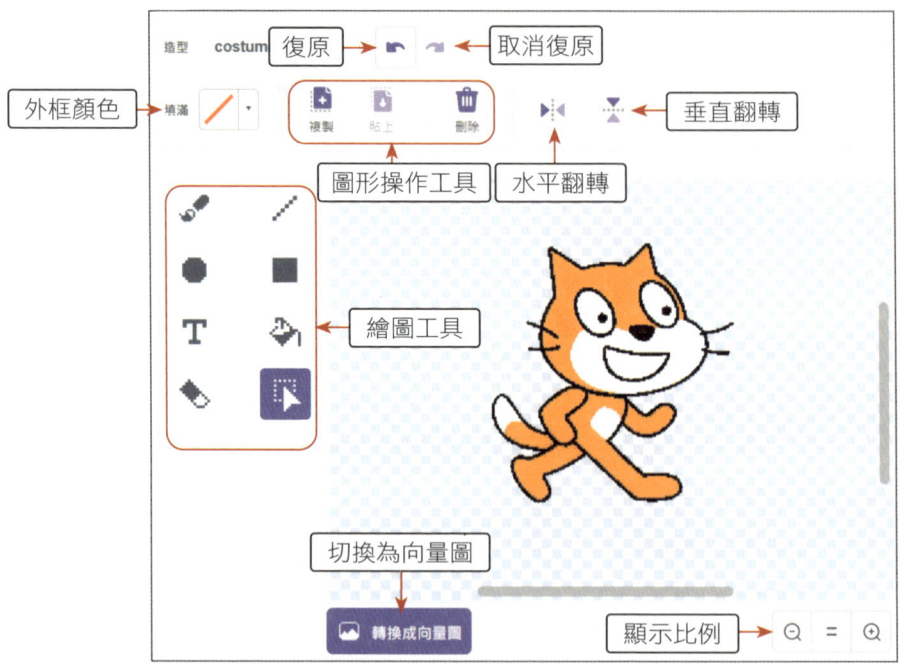

- ✏ **(筆刷)**：拖曳滑鼠自由繪圖。
- ╱ **(線條)**：畫直線。
- ● **(圓形)**：畫空心或實心橢圓形，若按住 **Shilt** 鍵則畫空心或實心正圓形。
- ■ **(方形)**：畫空心或實心矩形，若按住 **Shilt** 鍵則畫空心或實心正方形。
- T **(文字)**：輸入文字。
- 🪣 **(填滿)**：以指定顏色將特定封閉區域填滿。
- 🧽 **(擦子)**：擦掉圖形。
- ▶ **(選取)**：選取圖形。

1.3 第一個 Scratch 專案

了解 Scratch 各項功能操作後,可以實作一個具有動畫及角色對話的簡單範例。由於這是第一個實作範例,將會詳細說明操作步驟。

本範例的場景是鄉間小路旁的大樹下,貓咪及蝴蝶由場景的左下及右下方進場,在場景中間相遇後做簡單對話。(<ch01\Ch01_第一個專案.sb3>)

1.3.1 舞台設計

首先建立一個新專案,再更換所需的舞台背景。

1. 開啟瀏覽器,於網址列輸入「https://scratch.mit.edu/」進入線上版 Scratch 網頁並登入網站,按 **創造** 鈕建立新專案且進入 Scratch 操作頁面。

2. 修改專案名稱為「Ch01_第一個專案」,將滑鼠移到右下方 圖示上,點選 項目新增一個系統內建背景。

3. 在範例背景庫中點選 **Tree** 圖形。

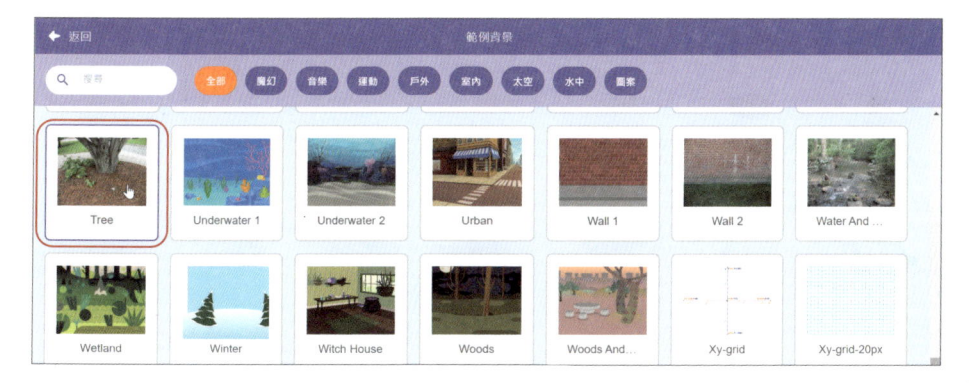

1-25

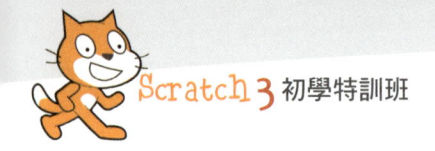

4. 於程式區切換到 **背景** 頁籤，點選 backdrop1 背景，按右上角 🗑 圖示移除該背景。

新增的背景

1.3.2 安排角色

舞台設計完成後，接著要新增角色：本範例除了系統自動產生的貓咪角色外，還有一個蝴蝶角色。

新增角色

蝴蝶角色屬於系統內建的角色庫。

1. 將滑鼠移到角色區右下方 🐱 圖示上，點選 🔍 項目新增一個系統內建角色。

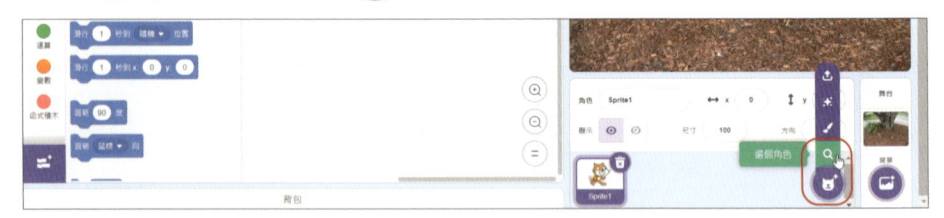

2. 在範例角色庫中點選 **Butterfly 2** 圖形。

輕鬆進入 Scratch 殿堂 01

角色屬性設定

預設角色名稱是英文圖形檔名，可修改為中文名稱，並設定一些角色相關屬性。

1. 修改貓咪角色名稱：於角色區點選 Sprite1 角色，將角色名稱改為「貓咪」。

2. 修改蝴蝶角色名稱及屬性：於角色區點選 Butterfly 2 角色，將角色名稱改為「蝴蝶」。將滑鼠在 **方向** 右方的輸入框內按一下滑鼠左鍵，在彈出視窗中拖曳箭頭到 -90⁰ 位置（箭頭向左），此時蝴蝶的頭會向左方，但蝴蝶的頭部卻在下方。點選彈出視窗下方 圖示設定角色只能左右旋轉，蝴蝶的頭部就會在上方。

3. 將貓咪移到舞台左下角，蝴蝶移到舞台右下角，完成角色安排工作。

1-27

1.3.3 積木安排

舞台及角色完成後，就可以開始拖曳積木撰寫程式了！

貓咪角色積木

1. 先撰寫貓咪角色的程式積木：在角色區點選 **貓咪** 角色，於程式區點選 **程式** 頁籤，再點選 **事件** 類別。所有程式都是由 積木開始執行，所以拖曳 積木到腳本區。

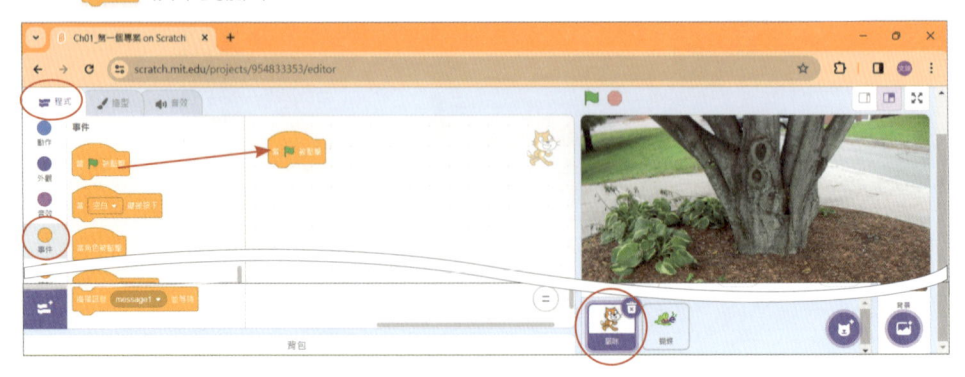

2. Scratch 執行完程式後並不會將角色位置歸位，角色會從上一次結束程式的位置開始執行，所以要將角色位置初始化，確保每次執行都會由正確位置開始。拖曳 **動作** 類別 積木到 積木下方，點選 **x:** 後面的數值，將其修改為「-230」，此為角色的 X 座標。以同樣方式設定 Y 座標為「-120」。

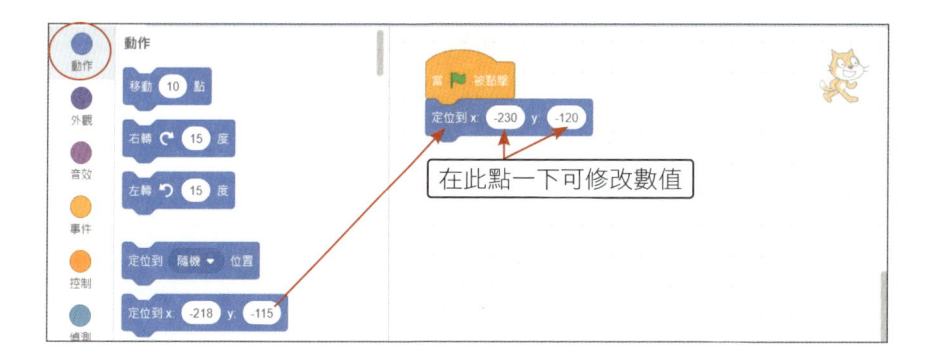

輕鬆進入 Scratch 殿堂　**01**

在此點一下可修改數值

3. 註解程式：在 `定位到 x: -218 y: -115` 積木上按滑鼠右鍵，再點選快顯功能表 **添加註解** 項目，修改註解文字為「移到初始位置」，最後按 ▼ 圖示將註解縮為單行。

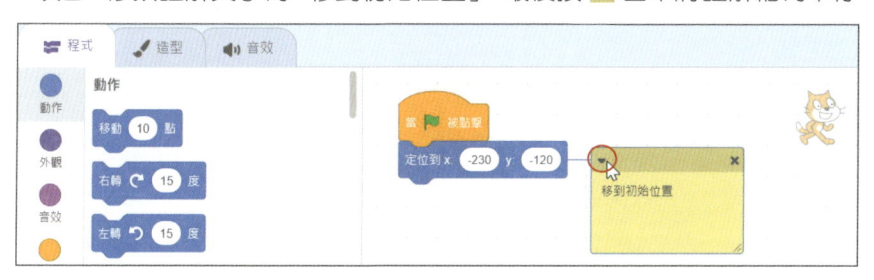

4. 拖曳 **控制** 類別 **重複 10 次** 積木到 `定位到 x: -218 y: -115` 積木下方，修改重複次數為「16」，表示會執行此積木的內部積木 16 次。

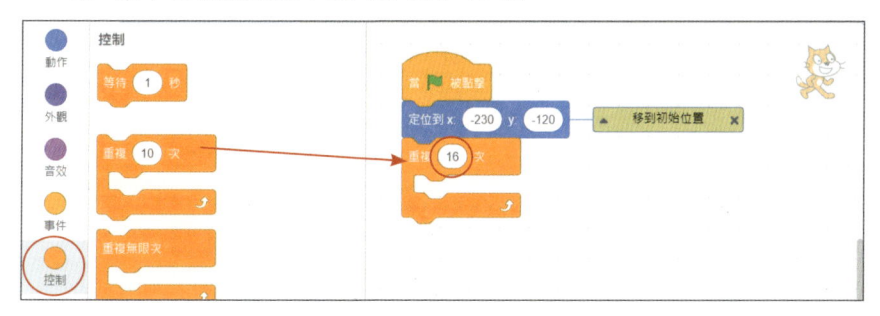

5. 照下表依序拖曳積木到 **重複 16 次** 積木中。

類別	積木	修改	註解
動作	移動 10 點	無	無
外觀	造型換成下一個	無	不斷變換造型形成動畫
控制	等待 1 秒	修改為「0.1」秒	稍微停頓讓動畫明顯

1-29

6. 最後，拖曳 說出 Hello! 持續 2 秒 積木到 **重複 16 次** 積木下方，修改文字內容為「很高興遇見你，出來散步嗎？」，並加入註解文字為「貓咪說話」，如此就完成貓咪角色的程式積木。

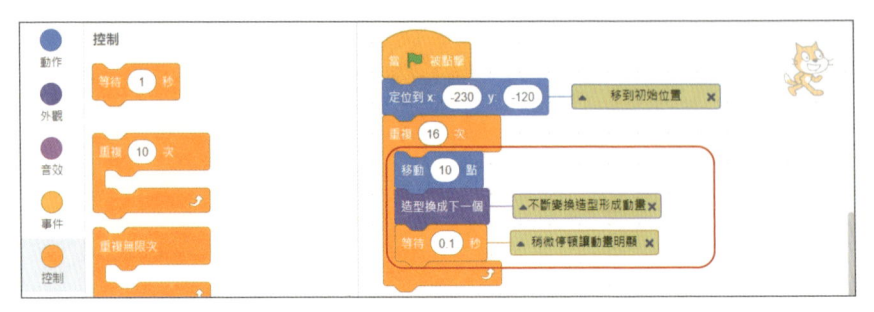

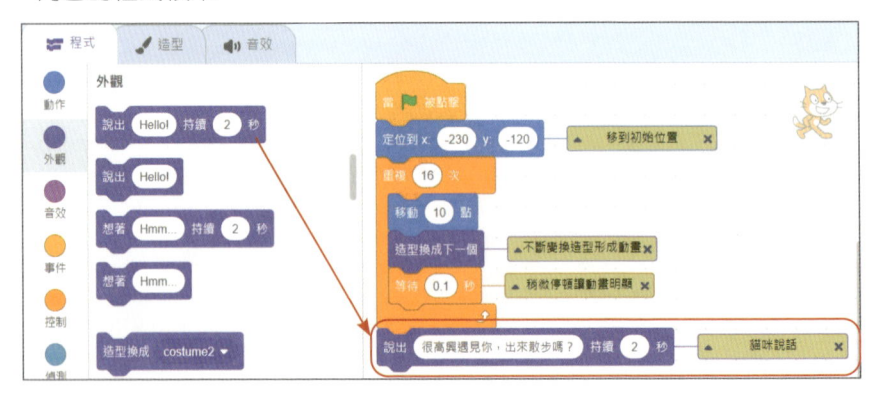

蝴蝶角色積木

蝴蝶角色積木與貓咪角色積木大致相同，可以先複製貓咪角色積木再加以修改。

1. 由腳本區拖曳貓咪角色積木到角色區的蝴蝶角色上，如此就將貓咪角色積木複製到蝴蝶角色了！

1-30

輕鬆進入 Scratch 殿堂 **01**

2. 於角色區點選蝴蝶角色，依下表修改積木內容。

積木	修改內容
定位到 x: -230 y: -120	**x:** 改為「220」，**y:** 改為「-140」。
說出 Hello! 持續 2 秒	文字內容改為「是啊！散步有益健康。」。

3. 蝴蝶說的話需等貓咪說完話後才顯示，所以要延遲 2 秒。拖曳 等待 1 秒 積木到 **重複16次** 積木下方，修改數值為「2」，加入註解文字「等貓咪說完話再顯示」，如此就完成蝴蝶角色程式積木。

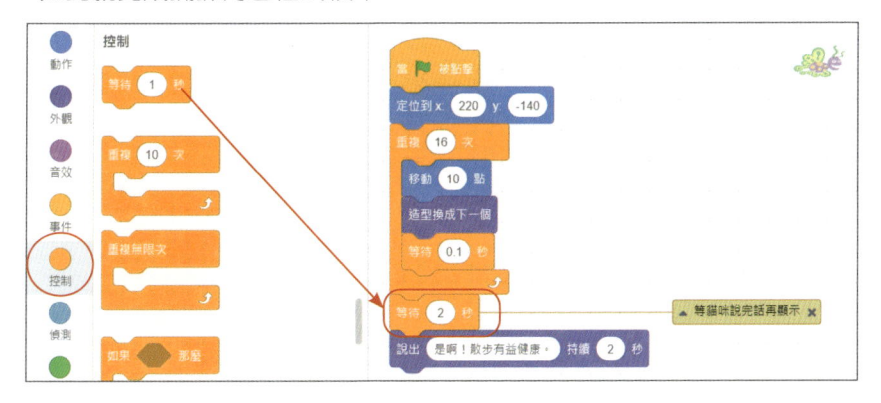

執行程式

按舞台左上方的綠旗 ▶ 程式就開始執行：貓咪向右走，蝴蝶向左飛，在中間遇到時，貓咪先開口打招呼說：「很高興遇見你，出來散步嗎？」，接著蝴蝶會回應：「是啊！散步有益健康。」。

1-31

延伸練習

一、選擇題

1. (　　) 舞台區左上角的座標為何？
   (A) (0,0)　(B) (240,180)　(C) (-240,180)　(D) (-240,-180)

2. (　　) 角色面向 180° 時是面向哪一個方向？
   (A) 上方　(B) 下方　(C) 左方　(D) 右方

3. (　　) 角色區的 🔍 圖示表示以何種方式新增角色？
   (A) 使用系統內建角色庫　(B) 直接繪製角色
   (C) 以相機取得角色　(D) 上傳角色檔案

4. (　　) 哪一區中的內容在變更編輯專案後仍然存在？
   (A) 程式區　(B) 腳本區　(C) 角色區　(D) 背包區

5. (　　) 向量繪圖的 ▶ 圖示功能為何？
   (A) 選取圖形　(B) 重新塑形　(C) 任意繪圖　(D) 畫直線

二、實作題

開始執行時，貓咪位於左下角，說道「今天天氣很好，出去散步吧！」，接著就向右走 20 步到舞台中央。(<ch01\Ch01_ 貓咪散步 .sb3>)

Chapter 02

動作、外觀、聲音與畫筆

動作類積木用於控制角色的移動、旋轉、方向和位置。外觀類積木用於顯示文字訊息、顯示或隱藏角色、控制角色的造型並設定其大小及特效。音效與音樂類積木用於播放音效，畫筆類積木則用於繪圖。

Scratch 中基礎又重要的積木學習

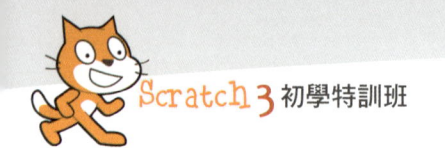

2.1 動作與外觀類積木

動作類積木可控制角色的運動和位置，外觀類積木可控制角色的造型並設定其大小及特效。

2.1.1 動作類積木

動作類積木主要是用於控制角色的移動、旋轉、方向和位置。

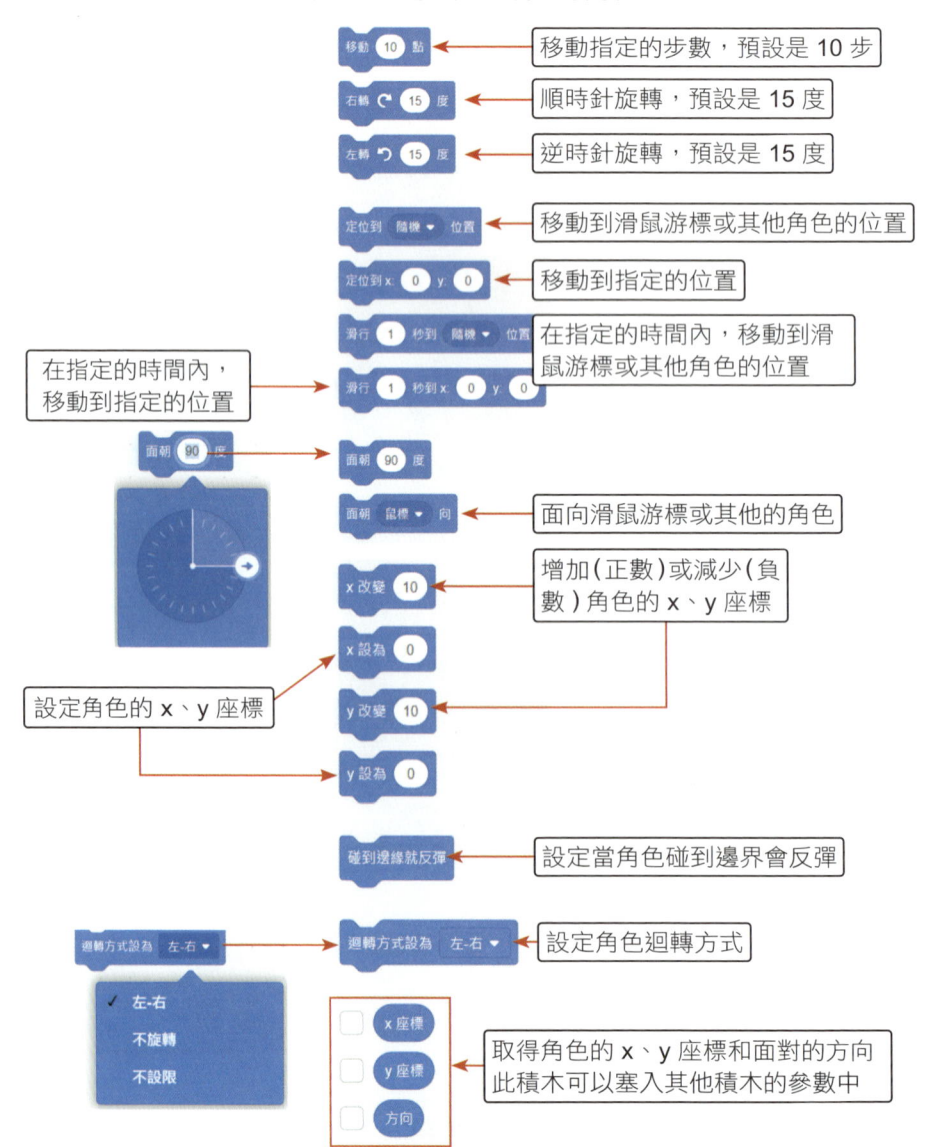

- 移動 10 點 ← 移動指定的步數，預設是 10 步
- 右轉 C 15 度 ← 順時針旋轉，預設是 15 度
- 左轉 つ 15 度 ← 逆時針旋轉，預設是 15 度
- 定位到 隨機 位置 ← 移動到滑鼠游標或其他角色的位置
- 定位到 x: 0 y: 0 ← 移動到指定的位置
- 滑行 1 秒到 隨機 位置 ← 在指定的時間內，移動到滑鼠游標或其他角色的位置
- 滑行 1 秒到 x: 0 y: 0 ← 在指定的時間內，移動到指定的位置
- 面朝 90 度
- 面朝 鼠標 向 ← 面向滑鼠游標或其他的角色
- x 改變 10 ← 增加（正數）或減少（負數）角色的 x、y 座標
- x 設為 0 ← 設定角色的 x、y 座標
- y 改變 10
- y 設為 0
- 碰到邊緣就反彈 ← 設定當角色碰到邊界會反彈
- 迴轉方式設為 左-右 ← 設定角色迴轉方式
  - ✓ 左-右
  - 不旋轉
  - 不設限
- ☐ x 座標
- ☐ y 座標 ← 取得角色的 x、y 座標和面對的方向，此積木可以塞入其他積木的參數中
- ☐ 方向

動作、外觀、聲音與畫筆 02

動作類積木的參數

大部份動作類積木都具有參數，每個參數也有預設值。我們可以點選參數內容改變預設值，也可以拖曳動作類下方的 x 座標、y 座標和方向積木當作參數的內容。

由於多數的積木操作都很類似，我們以建立 `定位到 x -100 y x座標` 積木為例說明如何設定參數值：

點選 `定位到 x 0 y 0` 可將角色移動到指定的座標，預設參數的值為 x=0、y=0，點選 x 參數內容「0」，將參數 x 內容更改為「-100」，參數 y 內容由下方拖曳 `x座標` 積木，將參數 y 內容更改為「x 座標」。

動作類積木的選項

點選 `面朝 90 度` 積木的數字會出現彈出視窗，提供設定角色面對的方向，預設是向右 (90 度)。拖曳箭頭可改變方向，角度數值會顯示於輸入框中。

點選 `迴轉方式設為 左-右` 積木會出現下拉式選單，可設定角色左右旋轉、不旋轉或不設限 (即依任意方向旋轉)。

碰到邊緣就反彈的積木

`碰到邊緣就反彈` 可以控制當角色碰到邊緣時反彈，反彈的方向是以入射角等於反射角的方向，例如：角色向右 (90^0) 移動，當碰到邊緣時反彈的角度為向左 (-90^0)；角色向右上 (45^0) 移動，當碰到邊緣時反彈的角度為向左上 (-45^0)。

可當作參數的積木

動作類下方的 x 座標、y 座標和方向積木用以取得角色的 x 座標、y 座標和面對的方向，此類積木也可以當作參數的內容。如果核選該積木，則該參數值將會顯示在舞台區中，預設是不核選。例如：核選 ☑ `方向`，則參數「方向」值將會顯示在舞台區中。

> 🐱 **舞台背景無動作類積木**
>
> 只有角色可使用動作類積木，而舞台背景並不會出現此動作類積木。

2-3

2.1.2 外觀類積木

外觀類積木主要是用於顯示文字訊息、顯示或隱藏角色、控制角色的造型並設定其大小及特效。

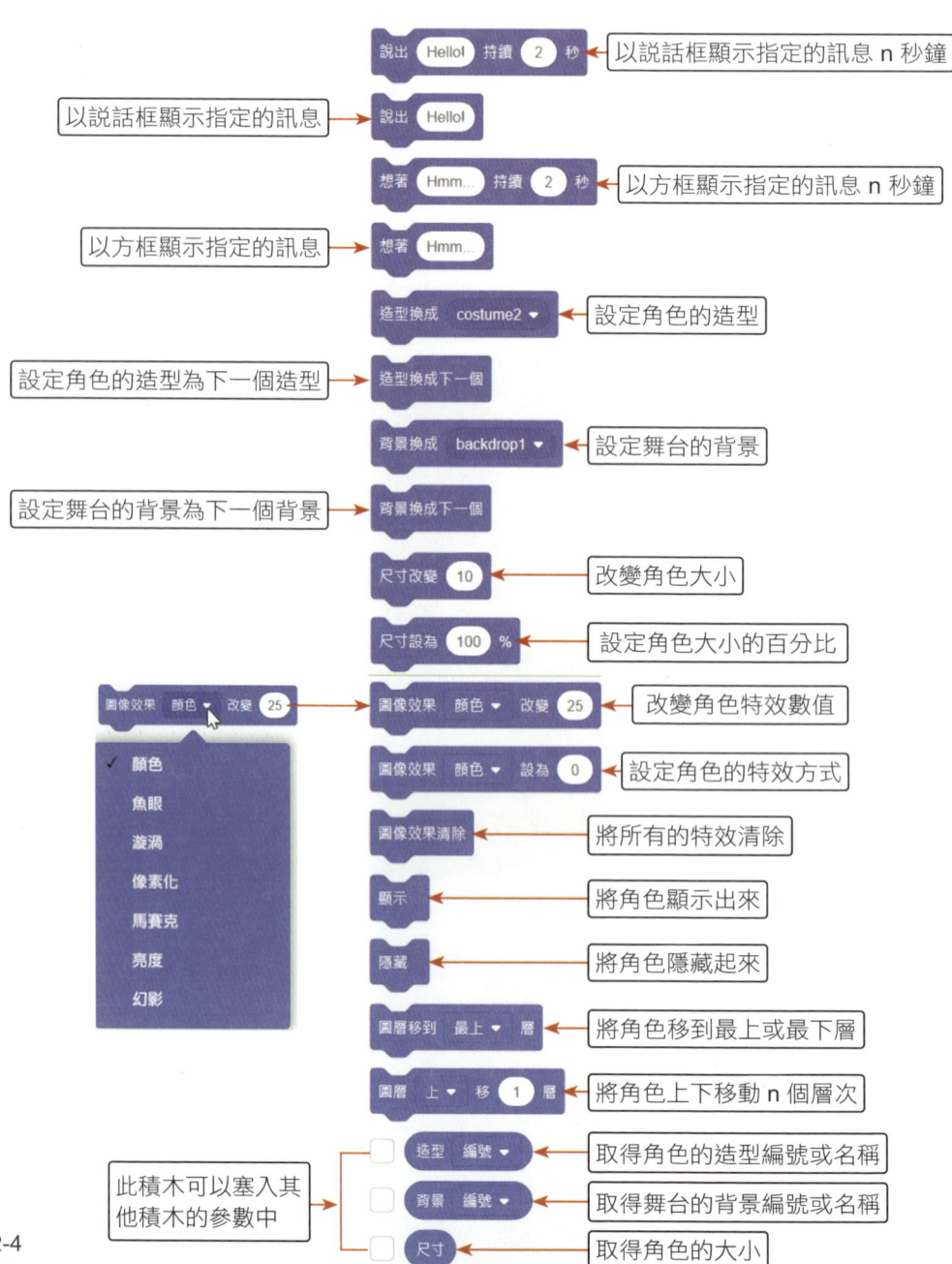

積木	說明
說出 Hello! 持續 2 秒	以說話框顯示指定的訊息 n 秒鐘
說出 Hello!	以說話框顯示指定的訊息
想著 Hmm... 持續 2 秒	以方框顯示指定的訊息 n 秒鐘
想著 Hmm...	以方框顯示指定的訊息
造型換成 costume2	設定角色的造型
造型換成下一個	設定角色的造型為下一個造型
背景換成 backdrop1	設定舞台的背景
背景換成下一個	設定舞台的背景為下一個背景
尺寸改變 10	改變角色大小
尺寸設為 100 %	設定角色大小的百分比
圖像效果 顏色 改變 25（選項：顏色、魚眼、漩渦、像素化、馬賽克、亮度、幻影）	改變角色特效數值
圖像效果 顏色 設為 0	設定角色的特效方式
圖像效果清除	將所有的特效清除
顯示	將角色顯示出來
隱藏	將角色隱藏起來
圖層移到 最上 層	將角色移到最上或最下層
圖層 上 移 1 層	將角色上下移動 n 個層次
造型 編號	取得角色的造型編號或名稱
背景 編號	取得舞台的背景編號或名稱
尺寸	取得角色的大小

此積木可以塞入其他積木的參數中

2-4

說出和想著積木

[說出 Hello! 持續 2 秒] 和 [想著 Hmm 持續 2 秒] 相似，都會顯示指定的訊息 n 秒鐘，差別是顯示框架不同而已，預設的顯示時間是 2 秒鐘，我們也可以更改顯示的訊息和時間。

[說出 Hello!] 和 [想著 Hmm] 相似，也是以不同的框架顯示指定的訊息，直到結束執行此拼塊才繼續執行下面拼塊。

角色造型積木

每個角色可能有多個不同的造型，點選 [造型換成 costume1▼] 積木會出現下拉式清單，供選擇不同的造型，每個角色的造型除了具有造型名稱，同時也有由 1~n 依序編號的造型編號，以 [造型 編號▼] 可以取得該角色目前的造型編號或名稱。

點選 [造型換成下一個] 則會切換至下一個造型，如果造型已到最後一個，則會循環回到第一個造型。

角色圖像效果積木

點選 [圖像效果 顏色▼ 設為 0] 積木的下拉式選單可選擇角色的圖像效果，預設的圖像效果種類為 **顏色**、特效值為 **0**，可選擇的圖像效果種類有 **顏色**、**魚眼**、**漩渦**、**像素化**、**馬賽克**、**亮度** 和 **幻影** 等，同一角色也可以設定多個不同圖像效果。圖像效果的值可以更改，圖像效果值介於 **-100~100**，但 **幻影** 特效值例外，圖像效果值介於 **0~100**。例如：我們選擇圖像效果為 **幻影**，設定值為 **100**，則該角色將會呈現完全透明，其效果相當於將該角色隱藏。

點選 [圖像效果 顏色▼ 改變 25] 積木可設定該角色增加或減少的圖像效果值，而 [圖像效果清除] 則用以清除所有圖像效果。

角色層次積木

點選 [圖層移到 最上▼ 層] 可以將該角色移動到最上層或最下層，而 [圖層 上▼ 移 1 層] 則可以將該角色上、下移動 n 個層次。

以造型編號或變數設定造型

以 [造型換成 costume1▼] 積木設定造型時，除了可以在下拉式清單中以造型名稱選擇不同的造型外，也可以以 [造型 編號▼] 或數值型別變數設定參數值。變數積木在後面單元會詳細說明。

2.1.3 動作與外觀類積木綜合演練

善用這兩大類的積木,即可以輕易製作遊戲的效果。

▶ 範例:會移動和說話的貓咪 (一)

當綠旗按下時,先將貓咪移動到 x=-100、y=0 的位置,並面向右方 (90^0),說「我是可愛的貓咪!」2 秒鐘,再讓「貓咪」面向右方走 200 點,並說「我要回家了!」2 秒鐘,最後面向左方走 200 點,然後說「貓咪回到家了!」。(<ch02\Ch02_ 會移動和說話的貓咪 (一).sb3>)

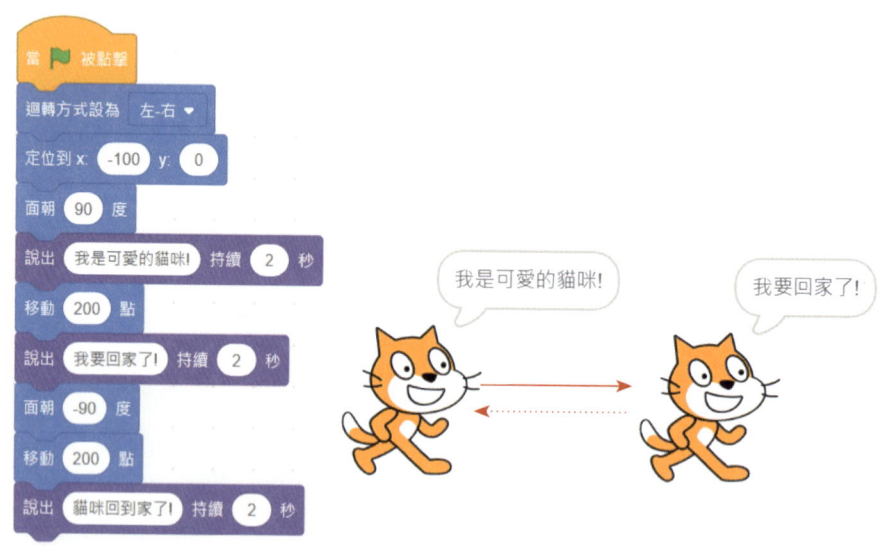

當綠旗按下時會執行 **事件** 類別中的 積木,然後依序執行其後面的其他積木。請先從 **事件** 類積木拖曳 積木到腳本區,再依照上面程式積木圖形分別從 **動作** 和 **外觀** 類積木拖曳積木完成本範例。

1. 首先,我們設定貓咪只能左右方向旋轉。
2. 將貓咪移動到 x=-100、y=0 的位置,並面向右方 (90^0),說「我是可愛的貓咪!」2 秒鐘。
3. 再讓「貓咪」面向右方走 200 點,並說「我要回家了!」2 秒鐘。
4. 最後面向左方走 200 點,然後說「貓咪回到家了!」。

在上一個範例完成並執行後,將會發現「貓咪」的移動是瞬間移動,感覺上並不自然,原因是 的動作瞬間就完成了,接下來我們將此瞬間移動改為在指定的時間內逐漸移動。

動作、外觀、聲音與畫筆 02

▶ 範例：會逐漸移動和說話的貓咪（二）

當綠旗按下時，先將貓咪移動到 x=-100、y=0 的位置，並面向右方 (90°)，想著「我是可愛的貓咪！」2 秒鐘，然後在 3 秒內逐漸移動到 x=100、y=0 的位置，並想著「我要回家了！」2 秒鐘，最後面向左方，並在 3 秒內逐漸移動到 x=-100、y=0 的位置，然後想著「貓咪回到家了！」。(<ch02\Ch02_ 會移動和說話的貓咪 (二).sb3>)

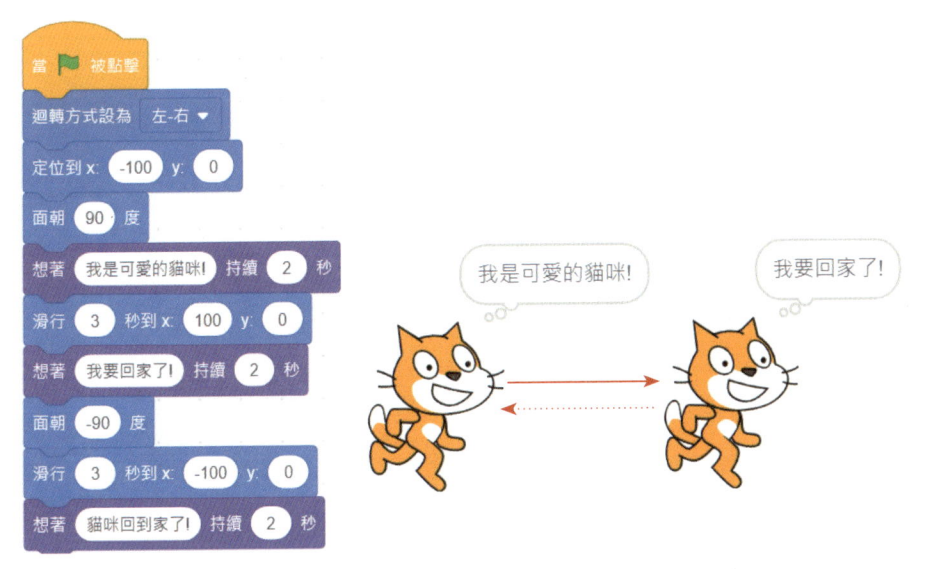

本範例我們只是將 **說出** 的積木更改為 **想著** 的積木，同時將 `移動 200 點` 積木改用 `滑行 3 秒到 x: 100 y: 0`，讓角色在 3 秒鐘內由 x=-100、y=0 逐漸移動到 x=100、y=0 的位置。

前面我們提到過 `x座標`、`y座標` 積木可以取得角色的 x、y 座標，同時，這些積木可以作為其他積木的參數，對於初學者，通常較不清楚其用法。接著，我們再舉一個例子，配合這兩個積木，讓貓咪可以沿著矩形的路徑行走。

在 **控制** 類積木中，**重複無限次** 積木可以控制角色不斷的執行，不過電腦執行太快，通常會加上 **控制** 類積木中的 **等待 1 秒** 積木，預設的參數值為 **1 秒**，我們可以更改此參數值，例如：設定時間為 **等待 0.2 秒**。

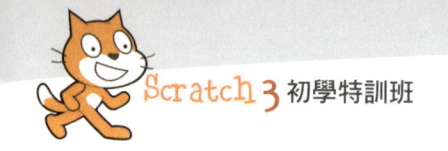

範例：會轉彎的貓咪

貓咪延著第一點 (x=-100, y=-100)、第二點 (x=100,y=-100)、第三點 (x=100,y=100) 和第四點 (x=-100,y=100) 的路徑逐漸移動並且不斷的繞圈圈，移動時會分別面向右方、上方、左方和下方，同時角色的方向也會隨著面向旋轉。為了製造更佳的效果，我們也讓貓咪在移動中不斷的切換造型。(<ch02\Ch02_ 會轉彎的貓咪 .sb3>)

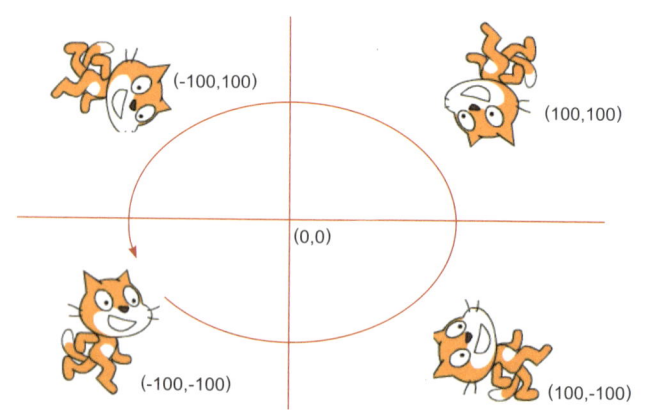

1. **首先製作貓咪逐漸移動並且不斷的繞圈圈**：請在 **控制** 類積木中，拖曳 **重複無限次** 積木，控制角色不斷執行，然後逐一完成各個積木。完成後請先執行看看。

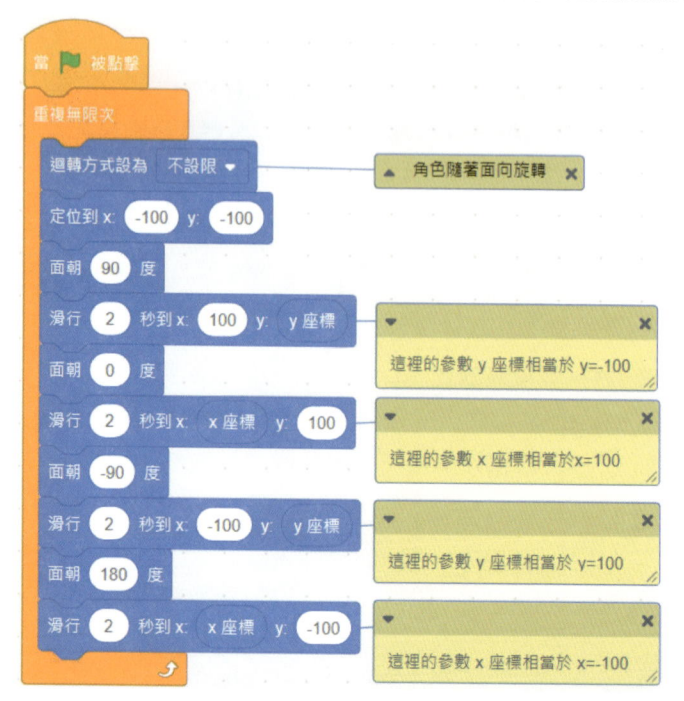

動作、外觀、聲音與畫筆　**02**

2. **製作貓咪走路**：請從 **事件** 類積木中拖曳一個 **當綠旗被點擊** 積木，並在 **控制** 類積木中，再拖曳一個 **重複無限次** 積木和一個 **等待 1 秒** 積木，然後依下圖完成各個積木，讓貓咪以 0.2 秒的時間間隔不斷切換造型。

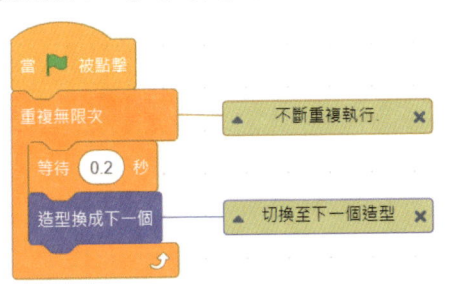

🐱 同時執行兩個 積木

本例同時執行兩個 ，並且各自執行 **重複無限次** 積木，分別製作貓咪不斷地繞圈圈和貓咪走路的效果。

▶ 馬上練習：會來回走路的貓咪

當綠旗按下時，先將貓咪移動到 x=-100、y=0 的位置，面向右方 (90^0)，然後在 3 秒內逐漸移動到 x=100、y=0 的位置，並說著「我要回家了！」2 秒鐘，最後面向左方，並在 3 秒內逐漸移動到 x=-100、y=0 的位置，同時不斷循環此左右移動的動作。在移動的過程中，貓咪會不斷的切換造型，以製作貓咪走路的效果。(<ch02\Ch02_ 會來回走路的貓咪 .sb3>)

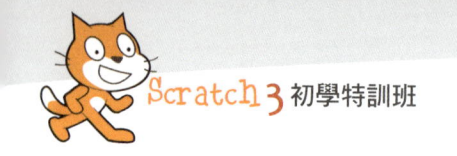

2.2 音效與音樂類積木

音效類及音樂類積木都是控制聲音的積木。

2.2.1 音效類積木

音效類積木主要是用於播放音效，也可以設定音量的大小。

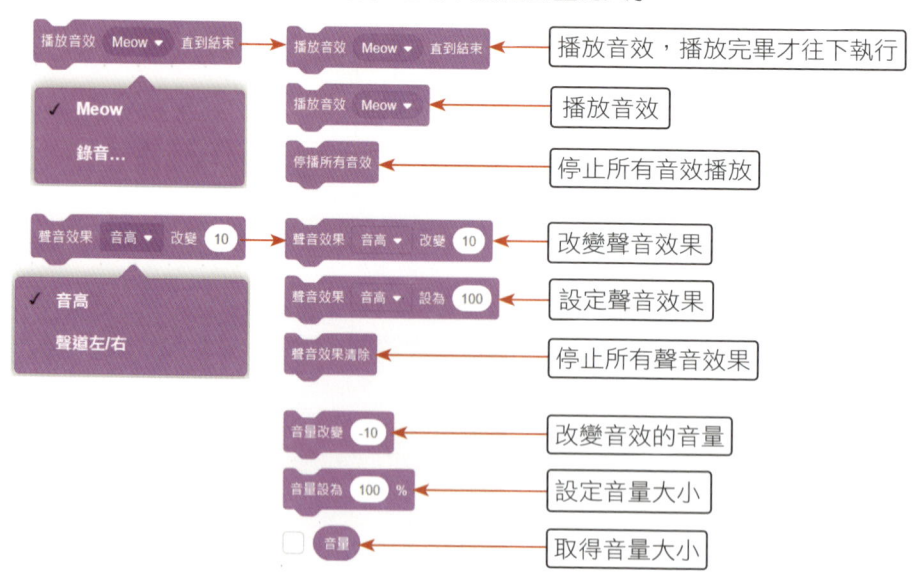

- 播放音效，播放完畢才往下執行
- 播放音效
- 停止所有音效播放
- 改變聲音效果
- 設定聲音效果
- 停止所有聲音效果
- 改變音效的音量
- 設定音量大小
- 取得音量大小

播放音效積木

`播放音效 Meow` 和 `播放音效 Meow 直到結束` 相似，都會播放指定的音效檔案，差別是 `播放音效 Meow 直到結束` 必須等音效全部播放完畢後，才會執行它後面的積木。

播放音效積木的下拉式選單中除了角色所有音效外，還有 **錄音…** 項目，點選後會開啟錄音功能讓使用者錄音，錄製的聲音檔案會自動做為角色的音效，如此就不必到角色區開啟錄音功能製作音效，非常方便。

播放聲音效果積木

`聲音效果 音高 設為 100` 和 `聲音效果 音高 改變 10` 可以設定及改變聲音效果，聲音效果有「音高」及「聲道左/右」兩種。

動作、外觀、聲音與畫筆 **02**

2.2.2 音樂類積木

音樂類積木主要是用於選擇不同的樂器或音階播放指定的節拍數，也可以設定音樂節奏的速度。

音樂類積木位於 **添加擴展** 類別，預設沒有顯示，請依下面操作顯示音樂類積木：點選 添加擴展 類，於 **選擇擴充功能** 頁面點選 **音樂**，回到主頁面就可見到音樂類積木。

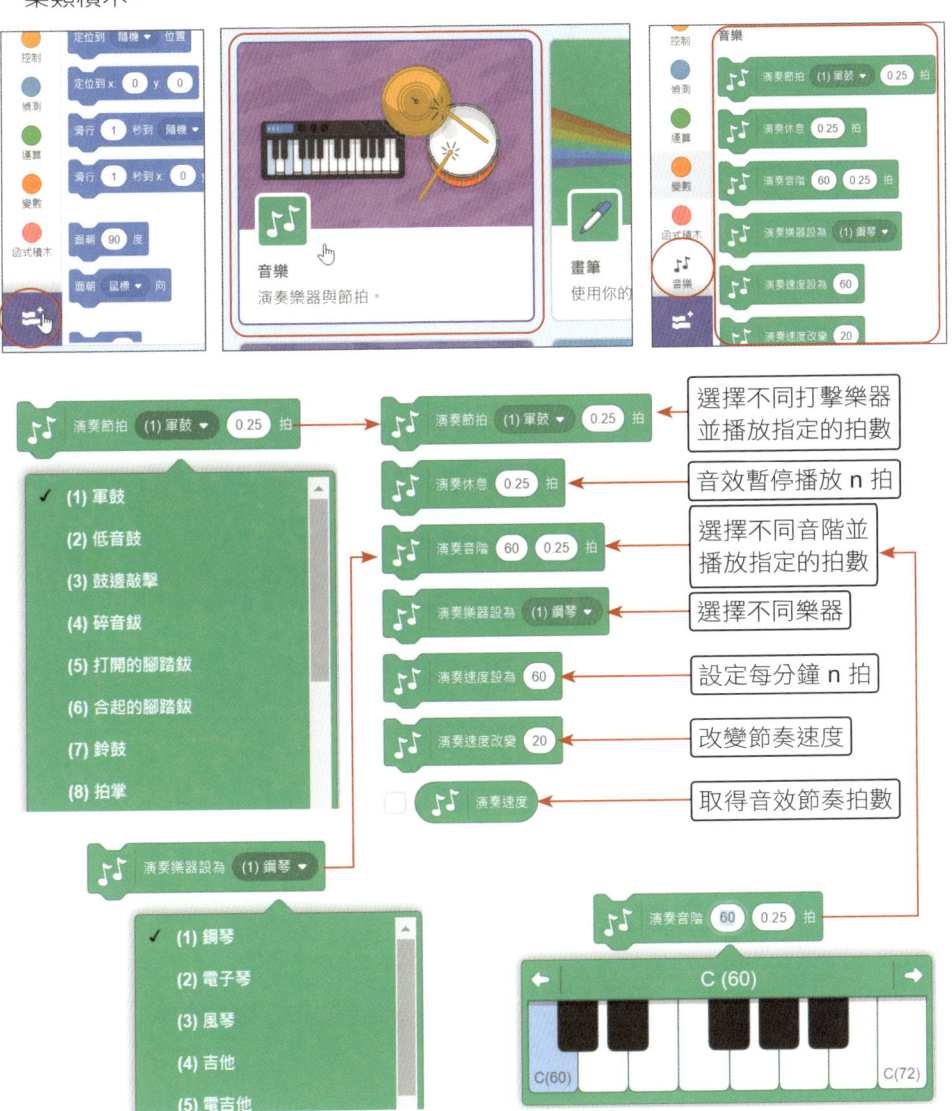

積木	說明
演奏節拍 (1)軍鼓 0.25 拍	選擇不同打擊樂器並播放指定的拍數
演奏休息 0.25 拍	音效暫停播放 n 拍
演奏音階 60 0.25 拍	選擇不同音階並播放指定的拍數
演奏樂器設為 (1)鋼琴	選擇不同樂器
演奏速度設為 60	設定每分鐘 n 拍
演奏速度改變 20	改變節奏速度
演奏速度	取得音效節奏拍數

2-11

播放打擊樂音樂積木

[演奏節拍 (1)軍鼓 0.25 拍] 用以播放打擊樂音效，它會出現下拉式清單，可以選擇的音效數字由 1~18 分別表示 **軍鼓**、**低音鼓** 等各種音效，也可以設定播放的時間，預設是 0.25 拍，以 [演奏速度設為 60] 可以設定每分鐘播放的節拍數，而 [演奏速度] 則可以取得目前每分鐘播放的節拍數。

例如：設定每分鐘播放的節拍數為 60，即每拍 1 秒鐘，並循環播放音效數字 1、2、3、4 等四種打擊樂器各 0.25 秒，中間間隔 0.25 秒，就會達到專業鼓手打擊的音效。

設定播放樂器種類積木

[演奏樂器設為 (1)鋼琴] 積木用以選擇播放的樂器，它會出現下拉式清單，可以選擇的樂器數字由 1~21 分別表示 **鋼琴**、**電子琴** 等各種樂器，[演奏音階 60 0.25 拍] 積木則可以設定指定的音階和播放的時間。

2.2.3 音效與音樂類積木綜合範例

音效類及音樂類積木主要是用於選擇不同的樂器或音階播放指定的節拍數，也可以設定音樂節奏的速度。

前面的「貓咪」原本是會唱歌的，但我們並沒有展現他的才華，接下來的範例就讓這隻「貓咪」發出貓叫聲，同時也讓他高歌一曲。

▶ **範例：貓咪喵喵叫**

綠旗按下時，貓咪移動到 x=-100、y=0 的位置，面向右方 (90^0)，在 3 秒內逐漸移動到 x=100、y=0 的位置，並發出貓咪叫聲，然後面向左方，並在 3 秒內逐漸移動到 x=-100、y=0 的位置，再發出貓咪叫聲。(<ch02\Ch02_ 貓咪喵喵叫 .sb3>)

2-12

動作、外觀、聲音與畫筆 **02**

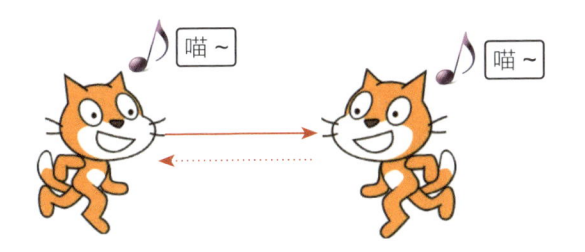

» 場景安排

前面的範例，我們使用 [迴轉方式設為 左-右] 積木設定角色是否可以依指定方向旋轉，事實上，我們也可以在角色的屬性面板上直接設定：於角色區點選貓咪角色，在 **方向** 右方的數值按一下滑鼠左鍵，點按 ⬌ 圖示設定只允許角色左右旋轉。

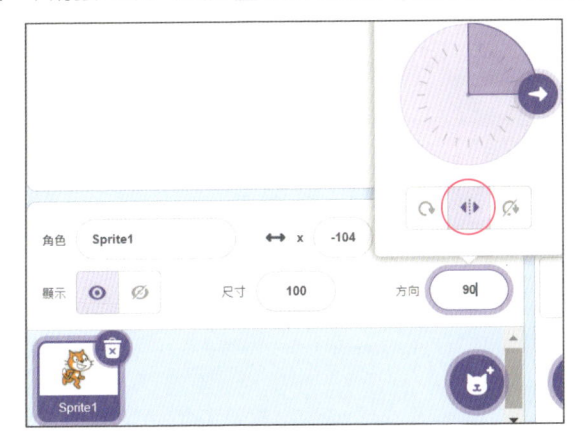

» 積木安排

當 🏁 被點擊
定位到 x: -100 y: 0
面朝 90 度
滑行 3 秒到 x: 100 y: 0
播放音效 喵 ▼ 直到結束
面朝 -90 度
滑行 3 秒到 x: -100 y: 0
播放音效 喵 ▼

▶範例：貓咪高聲歌唱

當綠旗按下時，將貓咪移動到 x=0、y=0 的位置，設定節拍為每分鐘 120 拍，高歌「一閃一閃亮晶晶」。(<ch02\Ch02_ 貓咪高聲歌唱 .sb3>)

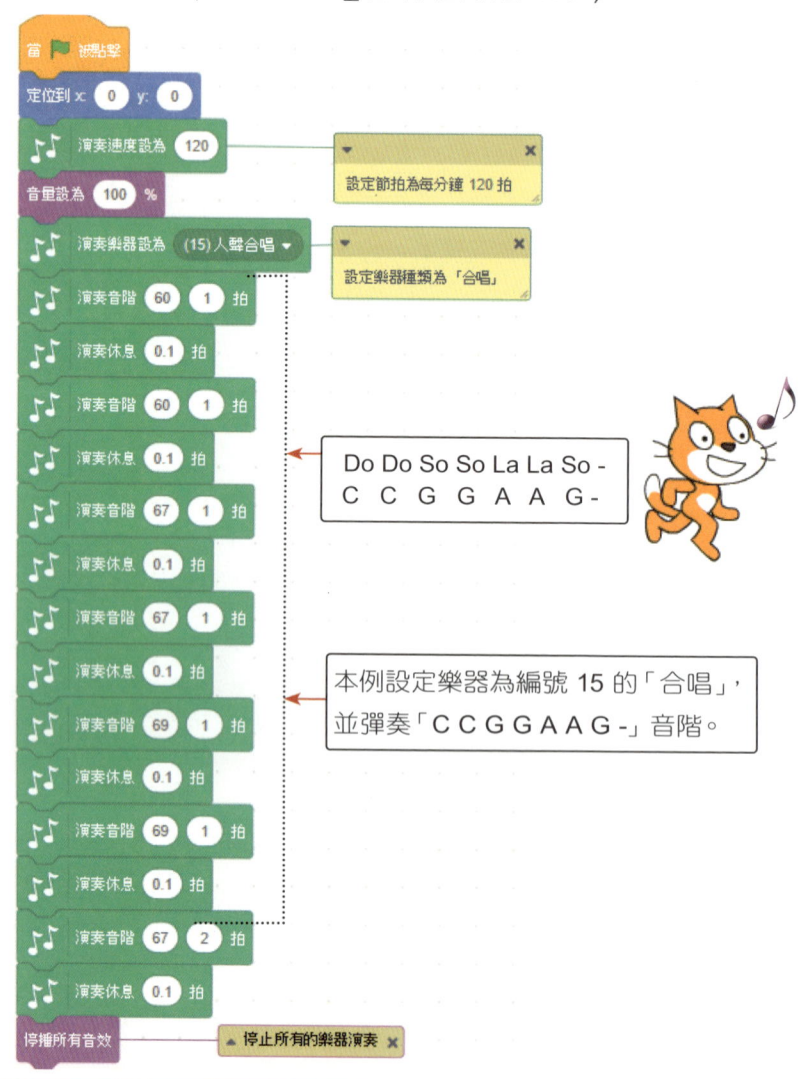

設定節拍為每分鐘 120 拍

設定樂器種類為「合唱」

Do Do So So La La So -
C C G G A A G -

本例設定樂器為編號 15 的「合唱」，並彈奏「ＣＣＧＧＡＡＧ－」音階。

▶馬上練習：貓咪的舞台秀

當綠旗按下時，將貓咪移動到 x=0、y=0 的位置，設定節拍為每分鐘 120 拍，先讓貓咪「喵、喵」叫兩聲清清喉嚨，接著以薩克斯風彈奏「兩隻老虎、兩隻老虎，跑得快」，音階為「Do Re Mi Do、Do Re Mi Do，Mi Fa So」。(<ch02\Ch02_ 貓咪的舞台秀 .sb3>)

動作、外觀、聲音與畫筆 **02**

2.3 畫筆類積木

畫筆類積木主要是用於繪圖，可以設定畫筆的粗細、顏色和亮度，也可以將角色印製在舞台上。

2.3.1 畫筆類積木總覽

畫筆類積木位於 **添加擴展** 類別，預設沒有顯示：點選 **添加擴展** 類，於 **選擇擴充功能** 頁面點選 **畫筆**，回到主頁面就可見到畫筆類積木。

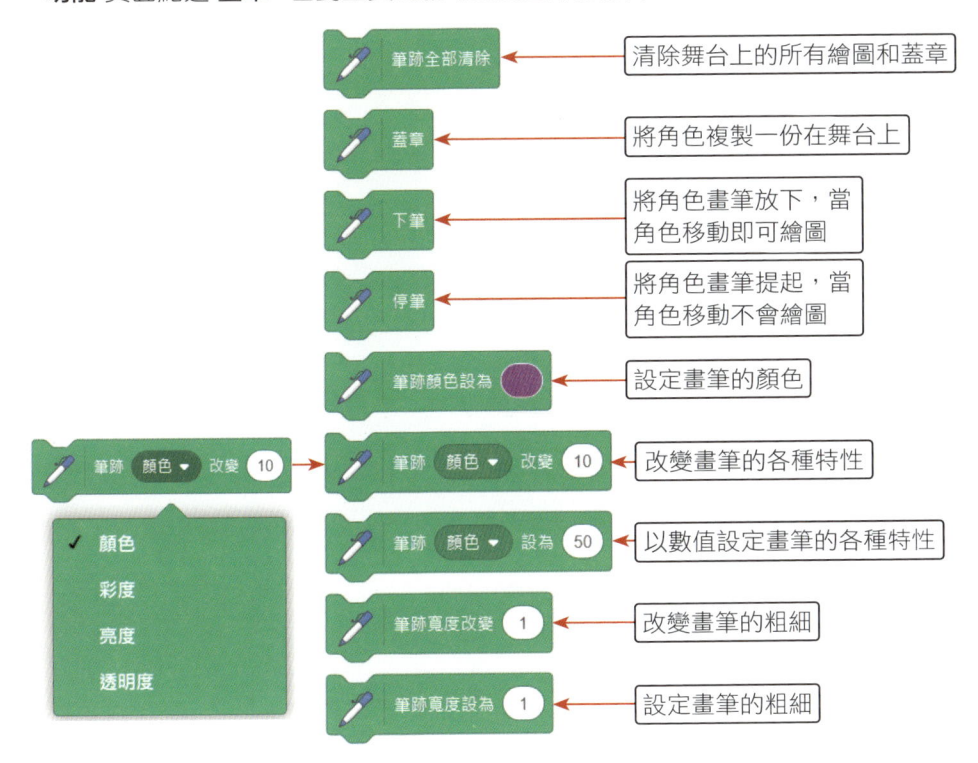

- 筆跡全部清除 ← 清除舞台上的所有繪圖和蓋章
- 蓋章 ← 將角色複製一份在舞台上
- 下筆 ← 將角色畫筆放下，當角色移動即可繪圖
- 停筆 ← 將角色畫筆提起，當角色移動不會繪圖
- 筆跡顏色設為 ← 設定畫筆的顏色
- 筆跡 顏色 改變 10 ← 改變畫筆的各種特性
- 筆跡 顏色 設為 50 ← 以數值設定畫筆的各種特性
  - ✓ 顏色
  - 彩度
  - 亮度
  - 透明度
- 筆跡寬度改變 1 ← 改變畫筆的粗細
- 筆跡寬度設為 1 ← 設定畫筆的粗細

下筆積木

　　下筆 用以將角色的畫筆放置在舞台上，當角色移動即可在舞台上繪圖，通常繪圖前必須作準備動作，例如：設定繪筆顏色、大小、亮度等。使用 **停筆** 可以停止繪圖，**筆跡全部清除** 清除所有繪圖。

2-15

蓋章積木

[蓋章] 可以將角色複製一份在舞台上，就像蓋章一樣，蓋出一個角色圖像，不是真正的角色，這個蓋出來角色只是一張貼紙，並無法像原來的角色可以被拖曳或點選。使用 [筆跡全部清除] 則可以清除所有的蓋章。

設定畫筆特性積木

可以使用 [筆跡顏色設為] 設定畫筆顏色，也可以使用 [筆跡 顏色 設為 50] 以數字設定畫筆顏色，例如：數字 0 是紅色、70 是藍色、130 是綠色。[筆跡 顏色 設為 50] 另外可以設定 **彩度**、**亮度** 及 **透明度**。

> **如何清除繪圖？**
>
> 繪製的圖形只能以 **筆跡全部清除** 積木清除，不過它也會清除所有的圖形，如果要清除部份圖形，只能將畫筆的顏色設定為背景顏色，以障眼法達到部份清除的效果。

2.3.2 畫筆類積木範例

▌範例：塗鴉

當綠旗按下時，讓貓咪隨著滑鼠游標移動，移動時會並以藍色畫筆在舞台上繪製塗鴉圖形，為了讓塗鴉圖形突顯出來，我們故意將將貓咪隱藏起來。(<ch02\Ch02_塗鴉.sb3>)

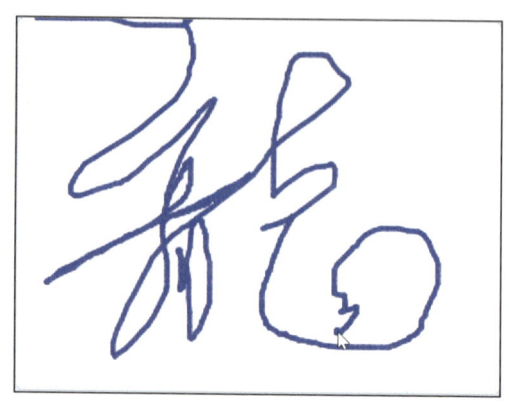

動作、外觀、聲音與畫筆 **02**

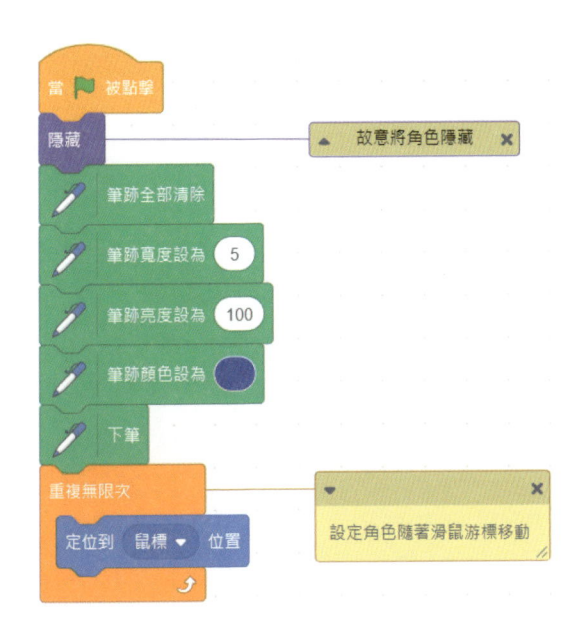

本例故意將角色隱藏起來，先清除舞台後，再以藍色畫筆、粗細 5、亮度 100，隨著滑鼠到處塗鴉。

▼ 範例：甲蟲家族

當綠旗按下時，以甲蟲為角色，並以蓋章方式，複製美麗的甲蟲隊型。(<ch02\Ch02_甲蟲家族.sb3>)

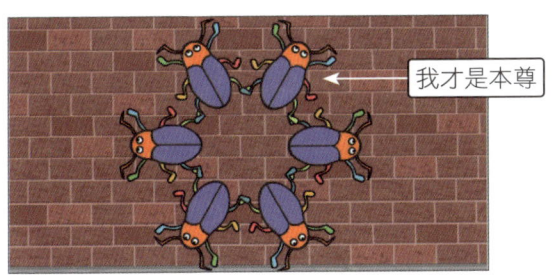

» 場景安排

1. **開新專案**：刪除預設建立的貓咪角色。
2. **編輯舞台**：預設的舞台背景為白色，我們重新從背景圖庫中選擇背景。點選右下角 🖼 圖示，於彈出視窗點選 🔍 項目，在 **範例背景** 頁面點選 **Wall 1** 新增背景。切換至 **程式區** 的 **背景** 頁籤，將預設的白色背景「backdrop1」刪除。

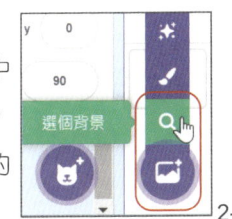

2-17

3. **新增角色**：點選 **角色** 面板右下角 圖示，於彈出視窗點選 項目，在 **範例角色** 頁面點選 **Beetle** 新增角色。

4. **改變角色的造型中心點**：切換至 **程式區** 的 **造型** 頁籤，**Beetle** 角色預設的造型中心點是在角色中央。繪圖區正中央就是造型中心點，不過中心點圖示被角色擋住了。在繪圖區點選 **選取** 圖示，由角色左上角拖曳到右下角選取整個角色。

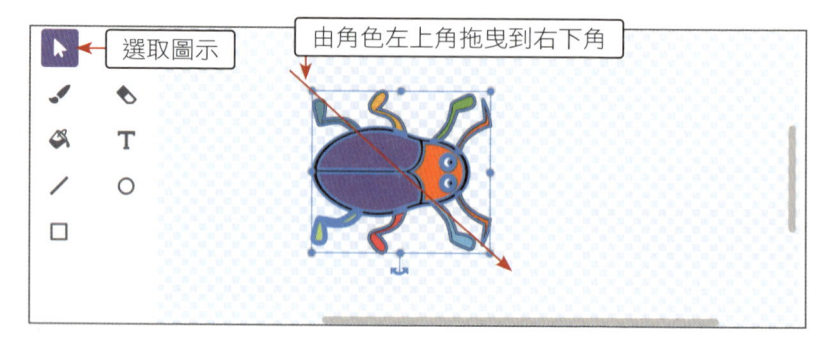

5. **更改造型中心點**：將 **Beetle** 角色向右拖曳一段距離（如下圖），就可將造型中心設置於角色左邊。

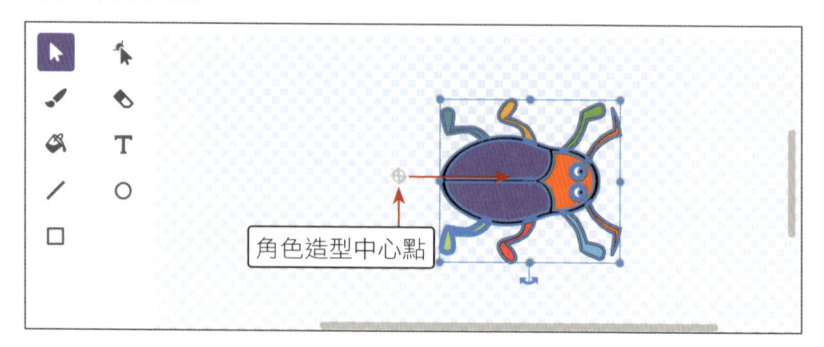

動作、外觀、聲音與畫筆 **02**

» 積木安排

切換至 **程式區** 的 **程式區** 頁籤，加入下面積木。

首先將甲蟲移動到 x=0、y=50，並設定面向旋轉方向，並分別印製 5 隻甲蟲，再加上原來的本尊，所以一共可看到 6 隻。您知道哪一隻是本尊嗎？從面向右方順時針算起，第 1~5 隻是印製出來的，最後 1 隻才是本尊。

▶ 馬上練習：甲蟲特攻隊

當綠旗按下時，利用蓋章印製 5 隻甲蟲，並排成三角隊形，組成一支龐大的甲蟲特攻隊。(<ch02\Ch02_ 甲蟲特攻隊 .sb3>)

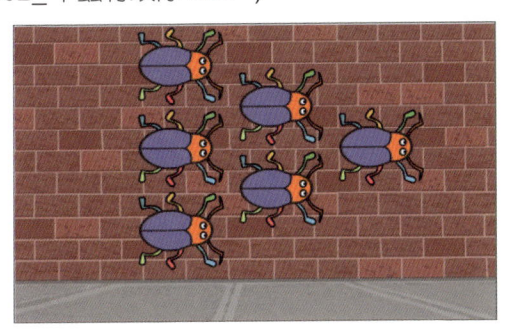

2-19

延伸練習

實作題

1. 當綠旗按下時,先將貓咪移動到 x=-100、y=0 的位置,面向右方 (90^0),然後在 3 秒內逐漸移動到 x=100、y=0 的位置,說著「我要找媽咪!」2 秒鐘,並發出貓咪叫聲,最後面向左方,並在 3 秒內逐漸移動到 x=-100、y=0 的位置。在移動的過程中,貓咪會不斷的切換造型製作貓咪走路的效果。(<ch02\Ch02_ 小貓咪找媽咪.sb3>)

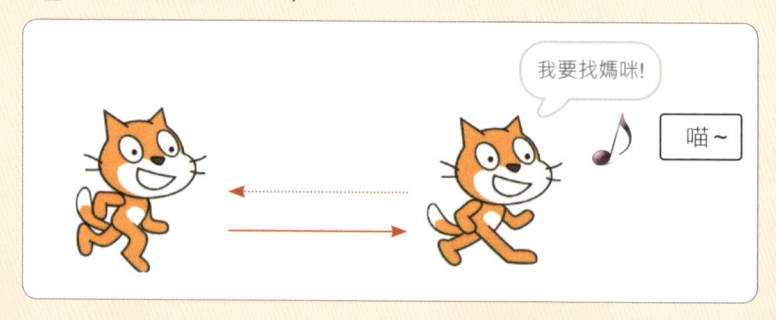

2. 更改舞台背景為 **Spotlight**,角色為 **Penguin 2** 企鵝,將企鵝移動到舞台中央,設定節拍為每分鐘 120 拍,接著以低音管樂器彈奏「呱、呱、呱、呱、呱、呱、呱」兩次,音階為「So So La So So La So Do Do -」。(<ch02\Ch02_ 企鵝演奏會.sb3>)

Chapter 03

事件、控制與運算

事件是指系統得知使用者做了某些指定動作,例如按了鍵盤上的按鍵、以滑鼠點選角色等,就能以事件類積木回應使用者的動作。

控制類積木可以改變一般程式積木由上而下的執行流程,包括依據條件結果來決定執行程式積木的判斷式,及重複執行程式積木的迴圈。控制類積木也可以製作角色的分身,可以使用程式積木動態建立角色。

運算類積木包含數值、字串、比較及邏輯運算,比較及邏輯運算的結果是否成立,讓控制類積木做為決定程式流程的判斷依據。

學習事件、控制與運算類積木的使用

3.1 事件類積木

事件是指系統得知使用者做了某些指定動作，例如按了鍵盤上的按鍵、以滑鼠點選角色等，就能以事件類積木回應使用者的動作。

3.1.1 事件類積木總覽

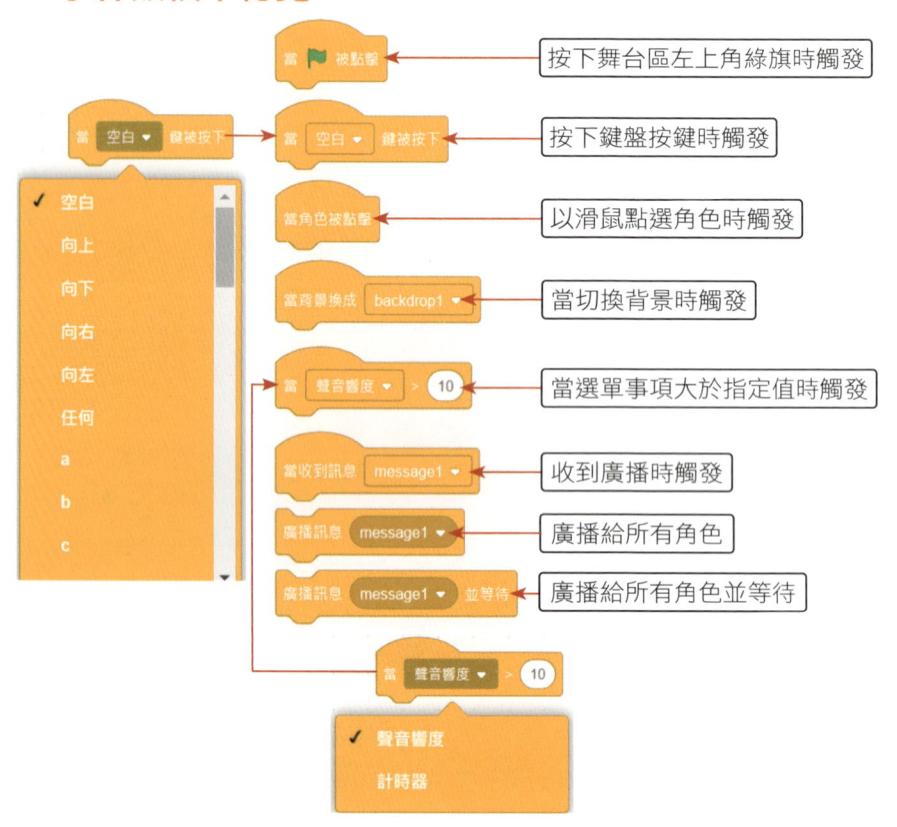

- 按下舞台區左上角綠旗時觸發
- 按下鍵盤按鍵時觸發
- 以滑鼠點選角色時觸發
- 當切換背景時觸發
- 當選單事項大於指定值時觸發
- 收到廣播時觸發
- 廣播給所有角色
- 廣播給所有角色並等待

當綠旗被點一下積木

幾乎所有角色都會使用此積木，程式執行就是由此積木開始。使用者按下舞台區左上角的綠旗就觸發此事件。

當按下鍵盤按鍵積木

使用者按下鍵盤的按鍵就觸發此事件，下拉式選單可選取按鍵，包括空白鍵、上、下、左、右鍵及英文字母、數字鍵等。

當選單事項大於指定值積木

可由下拉式選單選取音量值或計時器，當選單事項大於指定數值時會觸發本事件。

廣播積木群

每一個角色都擁有自己的程式積木，因此無法以程式積木來控制其他角色。但應用程式各角色間常常需要互動，要如何才能讓角色之間達到溝通的目的呢？解決之道就是「廣播」。當一個角色要執行其他角色中的積木時，就發送一個廣播，所有角色都會收到廣播（包括發送廣播的角色本身），需要執行程式積木的角色可把程式積木寫在 積木中，如此在收到指定廣播時就會執行。

廣播積木群中只有 積木是事件積木，當收到指定的廣播就會觸發。 及 積木都會發送廣播，不同處在於 積木發送廣播後就繼續執行下一個積木，而 積木發送廣播後會停止執行，直到所有收到廣播的事件都執行完畢才繼續執行下一個積木。

廣播積木群的下拉式選單會顯示所有已建立的廣播名稱，系統會自動建立一個名稱為「message1」的廣播。如果要新增一個廣播，可在執行 或 積木時，於下拉式選單點選 **新的訊息**，在 **新的訊息** 對話方塊中 **新訊息的名稱** 欄輸入新的廣播名稱，按 **確定** 鈕就新增一個廣播。

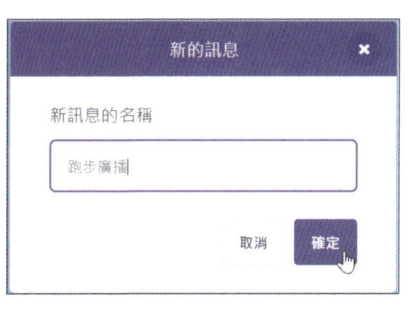

3.1.2 鍵盤事件範例：鍵盤控制貓咪移動

事件最主要的功能是與使用者互動，本範例對使用者按鍵盤的上、下、左、右鍵及以滑鼠左鍵按角色所觸發的事件進行處理，讓貓咪會上、下、左、右移動及發出叫聲並說話。

▸ 範例：鍵盤控制貓咪移動

使用者按鍵盤的上移鍵時，貓咪會向上移動 10 點；按右移鍵時，貓咪會向右移動 10 點；按下移鍵時，貓咪會向下移動 10 點；按左移鍵時，貓咪會向左移動 10 點。以滑鼠左鍵按貓咪時，貓咪會發出叫聲並說：「你按到我了，好舒服！」。(<ch03\Ch03_ 鍵盤控制貓咪移動 .sb3>)

» 積木安排

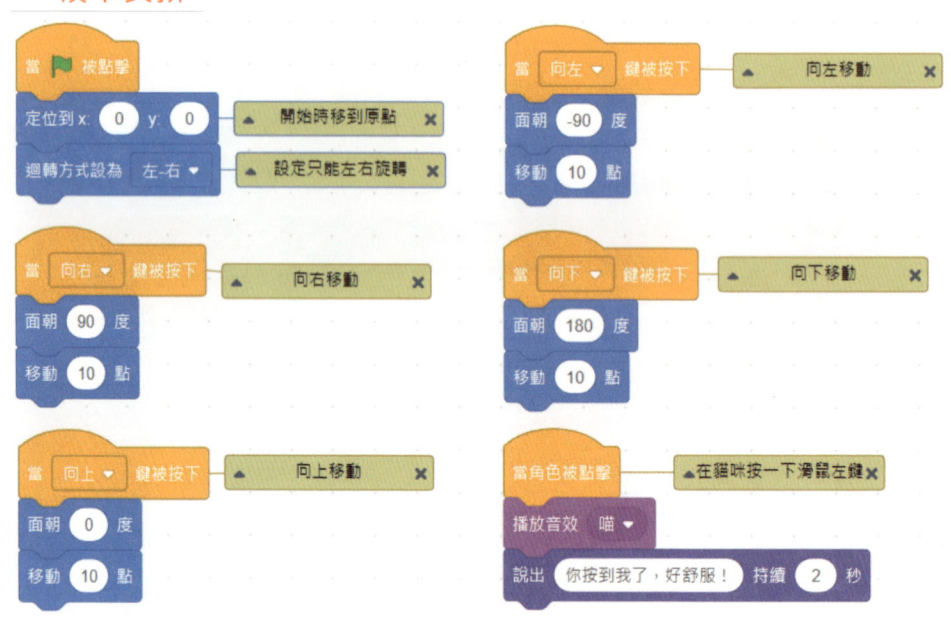

程式開始 (按綠旗) 時，設定貓咪角色的旋轉方向為只能左右旋轉，如此在貓咪向左走的時候才會頭部朝上；如果沒有設定的話，預設值為 360 度旋轉，貓咪向左走時頭部會朝下，彷彿倒立行走。

3-4

事件、控制與運算　03

▌馬上練習：使用字母控制貓咪移動

使用鍵盤的字母鍵控制貓咪移動：**s** 鍵右移 10 點，**a** 鍵上移 10 點，**z** 鍵左移 10 點，**x** 鍵下移 10 點。(<ch03\Ch03_ 使用字母控制貓咪移動 .sb3>)

3.1.3 廣播事件範例：貓咪與恐龍對話

廣播的功能主要是用於角色之間的互動，本範例在角色說完話後使用廣播告知其他角色，所有角色收到廣播後會執行指定動作。

▌範例：貓咪與恐龍對話

貓咪先說話，說完後恐龍回應，然後貓咪再說話，最後兩者一起向上移動。(<ch03\Ch03_ 貓咪與恐龍對話 .sb3>)

» 場景安排

除了自動產生的貓咪角色外，本範例還需要一個恐龍角色。

1. **新增角色**：建立新專案後，點選 **角色** 面板右下角 圖示，於彈出視窗點選 項目，在 **範例角色** 頁面點選 **Dinosaur5** 新增角色。

2. 在舞台區將貓咪向左移，恐龍向右移，使兩者成面對面姿態。

3-5

» 積木安排

1. 貓咪角色的積木：

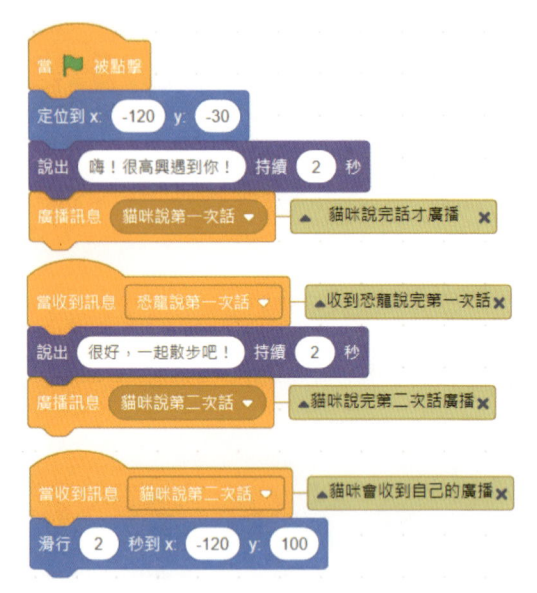

   ```
   當 ▶ 被點擊
   定位到 x: -120 y: -30
   說出 嗨！很高興遇到你！ 持續 2 秒
   廣播訊息 貓咪說完第一次話 ▼     ◀ 貓咪說完話才廣播

   當收到訊息 恐龍說第一次話 ▼     ◀ 收到恐龍說完第一次話
   說出 很好，一起散步吧！ 持續 2 秒
   廣播訊息 貓咪說完第二次話 ▼     ◀ 貓咪說完第二次話廣播

   當收到訊息 貓咪說第二次話 ▼     ◀ 貓咪會收到自己的廣播
   滑行 2 秒到 x: -120 y: 100
   ```

2. 恐龍角色的積木：

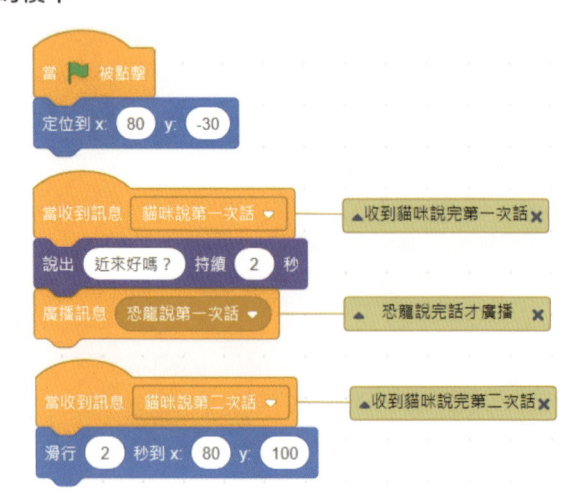

   ```
   當 ▶ 被點擊
   定位到 x: 80 y: -30

   當收到訊息 貓咪說第一次話 ▼     ◀ 收到貓咪說完第一次話
   說出 近來好嗎？ 持續 2 秒
   廣播訊息 恐龍說第一次話 ▼     ◀ 恐龍說完話才廣播

   當收到訊息 貓咪說第二次話 ▼     ◀ 收到貓咪說完第二次話
   滑行 2 秒到 x: 80 y: 100
   ```

事件、控制與運算 **03**

程式流程：貓咪說完第一次話後就傳送廣播「貓咪第一次說話」，恐龍收到「貓咪第一次說話」廣播才開始說話，說完後傳送廣播「恐龍第一次說話」，貓咪收到「恐龍第一次說話」廣播才開始第二次說話，說完後傳送廣播「貓咪第二次說話」。注意兩個角色都有「收到貓咪第二次說話」廣播事件，貓咪也會收到自己傳送的廣播，所以兩個角色都會向上移動。

建立新廣播名稱

系統內建的廣播名稱為 **message1**，為了增加程式的可讀性，通常會自行建立有意義的廣播名稱，本範例貓咪及恐龍傳送的廣播名稱都是自行建立的。建立新廣播名稱的方法是在傳送廣播的下拉式選單中點選 **新的訊息**，在 **新的訊息** 對話方塊中 **新訊息的名稱** 欄輸入新的廣播名稱，按 **確定** 鈕就新增一個廣播。

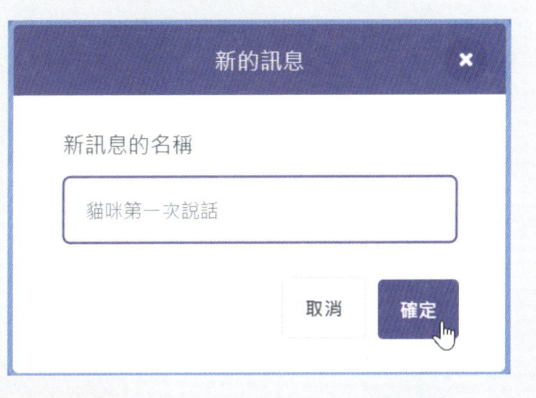

▶ 馬上練習：貓咪與恐龍向右跑

貓咪與恐龍在舞台中央面對面交談，貓咪說：「獵人來了！趕快跑！」，說完後貓咪和恐龍一起向右移動。(<ch03\Ch03_ 貓咪與恐龍向右跑 .sb3>)

3-7

3.2 控制與運算類積木

一般程式積木是循序結構，就是由上而下依照積木順序執行。控制類積木可以改變程式積木的執行流程，包括依據條件結果來決定執行程式積木的判斷式，及重複執行程式積木的迴圈。控制類積木也可以製作角色的分身，此功能可以使用程式積木動態建立角色。

運算類積木包含數值、字串、比較及邏輯運算，比較及邏輯運算的結果是成立與不成立，此結果可讓控制類積木做為決定程式流程的判斷依據。

3.2.1 控制類積木總覽

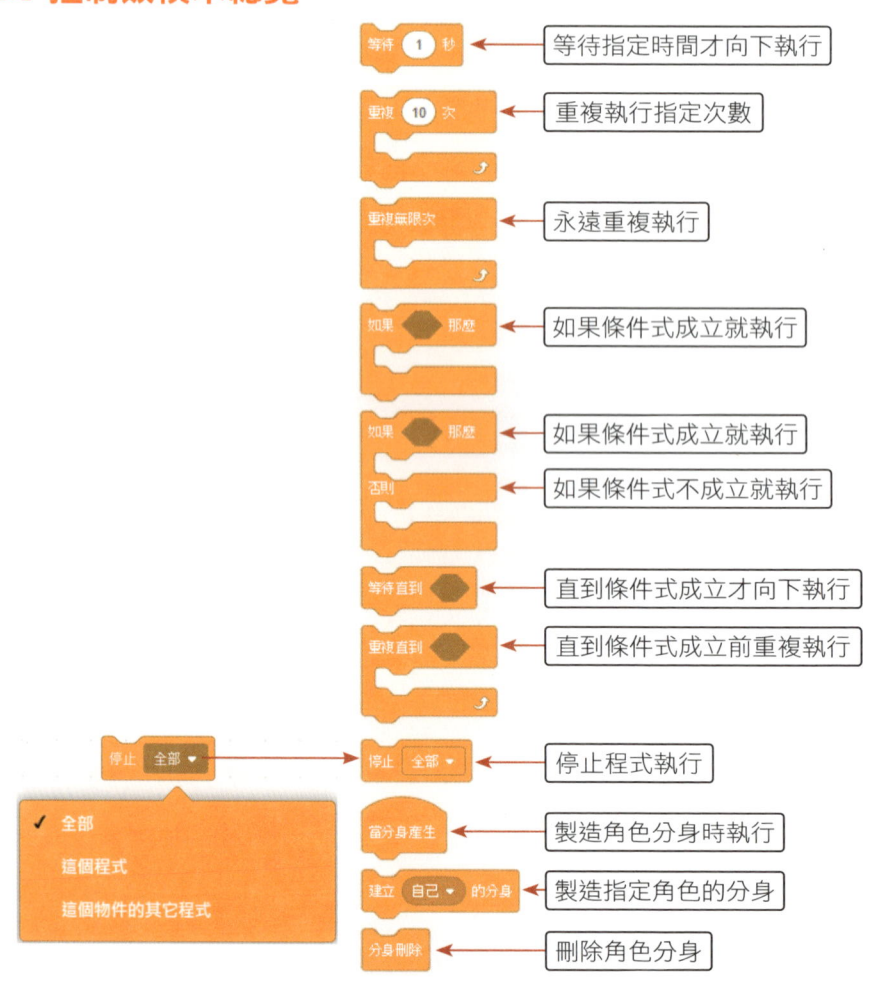

- 等待 1 秒 ← 等待指定時間才向下執行
- 重複 10 次 ← 重複執行指定次數
- 重複無限次 ← 永遠重複執行
- 如果 那麼 ← 如果條件式成立就執行
- 如果 那麼 否則 ← 如果條件式成立就執行／如果條件式不成立就執行
- 等待直到 ← 直到條件式成立才向下執行
- 重複直到 ← 直到條件式成立前重複執行
- 停止 全部 ← 停止程式執行
  - ✓ 全部
  - 這個程式
  - 這個物件的其它程式
- 當分身產生 ← 製造角色分身時執行
- 建立 自己 的分身 ← 製造指定角色的分身
- 分身刪除 ← 刪除角色分身

控制類積木中的 ⬢ 是條件積木，多用於控制類、偵測類或運算類積木中，控制類積木會根據條件積木是否成立決定執行的流程。

3.2.2 運算類積木總覽

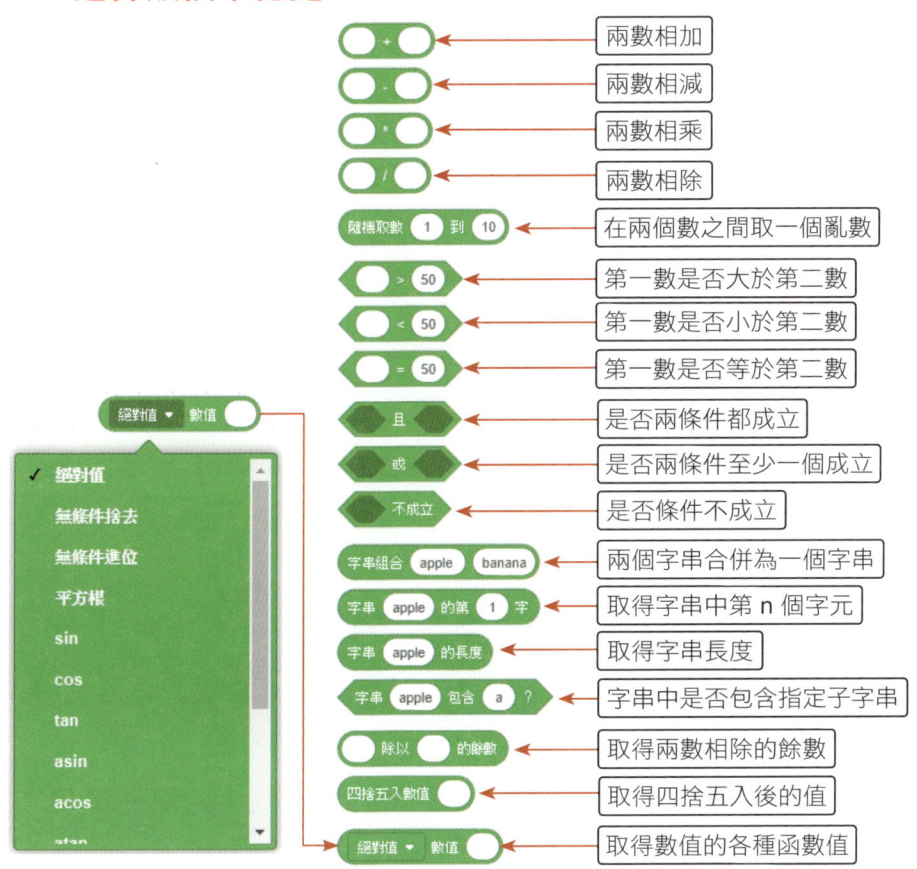

積木	說明
+	兩數相加
-	兩數相減
×	兩數相乘
/	兩數相除
隨機取數 1 到 10	在兩個數之間取一個亂數
◯ > 50	第一數是否大於第二數
◯ < 50	第一數是否小於第二數
◯ = 50	第一數是否等於第二數
且	是否兩條件都成立
或	是否兩條件至少一個成立
不成立	是否條件不成立
字串組合 apple banana	兩個字串合併為一個字串
字串 apple 的第 1 字	取得字串中第 n 個字元
字串 apple 的長度	取得字串長度
字串 apple 包含 a ?	字串中是否包含指定子字串
◯ 除以 ◯ 的餘數	取得兩數相除的餘數
四捨五入數值 ◯	取得四捨五入後的值
絕對值 ▼ 數值	取得數值的各種函數值

下拉選單選項：
- ✓ 絕對值
- 無條件捨去
- 無條件進位
- 平方根
- sin
- cos
- tan
- asin
- acos
- atan

運算類積木中六角形積木是條件積木，包含比較運算積木及邏輯運算積木。條件積木的結果是成立或不成立，條件積木無法單獨使用，必須置入控制類積木做為判斷用，由控制類積木根據條件積木的結果進行後續處理。

比較運算積木

比較運算積木包含 **小於** ◯ < 50 、**等於** ◯ = 50 及 **大於** ◯ > 50 積木，用於兩個數值或字串的大小比較。

邏輯運算積木

邏輯運算積木包含 **且** `且` 、**或** `或` 及 **條件不成立** `不成立` 積木，邏輯運算是結合兩個比較運算綜合得到最後比較結果，通常用在較複雜的比較條件。

且 `且` 積木只有在兩個條件式結果都成立時，最後結果才成立，只要有一個條件式結果不成立，最後結果就不成立，相當於數學上集合的交集。

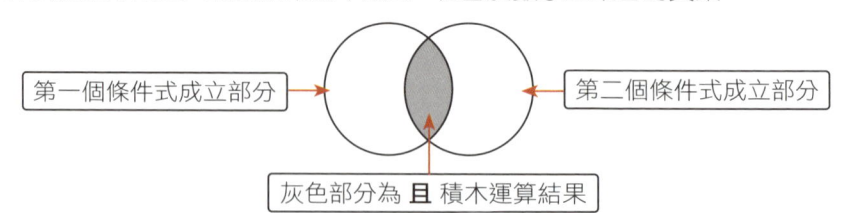

第一個條件式成立部分 → ← 第二個條件式成立部分

灰色部分為 **且** 積木運算結果

第一個條件式	第二個條件式	且 積木運算結果
成立	成立	成立
成立	不成立	不成立
不成立	成立	不成立
不成立	不成立	不成立

或 `或` 積木與 **且** `且` 積木相反，只有在兩個條件式結果都不成立時，最後結果才不成立，只要有一個條件式結果成立，最後結果就成立，相當於數學上集合的聯集。

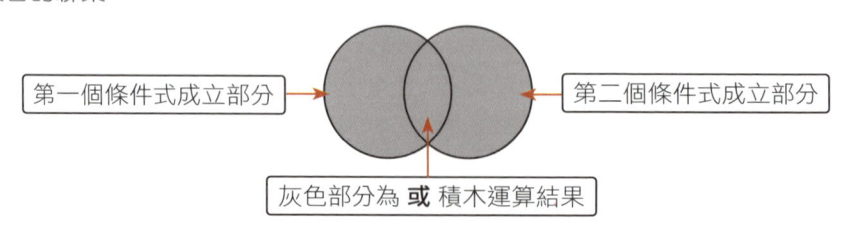

第一個條件式成立部分 → ← 第二個條件式成立部分

灰色部分為 **或** 積木運算結果

第一個條件式	第二個條件式	或 積木運算結果
成立	成立	成立
成立	不成立	成立
不成立	成立	成立
不成立	不成立	不成立

3.2.3 判斷式

若程式使用條件式就能依據條件式的結果執行不同的程式積木，此種方式稱為「判斷式」。Scratch 的判斷式分為單向判斷式及雙向判斷式。

單向判斷式

單向判斷式是 **如果…那麼** 積木，意義為「如果條件式成立，就執行 **如果…那麼** 積木中的程式積木；如果條件式不成立，就什麼都不執行。」

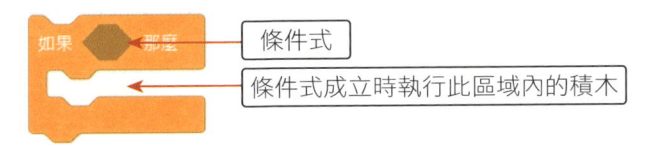

條件式
條件式成立時執行此區域內的積木

▼ 範例：貓咪水平行走

程式開始時貓咪向右行走，碰到右方邊緣時貓咪會向後轉往左方行走，碰到左方邊緣時貓咪會向後轉往右方行走。(<ch03\Ch03_ 貓咪水平行走 .sb3>)

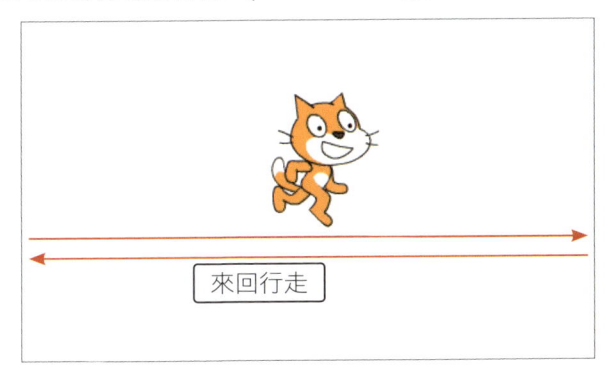

來回行走

» 積木安排

不斷檢查貓咪角色的 X 座標是否碰到邊緣，如果碰到就讓貓咪轉向。

舞台的寬度為 480 pixel，X 座標由 -240（左邊緣）到 240（右邊緣），因為貓咪角色本身的寬度約為 90 pixel，需預留一些寬度給貓咪角色，所以判斷 X 座標大於 210 就算碰到右邊緣，小於 -210 就算碰到左邊緣。

Scratch 3 初學特訓班

[程式積木圖示：
當 🏁 被點擊
定位到 x: 0 y: 0
面朝 90 度
迴轉方式設為 左-右
重複無限次
　移動 10 點
　造型換成下一個
　等待 0.1 秒
　如果 x座標 > 210 那麼　貓咪已到右邊界
　　面朝 -90 度　讓貓咪面向左方
　如果 x座標 < -210 那麼　貓咪已到左邊界
　　面朝 90 度　讓貓咪面向右方
]

雙向判斷式

雙向判斷式是 **如果…否則** 積木，意義為「如果條件式成立，就執行 **如果** 下方區域中的程式積木；若條件式不成立，就執行 **否則** 下方區域中的程式積木。」

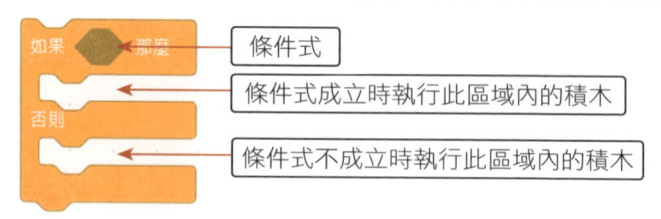

[積木圖示：
如果　　那麼　← 條件式
　　　　　　　← 條件式成立時執行此區域內的積木
否則
　　　　　　　← 條件式不成立時執行此區域內的積木
]

以下範例模擬星球不斷膨脹，最後消失不見。

▌範例：星球消失

開始時舞台中央有一顆小星球，星球會不斷膨脹，大到指定程度後就不斷改變顏色、發出聲音並逐漸透明，最後消失。(<ch03\Ch03_ 星球消失 .sb3>)

3-12

03 事件、控制與運算

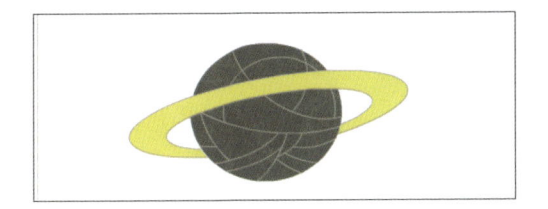

» 場景安排

新增角色：刪除系統自動建立的貓咪角色，由系統範例角色庫新增 Planet2 角色。

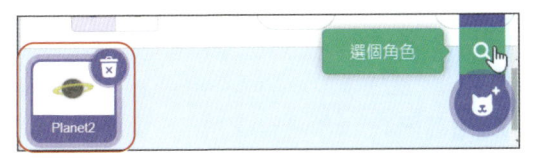

» 積木安排

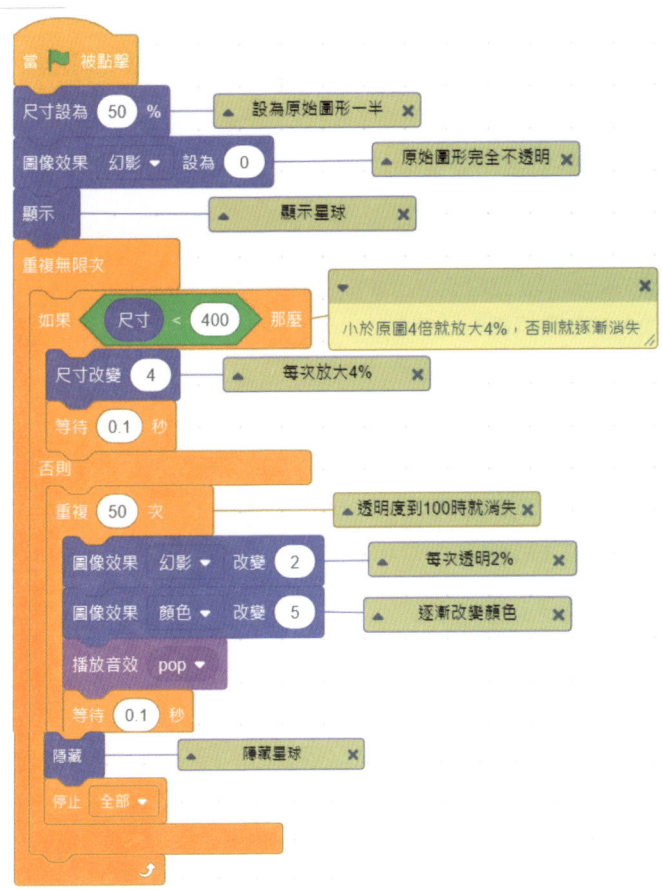

```
當 ▶ 被點擊
尺寸設為 50 %          ◀ 設為原始圖形一半
圖像效果 幻影 ▼ 設為 0  ◀ 原始圖形完全不透明
顯示                   ◀ 顯示星球
重複無限次
    如果 尺寸 < 400 那麼   ◀ 小於原圖4倍就放大4%，否則就漸漸消失
        尺寸改變 4         ◀ 每次放大4%
        等待 0.1 秒
    否則
        重複 50 次          ◀ 透明度到100時就消失
            圖像效果 幻影 ▼ 改變 2    ◀ 每次透明2%
            圖像效果 顏色 ▼ 改變 5    ◀ 逐漸改變顏色
            播放音效 pop ▼
            等待 0.1 秒
        隱藏                ◀ 隱藏星球
        停止 全部 ▼
```

3-13

外觀類積木可設定各種特效，特效中的 **幻影** 特效是設定角色的透明度，其值為 0 到 100，0 表示完全不透明，即正常顯示；100 表示完全透明，即看不見角色。

程式開始時刻意將星球角色縮小 (50%)，可增加最後星球放大的倍數。由於程式執行到最後，角色會完全透明且隱藏，此處需將透明度設為完全不透明並顯示，否則第二次執行時將看不見星球角色。

如果…否則 積木的條件式檢查目前角色的大小，若小於原圖 4 倍時就放大 4%，否則就改變顏色並增加透明度使星球逐漸消失。

注意最後要加入 **隱藏** 及 **停止全部** 積木。**隱藏** 積木的功能是將星球角色隱藏起來，否則程式停止執行後，星球角色會顯示在舞台上。**停止全部** 積木是結束所有執行中的程式，否則 **重複無限次** 積木會繼續執行，星球角色因為透明，所以使用者看不到其仍在運行，但會聽到聲音仍持續產生。

▶ **馬上練習：貓咪垂直行走**

程式開始時貓咪向上行走，碰到上方邊緣時貓咪會向後轉往下方行走，碰到下方邊緣時貓咪會向後轉往上方行走。(<ch03\Ch03_ 貓咪垂直行走 .sb3>)

3.2.4 條件式迴圈

條件式迴圈是結合判斷式與迴圈功能，以條件式的結果決定迴圈是否繼續執行。條件式迴圈是 **重複直到 (條件式)** 積木，意義為「如果條件式不成立，就執行 **重複直到 (條件式)** 下方區域中的程式積木；若條件式成立，就結束迴圈。」

事件、控制與運算 **03**

▰ 範例：單擺

程式開始時單擺由右下 45^0 處順時針擺動，直到左下 45^0 處到達最高點後就逆時針擺動，如此反覆循環。(<ch03\Ch03_ 單擺 .sb3>)

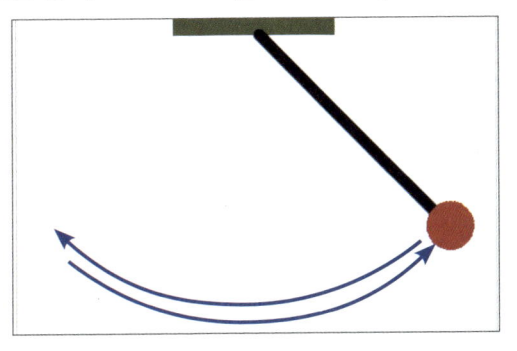

» 場景安排

1. **繪製舞台**：建立新專案後點選 **舞台**，於程式區切換到 **背景** 頁籤，在繪圖工具區點選 **矩形** 工具，點按 **填滿** 右方 圖示，設定 **顏色** :23、**彩度** :100、**亮度** :27（暗褐色），以同樣方式設定 **外框** 為（無外框），在繪圖區上方畫一個矩形，左右調整位置使其位於舞台中央。

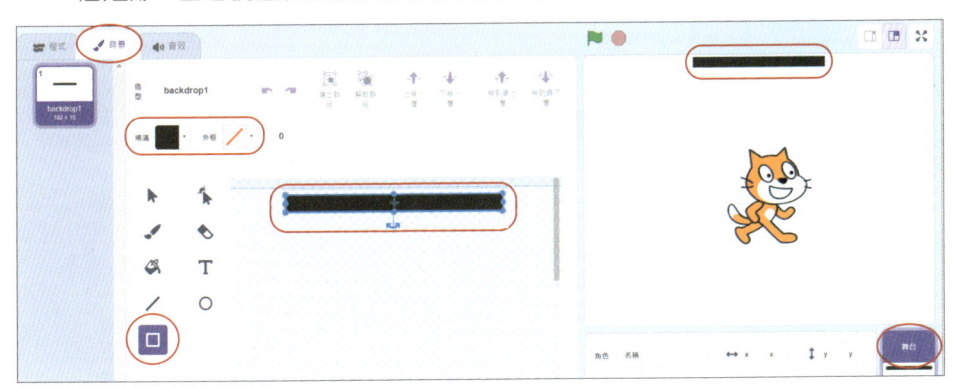

2. **繪製角色**：在角色區刪除系統自動建立的貓咪角色，點選 **角色** 面板右下角 圖示，於彈出視窗點選 項目繪製新角色，於程式區切換到 **造型** 頁籤。

   首先畫一條直線做為擺繩：點選 **直線** 工具，設定 **外框** 為 **寬度** :30、**顏色** : 0、**彩度** :100、**亮度** :0（黑色），按住 **Shift** 鍵在繪圖區畫一條垂直線。

3-15

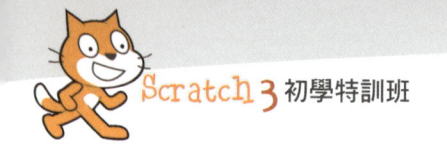

接著畫一個實心圓做為擺錘:點選 **圓形** ○ 工具,設定 **填滿** 為 **顏色**:0、彩度:100、亮度:100 (紅色)、**外框** 為 ╱ (無外框),在直線下方畫一個圓形。

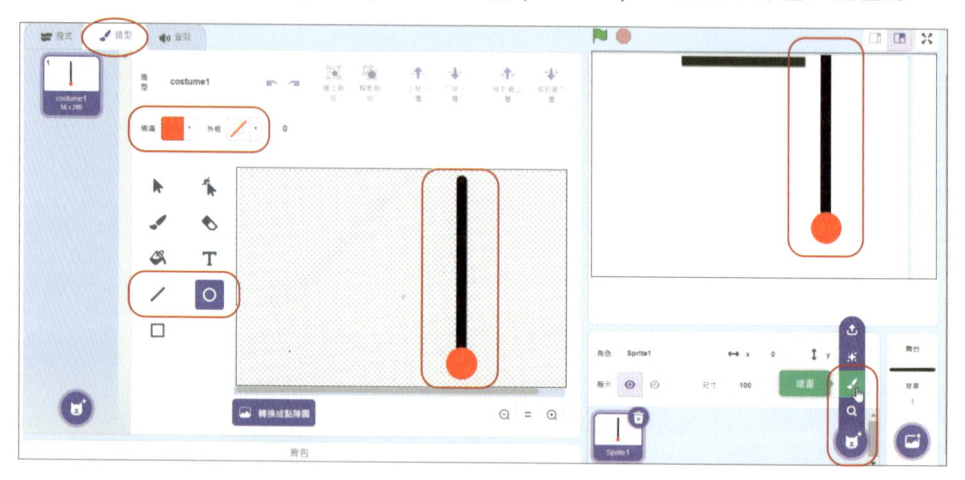

3. **群組圖形**:點選 **選取** ▶ 工具,按住 **Shift** 鍵後以滑鼠點選剛繪製的直線及圓形,如此可選取兩個物件,點選上方 **建立群組** 鈕將兩個物件群組。

設定造型中心:每個造型都有造型中心,旋轉時會以造型中心為中心點旋轉,造型中心在繪圖區中央。單擺應以直線端點為中心旋轉:在繪圖區拖曳單擺群組物件使直線端點位於繪圖區中央 (繪圖區中央有一個淺灰色小圓點 ⊕ 就是繪圖區中心點,但很不明顯),如此就設定造型中心在直線端點。再於舞台區拖曳單擺到暗褐色矩形下方 (如下圖)。

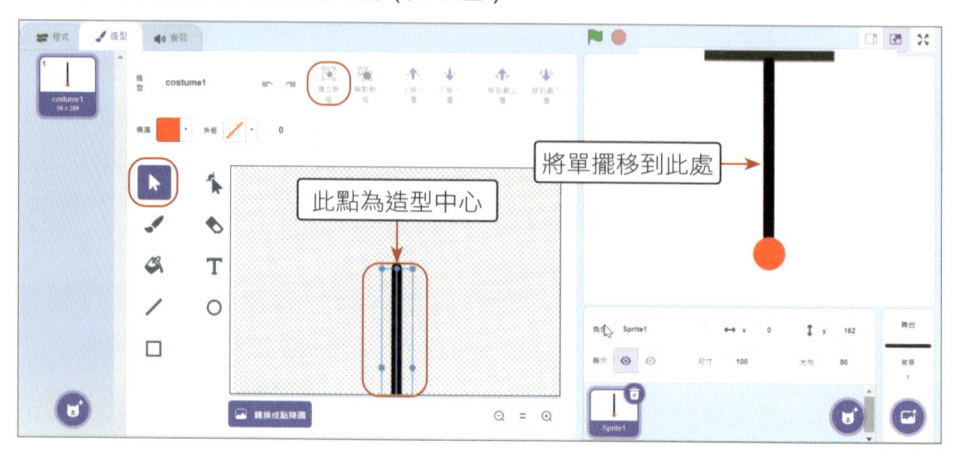

3-16

事件、控制與運算　03

» 積木安排

開始時位於 45 方向處

方向小於等於 135 時順時針擺動

方向大於等於 45 時逆時針擺動

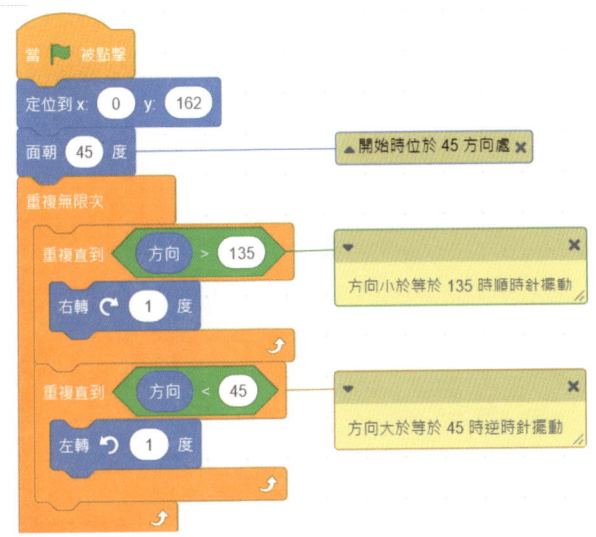

單擺垂直向下時為 90°，右下為 45°，左下為 135°。

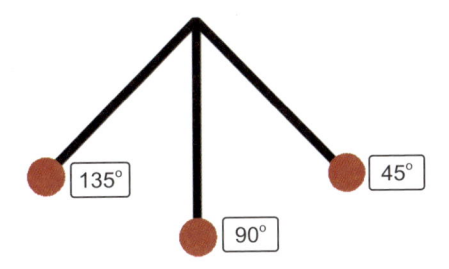

程式開始時設定單擺為 45°，由於方向小於 135°，所以進入 **重複直到 方向 >135** 積木順時針旋轉，直到方向為 136° 才離開迴圈，此時單擺位於左下方。離開迴圈時方向大於 45°，所以進入 **重複直到 方向 <45** 積木逆時針旋轉，直到方向為 44° 才離開迴圈，如此周而復始。

▼ 馬上練習：貓咪左右搖擺

程式開始時貓咪由左上 45° 處順時針擺動，直到右上 45° 處後就逆時針擺動，如此反覆循環。(<ch03\Ch03_ 貓咪左右搖擺 .sb3>)

3-17

3.2.5 亂數積木

日常生活中有許多場合需要使用隨機產生的數值，例如各種彩券的中獎號碼、擲骰子得到的點數等。Scratch 提供的亂數積木可在兩個數值間隨機產生一個數值，非常方便。

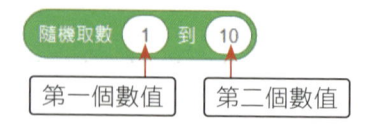

Scratch 的亂數積木非常聰明，並不限定兩個數值的大小順序，即「1 到 10」與「10 到 1」的結果相同。另外，Scratch 的亂數積木會自動檢查兩個數值的性質，產生的亂數會與原始數值性質相同：若兩個數值都是整數，產生的亂數也是整數；只要兩個數值中有一個是浮點數，產生的亂數就會是浮點數。

▼ 範例：擲骰子

按 **START** 鈕後，骰子會快速輪流顯示點數，同時按鈕文字變為 **END**；按 **END** 鈕後，骰子隨機顯示點數，並且以說話方式說出點數，同時按鈕文字變為 **START**，可重新擲骰子。(<ch03\Ch03_ 擲骰子 .sb3>)

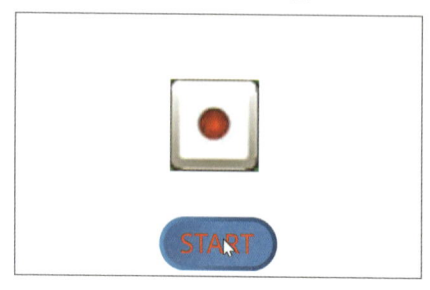

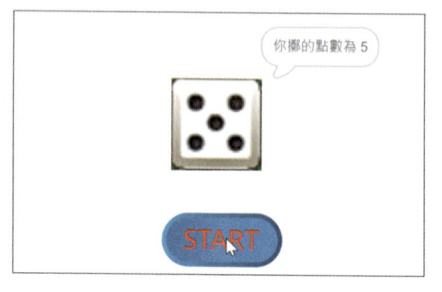

» 場景安排

1. **新增骰子角色**：刪除系統自動建立的貓咪角色，點選 **角色** 面板右下角 🐱 圖示，於彈出視窗點選 ⬆ 項目以上傳檔案建立新角色。在 **開啟** 對話方塊中選取 <ch03\resources\point1.png> 上傳圖形檔。

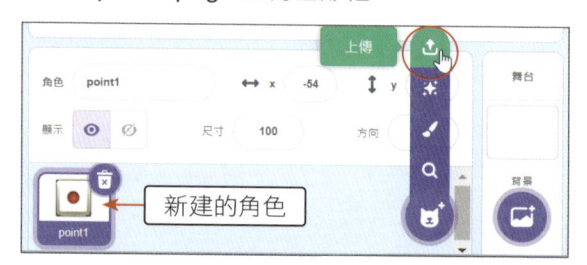

事件、控制與運算 03

2. **新增造型**：於程式區點選 **造型** 頁籤，點選左下方 🐻 圖示，於彈出視窗點選 ⬆ 項目以上傳檔案建立新造型。在 **開啟** 對話方塊中選取 <ch03\resources\point2.png> 上傳圖形檔。重複操作上傳檔案建立新造型四次，上傳的檔案分別為 <point3.png> 到 <point6.png>，總共六個造型。

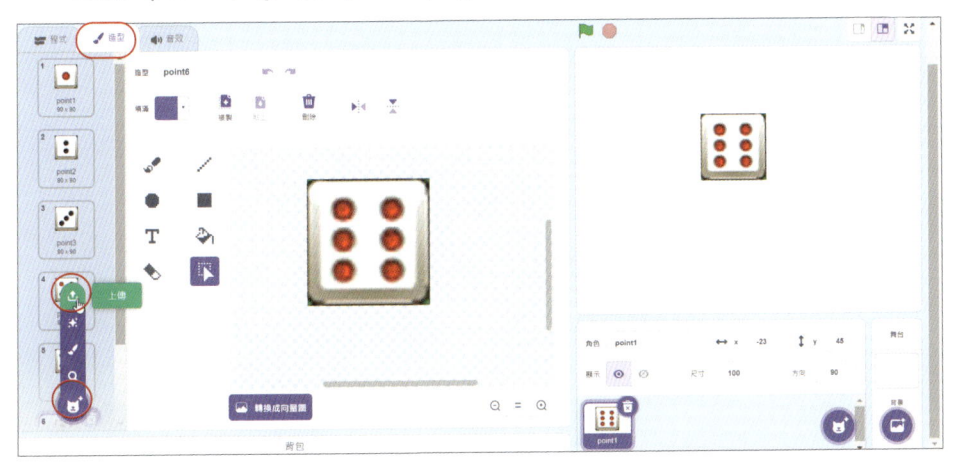

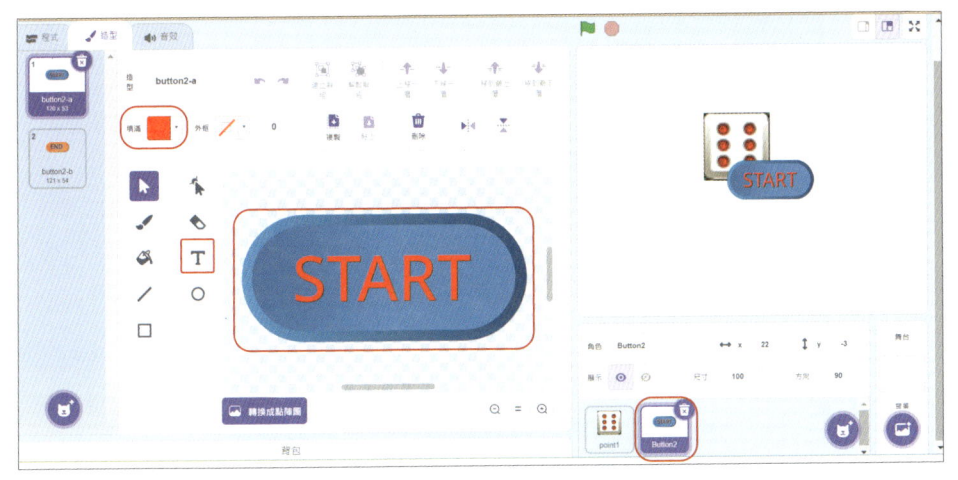

3. **新增按鈕角色**：點選 **角色** 面板右下角 🐻 圖示，於彈出視窗點選 🔍 項目，在 **範例角色** 頁面點選 **Button2** 新增角色。於程式區點選 **造型** 頁籤，在繪圖工具區點選 **文字** T 工具，設定 **填滿** 為 **顏色**：0、**彩度**：100、**亮度**：100（紅色），輸入「START」文字。點選 **選取** ▶ 工具，將文字拖曳到按鈕圖形中央，並拖曳文字右下角適度放大文字。

3-19

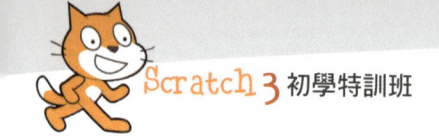

4. **修改按鈕第二個造型**：於 **造型** 頁籤點選 **button2-b** 造型，在繪圖工具區點選 **文字** T 工具，設定 **填滿** 為 **顏色**:67、**彩度**:100、**亮度**:100（藍色），輸入「END」文字。點選 **選取** 工具，將文字拖曳到按鈕圖形中央，並拖曳文字右下角適度放大文字。

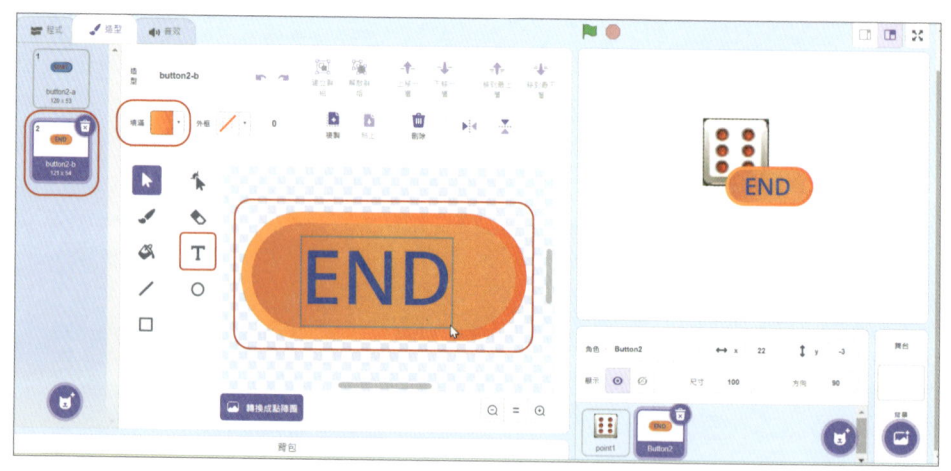

》積木安排

1. 按鈕角色的積木：

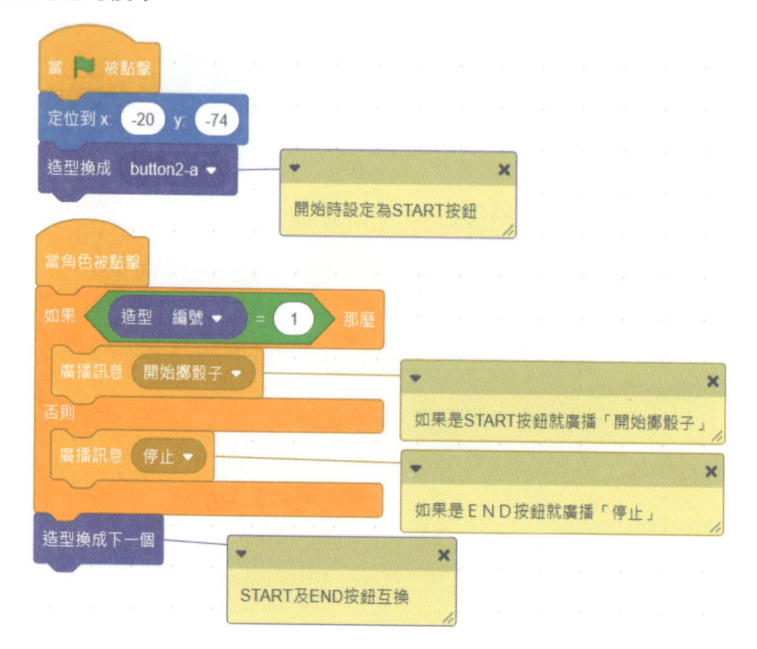

2. 骰子角色的積木：

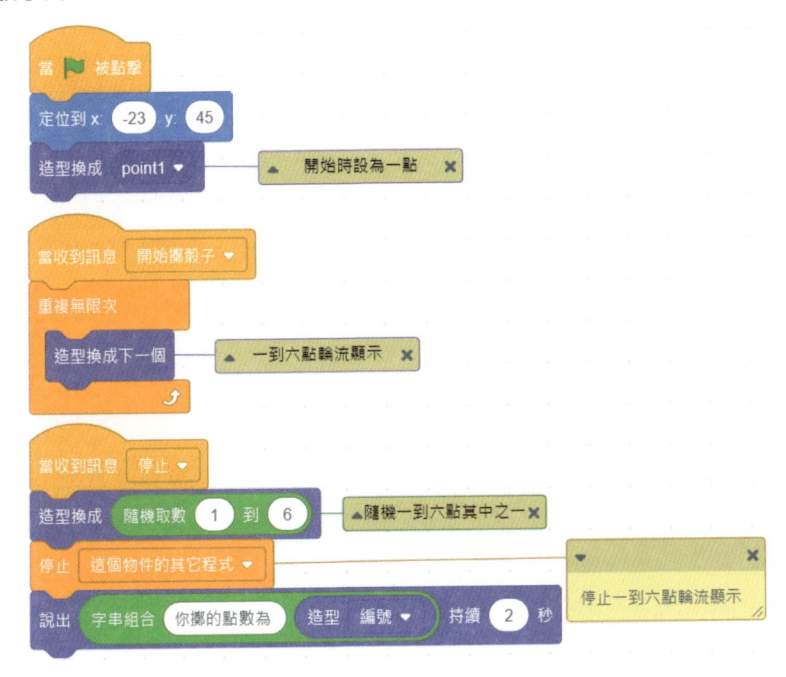

因為按鈕角色的功能是控制骰子轉動（另一個角色），所以只有兩個廣播功能。本範例是使用一個按鈕中的兩個造型製作兩個按鈕功能。

當骰子角色收到「開始擲骰子」廣播時，就輪流顯示六個造型，達成擲骰子的動畫效果；收到「停止」廣播時，就由 1 到 6 取一個亂數做為擲出的點數。

▶ 馬上練習：隨機骰子點數

程式開始時，骰子顯示一點。按一下骰子後，骰子會快速輪流顯示點數 100 至 200 次，次數由亂數隨機決定，最後以說話方式顯示點數，可重新按骰子重設點數。(<ch03\Ch03_隨機骰子點數.sb3>)

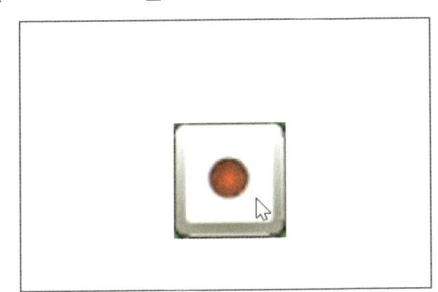

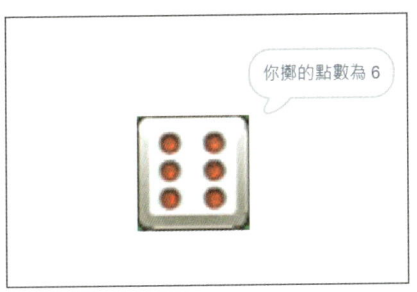

3.2.6 數學運算積木

Scratch 擁有相當強大的數學運算能力,包含四捨五入、三角函數、指數、對數等,絕大多數需要計算的情況都難不倒它。Scratch 數學計算積木整理如下:

運算意義	積木範例	運算結果	註解
取得餘數	25 除以 7 的餘數	4	25 除以 7 餘 4
四捨五入	四捨五入數值 23.321567	23	四捨五入取到整數
絕對值	絕對值 ▼ 數值 -6.7	6.7	|-6.7|=6.7
無條件捨去	無條件捨去 ▼ 數值 6.7	6	無條件捨去到整數
無條件進位	無條件進位 ▼ 數值 6.1	7	無條件進位到整數
平方根	平方根 ▼ 數值 6.7	2.588	$\sqrt{6.7}$ =2.588
正弦函數	sin ▼ 數值 30	0.5	$\sin 30°=0.5$
餘弦函數	cos ▼ 數值 30	0.866	$\cos 30°=0.866$
正切函數	tan ▼ 數值 45	1	$\tan 45°=1$
反正弦函數	asin ▼ 數值 0.5	30°	$\sin^{-1} 0.5=30°$
反餘弦函數	acos ▼ 數值 0.866	30.003°	$\cos^{-1} 0.866=30.003°$
反正切函數	atan ▼ 數值 1	45°	$\tan^{-1} 1=45°$
自然對數	ln ▼ 數值 100	4.605	$\ln 100=4.605$
十為底對數	log ▼ 數值 100	2	$\log 100=2$
自然指數	e^ ▼ 數值 4.605	99.983	$e^{4.605}=99.983$
十為底指數	10^ ▼ 數值 2	100	$10^2=100$

▼ 範例:曲線移動路徑

程式執行會繪製曲線,將貓咪角色設為半透明狀,引導使用者觀察繪圖過程。程式會反複繪圖,每次繪圖會改變顏色。(<ch03\Ch03_ 曲線移動路徑 .sb3>)

事件、控制與運算 03

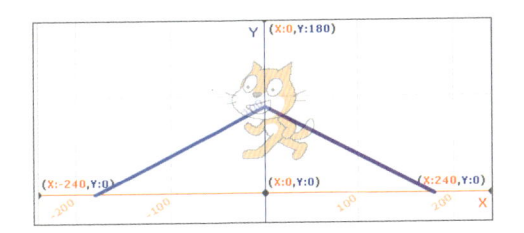

» 場景安排

新增背景：建立新專案後，從 **範例背景** 庫新增 **Xy-grid** 做為背景。切換至 **程式區** 的 **背景** 頁籤，將預設的白色背景「backdrop1」刪除。

» 積木安排

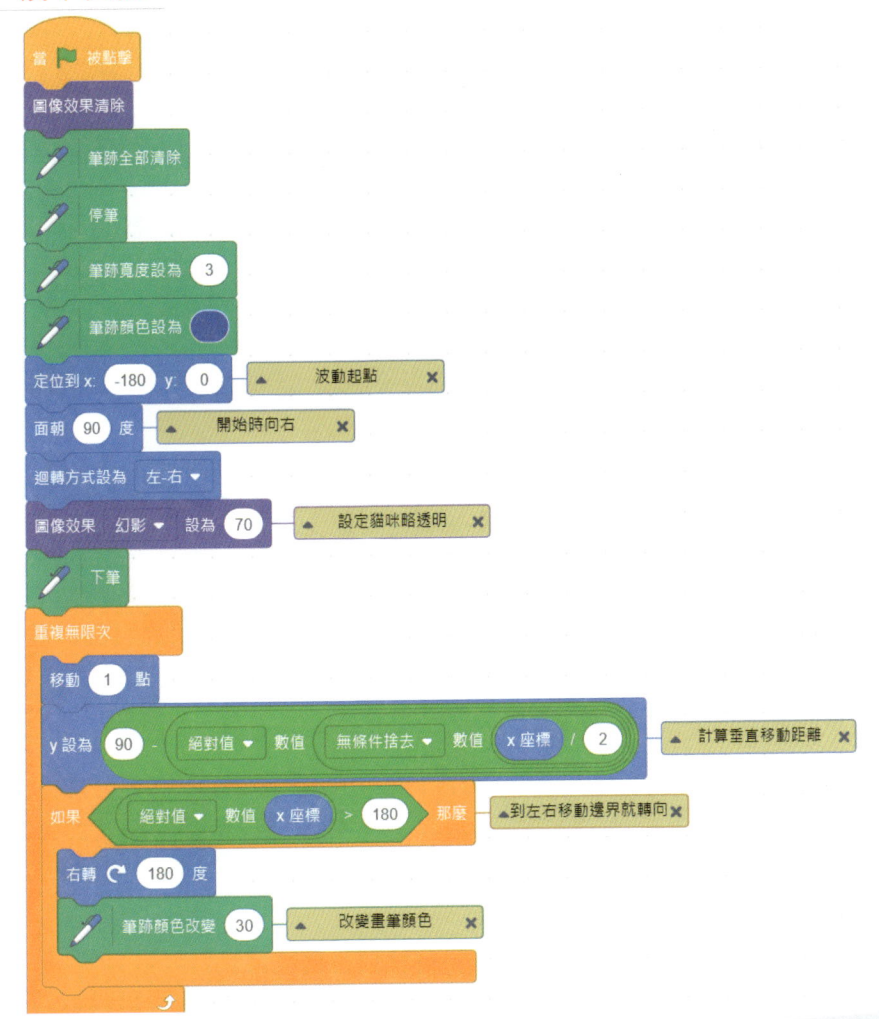

3-23

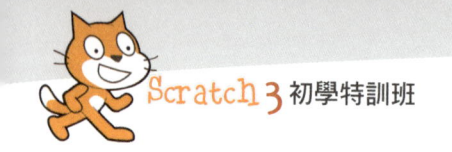

Y 座標 =90-(X 座標的絕對值 /2)，即 Y=90-(|X|/2)，初始時 X 座標 =-180，Y 座標 =90-(|**-180**|/2)=90-90=0。

當 X 座標遞增到 0 時，Y 座標 =90-(|**0**|/2)=90-0=90。

當 X 座標再遞增到 180 時，Y 座標 =90-(|**180**|/2)=90-90=0。

X 座標的絕對值大於 180，相當於 X 座標大於 180 (到達右邊界) 或 X 座標小於 -180 (到達左邊界)。

▌馬上練習：向下曲線移動路徑

程式執行會繪製向下曲線如下圖，其餘與「曲線移動路徑」範例相同。(<ch03\Ch03_ 向下曲線移動路徑 .sb3>)

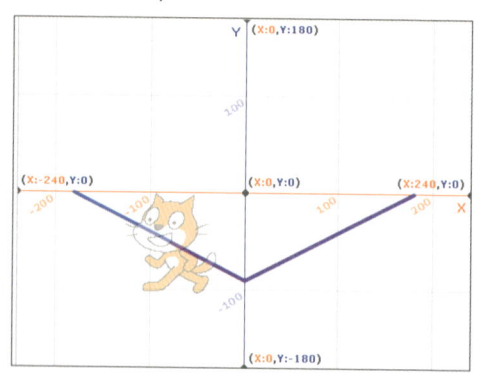

3.2.7 角色分身積木

由程式積木製造角色分身是 Scratch 最有震撼力的改進功能。專案中常會需要許多相同的角色，例如打磚塊遊戲的眾多磚塊，以往這些磚塊必須在設計階段用新增角色一一建立方塊，並給予不同角色名稱，但其實這些磚塊不但外觀相同，功能也完全一樣，為何不能利用迴圈在程式中來複製呢？角色分身積木解決了這個問題，設計階段只要建立一個角色，其餘就由程式複製，方便多了！

初學者極易將畫筆類的蓋章積木與角色分身積木混淆，兩者的共同處是都會在舞台上複製顯示一個角色的圖樣，不同處在於蓋章積木僅僅顯示一個圖像而已，該圖像不能點選、不能移動，更不能執行程式積木，而分身則是一個真正的角色，可以在分身中撰寫程式與使用者做各種互動。蓋章產生的圖像並不具備任何互動功能，其佔用的系統資源很少；分身具備所有角色功能，但會使用大量系統資源，使用者可根據實際需要選用蓋章或分身。

角色分身積木總覽

角色分身積木包括三個積木：

- **當分身產生時事件** 當分身產生 ：製造一個角色的分身時觸發，可將程式積木置於此事件中，分身製造完成後就會執行。

- **創造角色的分身** 建立 自己▼ 的分身 ：不但可以製造角色本身的分身，也可以製造其他角色的分身。

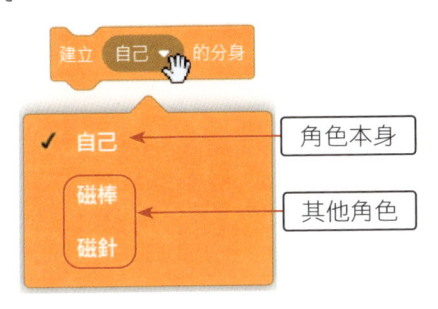

建立 自己▼ 的分身
 ✓ 自己 ← 角色本身
 磁棒
 磁針 ← 其他角色

- **刪除這個分身** 分身刪除 ：如果分身不再使用，可將其刪除以減少佔用系統資源。分身提供動態建立及刪除角色，大幅提高程式效率。

▶ 範例：磁針指向磁鐵

程式執行後，磁棒會隨著滑鼠移動，在距離磁棒 200 pixel 內的磁針其 N 極會指向磁棒的 S 極，若將磁棒移到舞台區較下方位置，因離磁針太遠，磁針不會轉動。
(<ch03\Ch03_ 磁針指向磁鐵 .sb3>)

3-25

» 場景安排

1. **繪製磁棒角色**：在角色區刪除系統自動建立的貓咪角色。點選 **角色** 面板右下角 圖示，於彈出視窗點選 項目繪製新角色，將新角色命名為「磁棒」。於程式區切換到 **造型** 頁籤，按兩次繪圖區右下角 放大繪圖比例。點選 **矩形** 工具，設定 **填滿** 為 **顏色**：67、**彩度**：100、**亮度**：100（藍色），**外框** 也設為藍色，然後畫一個矩形。使用同樣方法畫一個紅色矩形，移動紅色矩形到藍色矩形下方。

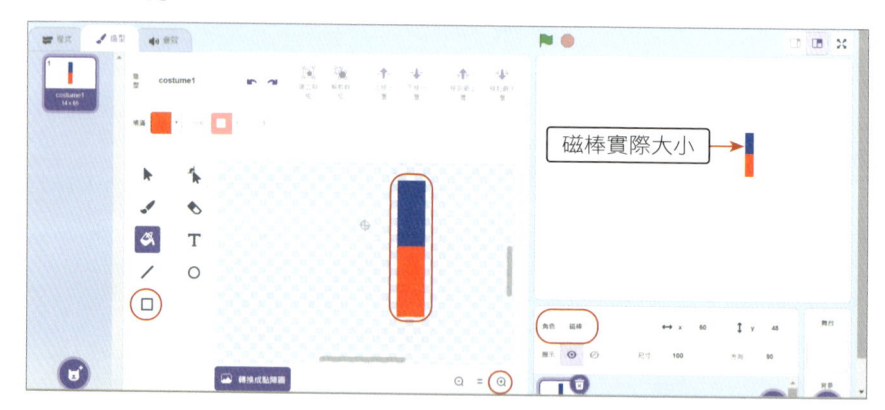

2. 點選 **文字** T 工具，設定 **填滿** 為 **顏色**：0、**彩度**：0、**亮度**：100（白色），輸入「S」文字。點選 **選取** 工具，將文字拖曳到藍色矩形上方，並拖曳文字右下角適度縮小文字。使用同樣方法在紅色矩形下方加入白色「N」文字。

    設定造型中心：點選 **選取** 工具，按住 **Shift** 鍵後以滑鼠點選所有矩形及文字，點選上方 **建立群組** 鈕將所有物件群組。拖曳磁棒群組物件使藍色矩形上方位於繪圖區中央造型中心點。

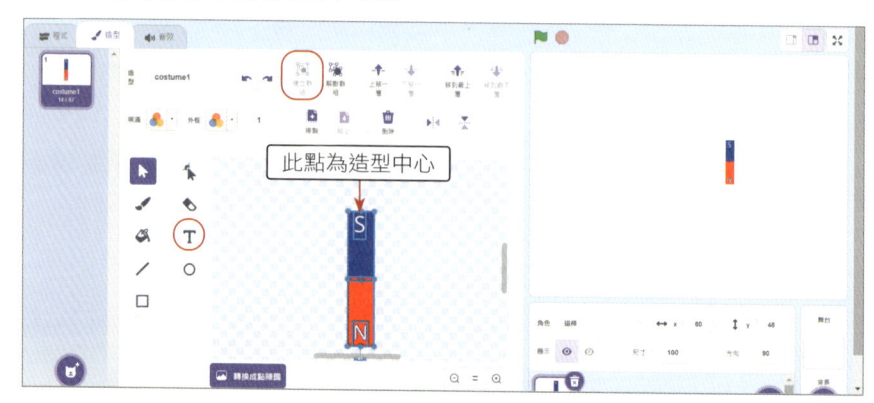

事件、控制與運算　03

3. **繪製磁針角色**：點選 **角色** 面板右下角 圖示，於彈出視窗點選 項目繪製新角色，將新角色命名為「磁針」。 參考繪製磁棒方式，以直線畫一個小三角形，再按 **填滿** (設定顏色為藍色)，將三角形填成藍色。再畫一個同樣大小的紅色小三角形，再將兩三角形組合成一個菱形 (見下圖)。然後將造型中心設定在磁針正中央。

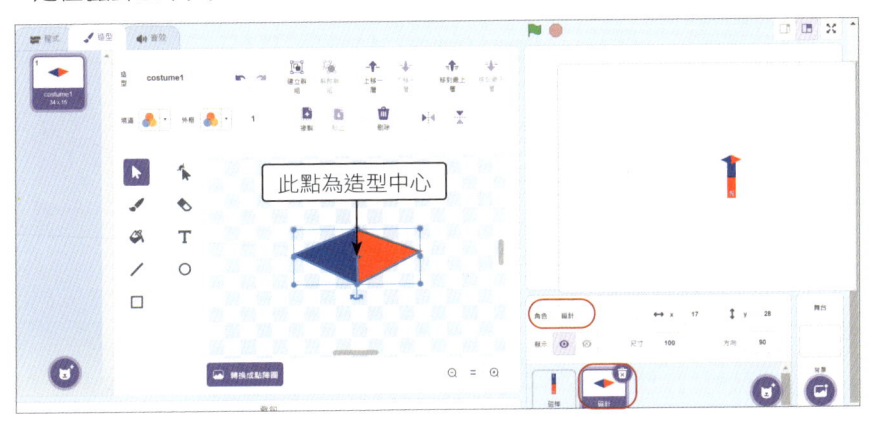

» 積木安排

1. 磁棒角色的積木：

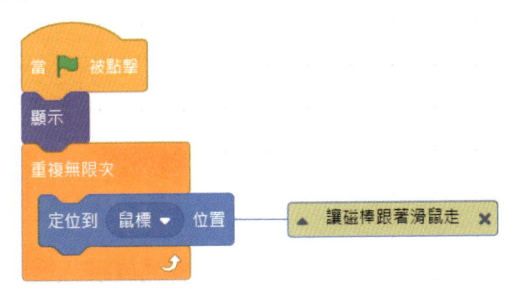

磁棒角色積木只有一塊：不斷移到滑鼠游標處，也就是磁棒的位置與滑鼠的位置相同，所以磁棒會跟著滑鼠移動。

3-27

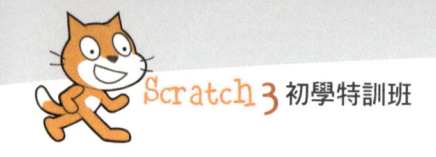

2. 磁針角色的積木：

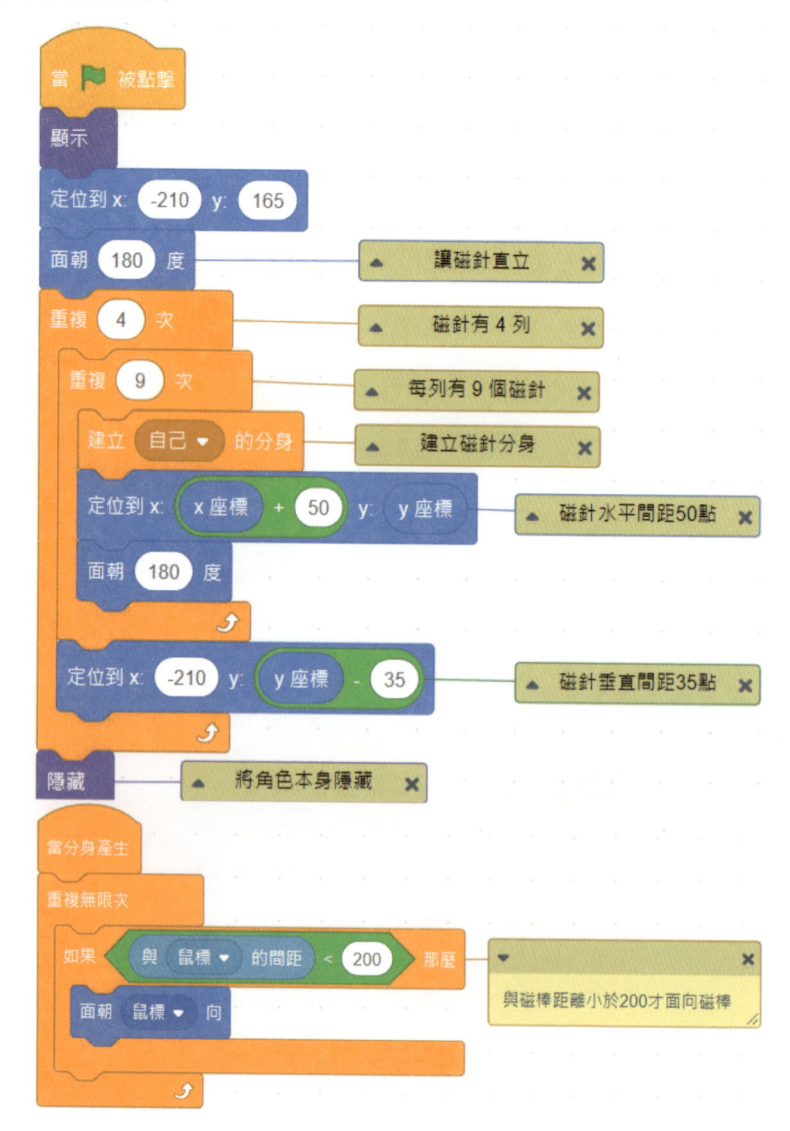

```
當 ▶ 被點擊
顯示
定位到 x: -210 y: 165
面朝 180 度                    ◆ 讓磁針直立
重複 4 次                      ◆ 磁針有 4 列
    重複 9 次                  ◆ 每列有 9 個磁針
        建立 自己▼ 的分身      ◆ 建立磁針分身
        定位到 x: x座標 + 50 y: y座標   ◆ 磁針水平間距50點
        面朝 180 度
    定位到 x: -210 y: y座標 - 35    ◆ 磁針垂直間距35點
隱藏                           ◆ 將角色本身隱藏

當分身產生
重複無限次
    如果 與 鼠標▼ 的間距 < 200 那麼   ◆ 與磁棒距離小於200才面向磁棒
        面朝 鼠標▼ 向
```

磁針角色部分則是程式開始時複製 4 列 9 欄共 36 個磁針，複製後要記得將磁針角色本身隱藏，否則就多了一個磁針。

分身的程式積木非常簡單，當分身（磁針）與磁棒距離小於 200 時就面向磁棒。此處 `與 鼠標▼ 的間距` 積木屬於偵測類別，將在下一章詳細說明，意義為取得角色與滑鼠游標的距離。

3-28

事件、控制與運算 03

▶ 馬上練習：磁針 S 極指向磁鐵 N 極

程式執行後，磁棒會隨著滑鼠移動，在距離磁棒 200 pixel 內的磁針其 S 極會指向磁棒的 N 極。(<ch03\Ch03_ 磁針 S 極指向磁鐵 N 極 .sb3>)

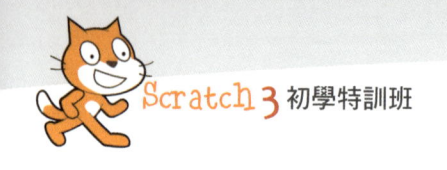

延伸練習

實作題

1. 使用者按鍵盤的右移鍵時，貓咪會向右移動 10 點；按左移鍵時，貓咪會向左移動 10 點。貓咪向右行走時，碰到右方邊緣時貓咪會向後轉向左方，碰到左方邊緣時貓咪會向後轉向右方。(<ch03\Ch03_ 鍵盤控制水平移動 .sb3>)

2. 按一下骰子後，骰子會快速輪流顯示點數，最後以隨機方式決定擲出的點數；如果擲出 1 到 3 點就表示「輸了！」，如果擲出 4 到 6 點就表示「贏了！」。可重新按骰子重複遊戲。(<ch03\Ch03_ 擲骰子比輸贏 .sb3>)

Chapter 04

變數與清單

「變數」類積木包含變數及清單，可將程式中許多狀態記錄下來。Scratch 的變數分為全域變數及角色變數：全域變數是所有角色都能存取的變數，而角色變數則只有建立變數的角色可以存取。清單就是一般程式語言中使用的「陣列」，它可說是一群性質相同變數的集合。清單屬於循序性資料結構，清單中的每一個資料是一個接著一個存放，稱為「元素」，每一個元素相當於一個變數，因為元素是依序儲放，利用元素在清單中的位置編號就可輕易存取特定元素。

變數類積木能為程式加入變數與清單

4.1 變數類積木

變數類積木包含變數及清單。變數及清單可將程式中許多狀態記錄下來，清單相當於一般程式語言中的「陣列」，可同時記錄多個相同性質的資料。

4.1.1 資料類積木總覽

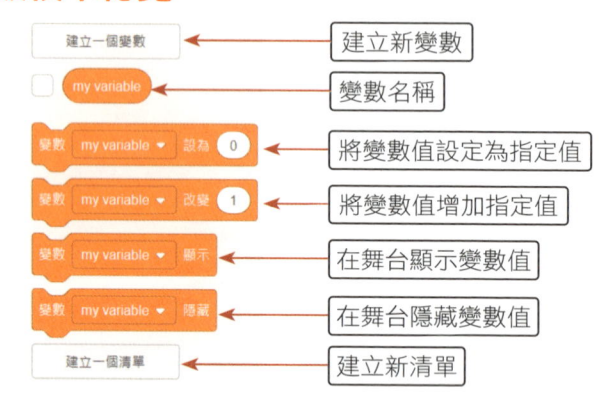

- 建立一個變數 → 建立新變數
- my variable → 變數名稱
- 變數 my variable 設為 0 → 將變數值設定為指定值
- 變數 my variable 改變 1 → 將變數值增加指定值
- 變數 my variable 顯示 → 在舞台顯示變數值
- 變數 my variable 隱藏 → 在舞台隱藏變數值
- 建立一個清單 → 建立新清單

建立清單後才會顯示處理清單的積木，例如建立名稱為「清單一」的清單後：

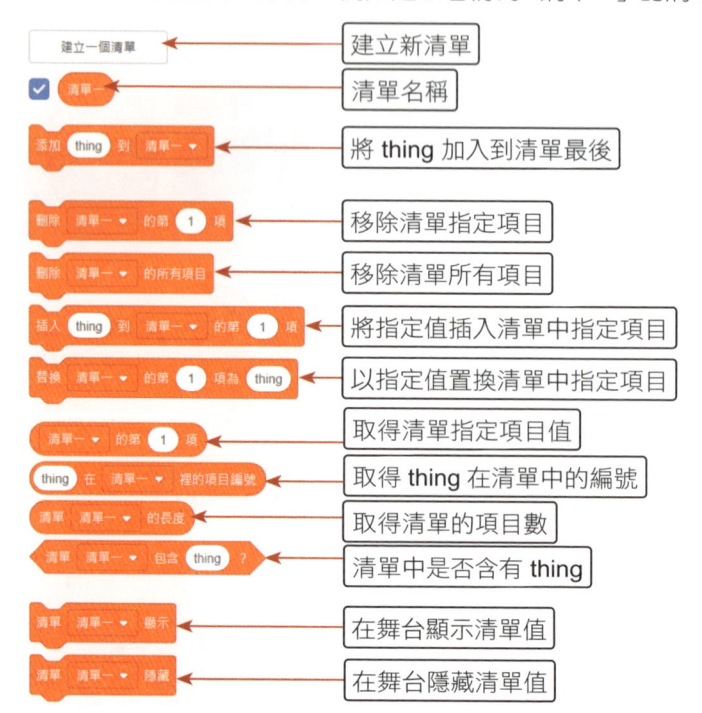

- 建立一個清單 → 建立新清單
- ☑ 清單一 → 清單名稱
- 添加 thing 到 清單一 → 將 thing 加入到清單最後
- 刪除 清單一 的第 1 項 → 移除清單指定項目
- 刪除 清單一 的所有項目 → 移除清單所有項目
- 插入 thing 到 清單一 的第 1 項 → 將指定值插入清單中指定項目
- 替換 清單一 的第 1 項為 thing → 以指定值置換清單中指定項目
- 清單一 的第 1 項 → 取得清單指定項目值
- thing 在 清單一 裡的項目編號 → 取得 thing 在清單中的編號
- 清單 清單一 的長度 → 取得清單的項目數
- 清單 清單一 包含 thing ? → 清單中是否含有 thing
- 清單 清單一 顯示 → 在舞台顯示清單值
- 清單 清單一 隱藏 → 在舞台隱藏清單值

變數與清單 04

4.1.2 全域變數

Scratch 的變數分為全域變數及角色變數：全域變數是所有角色都能存取的變數，而角色變數則只有建立變數的角色可以存取。

建立變數的方法是在程式區點選 **變數** 類別，再點按 **建立一個變數** 鈕。於 **新的變數** 對話方塊中 **新變數的名稱** 欄輸入變數名稱，變數名稱可使用中文。若要建立全域變數，核選 **適用於所有角色**；若要建立角色變數，核選 **僅適用當前角色**，此處建立全域變數，最後按 **確定** 鈕產生變數。

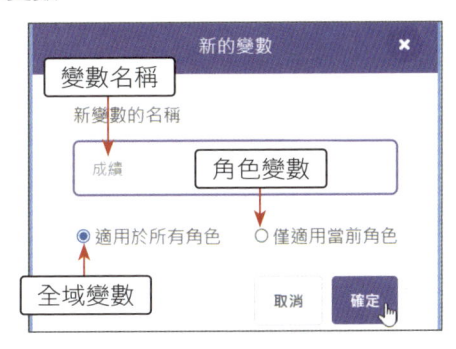

顯示變數值

建立變數後，程式區會自動產生該變數的處理積木，讓設計者可以使用變數。系統建立變數時預設會在舞台區顯示變數值，如果不要顯示可取消核選變數名稱左方核取方塊。變數預設顯示於舞台左上方，拖曳顯示變數值區塊即可改變顯示位置。

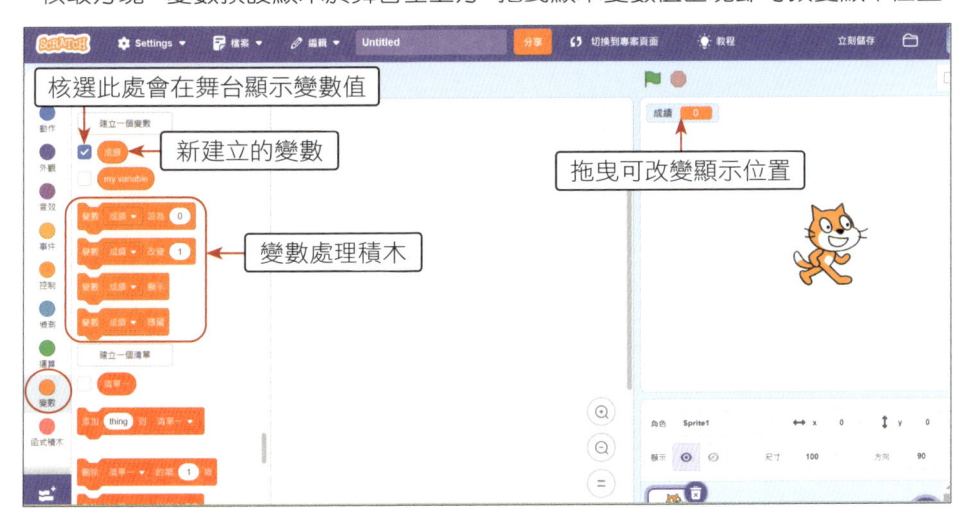

4-3

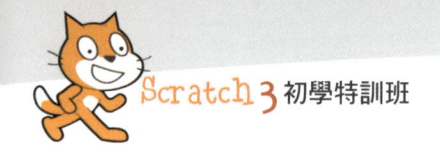

想要設定是否顯示變數值，可以在設計階段使用變數名稱左方的核取方塊，也可以在腳本區使用程式積木動態設定，積木為：

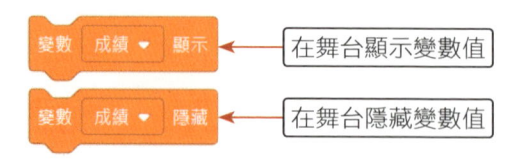

變數 成績 顯示　◀── 在舞台顯示變數值

變數 成績 隱藏　◀── 在舞台隱藏變數值

顯示變數值在程式除錯時可提供非常有用的除錯資訊，觀察變數值即時變化通常很快就能找出程式執行時的錯誤所在！

重新命名變數及刪除變數

為變數命名時最好取一個有意義的名稱，Scratch 支援中文變數名稱，使命名工作更容易達成，例如「遊戲得分」、「小精靈剩餘生命數」等。因為 Scratch 屬於拼塊式程式設計，使用變數時不必自行輸入變數名稱，只要在下拉式選單中選取即可，所以可為變數取較長的名稱，使其意義越明確越好。

如果設計過程中認為變數名稱意義不夠明確，隨時可為變數重新命名。為變數重新命名的方法是在變數名稱上按滑鼠右鍵，再點選快顯功能表 **重新命名變數**，在 **重新命名變數** 對話方塊 **將變數…重新命名為** 欄位輸入新的變數名稱，按 **確定** 鈕後變數名稱就改為新的名字。

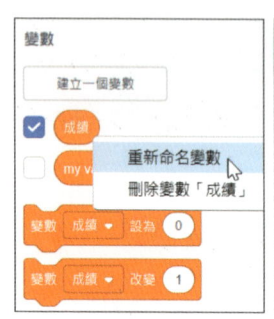

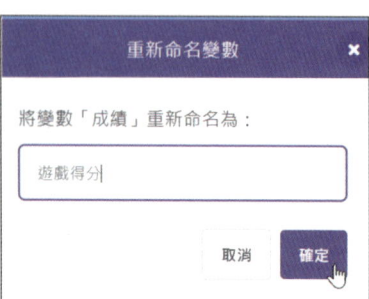

如果變數不再使用可予以刪除，刪除方法是在變數名稱上按滑鼠右鍵，再點選快顯功能表 **刪除變數……**，如果腳本區沒有使用任何此變數的處理拼塊，會直接刪除此變數；若腳本區有使用此變數的處理拼塊，會顯示確認刪除對話方塊，在對話方塊按 **確定** 鈕後就可刪除變數。

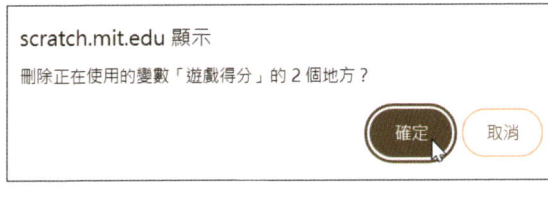

04 變數與清單

變數顯示方式

Scratch 不但可以在舞台顯示變數值，讓設計者隨時注意變數值的變化，同時提供三種顯示變數值的方式，適應不同顯示需求。

- **一般模式**：在舞台區的變數顯示框上按滑鼠右鍵，再點選快顯功能表 **一般顯示** 就會以一般模式顯示，這是系統預設的顯示模式。一般模式會以變數名稱做為標題，在標題右方顯示變數值。

- **大型模式**：在舞台區的變數顯示框上按滑鼠右鍵，再點選快顯功能表 **大型顯示** 就會以大字體模式顯示。大型模式與一般模式最大的不同是大型模式沒有標題，其顯示的變數值字體較大。大型模式適合不需標題，或自訂標題 (例如以圖形做標題) 的情況。

▲ 一般模式 　　　　　　　　　▲ 大型模式

- **滑桿模式**：在舞台區的變數顯示框上按滑鼠右鍵，再點選快顯功能表 **滑桿** 就會以滑桿模式顯示，滑桿模式是在一般模式下方加入一個滑桿。滑桿模式的功能相當強大，不僅會顯示變數值，也可讓使用者以拖曳滑桿方式輸入變數值。

4-5

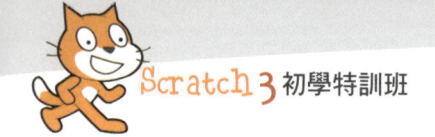

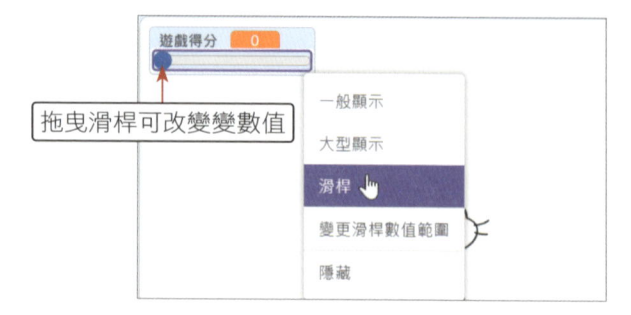

滑桿模式預設的輸入值範圍是 0 到 100。改變輸入值範圍的方法是在滑桿模式的變數顯示框上按滑鼠右鍵,再點選快顯功能表 **變更滑桿數值範圍** 即可設定滑桿的最小值及最大值。

▌範例:計算 BMI

拖曳滑桿輸入身高及體重後,按女孩角色就會計算 BMI 值,並且根據 BMI 值給予使用者建議。(<ch04\Ch04_BMI.sb3>)

04 變數與清單

» 場景安排

1. **新增背景**：建立新專案，切換至 **程式區** 的 **背景** 頁籤，點選左下角 圖示，於彈出視窗點選 項目，在 **範例背景** 頁面點選 **Room 2** 新增背景，最後刪除原來的背景 **backdrop1**。

2. **新增角色**：刪除系統自動建立的貓咪角色，點選 **角色** 面板右下角 圖示，於彈出視窗點選 項目，在 **範例角色** 頁面點選 **Abby** 新增角色，並拖曳 **Abby** 角色到適當位置。

3. **新增身高全域變數**：點選 **變數** 類別，按 **建立一個變數** 鈕，於 **新的變數** 對話方塊 **新變數的名稱** 欄位輸入「身高(公分)」做為變數名稱，按 **確定** 鈕建立變數。在舞台區變數顯示框按滑鼠右鍵，再點選快顯功能表 **滑桿** 以滑桿模式顯示變數值。

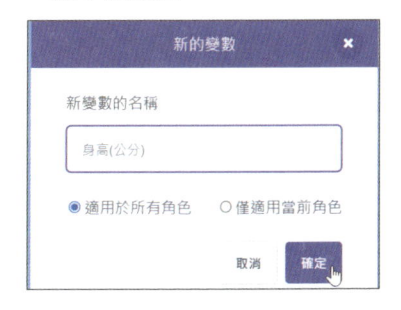

4. **設定滑桿輸入值範圍**：因為身高至少有一百多公分，所以設定輸入範圍在 120 到 220 之間。於變數顯示框上按滑鼠右鍵，再點選快顯功能表 **變更滑桿數值範圍**，**最小值** 欄輸入「120」，**最大值** 欄輸入「220」後按 **確定** 鈕，最後將變數顯示框拖曳到舞台右上方適當位置。

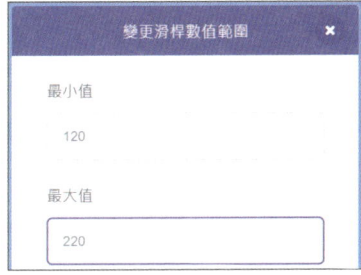

5. **新增體重全域變數**：重複步驟 3 及 4，建立名稱為「體重(公斤)」的變數，以滑桿模式顯示變數值，設定輸入範圍在 30 到 120 之間，並拖曳到身高變數顯示框的下方。

4-7

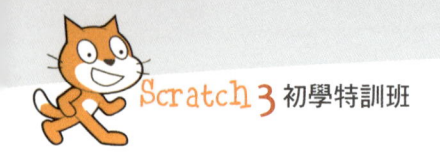

6. **新增 BMI 全域變數**：建立名稱為「BMI 值」的變數，以一般模式顯示變數值，拖曳到體重變數顯示框的下方。

» 積木安排

```
當 🏁 被點擊
造型換成 girl1-a
變數 身高(公分) 設為 150    ▲ 設定身高初始值 ✗
變數 體重(公斤) 設為 50     ▲ 設定體重初始值 ✗
說出 使用滑桿輸入身高及體重，再按我計算 BMI 值！ 持續 3 秒
造型換成 girl1-d
```

```
當角色被點擊
變數 BMI 值 設為 四捨五入數值 ( 體重(公斤) / 身高(公分) * 100 * 身高(公分) * 100 )
如果 BMI 值 < 18.5 那麼
    造型換成 girl1-c
    說出 字串組合 字串組合 BMI 值為 BMI 值 ，太輕了，多吃點！ 持續 4 秒    ▲ BMI<18.5提示太輕 ✗
否則
    如果 BMI 值 < 24 不成立 那麼
        造型換成 girl1-b
        說出 字串組合 字串組合 BMI 值為 BMI 值 ，太重了，該減肥了！ 持續 4 秒    ▲ BMI>=24提示太重 ✗
    否則
        造型換成 girl1-c
        說出 字串組合 字串組合 BMI 值為 BMI 值 ，恭喜，標準身材！ 持續 4 秒    ▼
                                                                                ✗
                                                                        18.5<=BMI<24提示正常
造型換成 girl1-d
```

BMI 值是判斷身體狀況的簡易方法，計算方法為以公斤為單位的體重除以公尺為單位的身高的平方，以數學式表示為：

BMI= 體重／（身高 X 身高）

04 變數與清單

如果 BMI 值小於 18.5 表示太瘦，大於或等於 24 表示太胖，在 18.5 到 24 之間則為正常。

▶ 馬上練習：攝氏溫度轉華氏溫度

拖曳滑桿輸入攝氏溫度後，按女孩角色就會計算華氏溫度。攝氏溫度的輸入範圍是 -50 到 60 度，預設值為 20。(<ch04\Ch04_ 攝氏轉華氏 .sb3>)

[提示：攝氏溫度轉華氏溫度的公式為：華氏溫度 = 攝氏溫度 X1.8+32]

4.1.3 角色變數

不同於全域變數，角色變數僅限建立變數的角色可以存取。角色變數的最大好處是在不同角色中可建立相同名稱的角色變數，彼此不會互相干擾，避免為大量變數命名的麻煩。

建立角色變數的方法與全域變數雷同，在程式區點選 **變數** 類別，再點按 **建立一個變數** 鈕，核選 **僅適用當前角色** 即可。

設計者要如何區別全域變數與角色變數呢？在程式區的 **變數** 類別中無法區分，必須將變數值顯示於舞台區，若變數名稱前有角色名稱即是角色變數，若只顯示變數名稱即是全域變數。

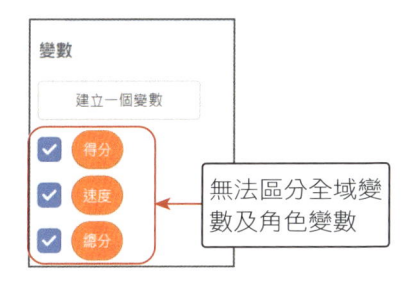

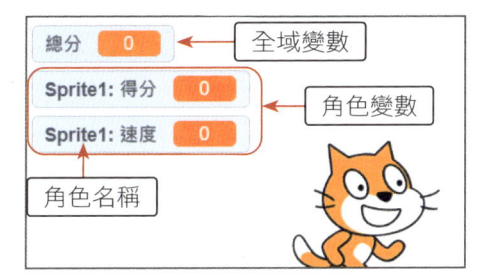

4-9

範例：恐龍玩足球

足球由上方落下，兩隻恐龍會去搶足球，碰到足球者得分，得 3 分者勝利並結束遊戲。兩隻恐龍的速度及出現位置、足球由上方落下的速度及顯示位置都由亂數決定。(<ch04\Ch04_ 恐龍玩足球 .sb3>)

» 場景安排

1. **新增背景**：建立新專案，從 **範例背景** 庫新增 **Desert** 做為新背景，最後刪除原來的背景 **backdrop1**。

2. **新增三個角色**：刪除系統自動建立的貓咪角色，由系統 **範例角色** 庫新增 **Dinosaur4** 角色，並更改角色名稱為「恐龍一」。再分別由系統 **範例角色** 庫新增 **Dinosaur2** 及 **Soccer Ball** 角色，並分別更名為「恐龍二」及「足球」。

3. **新增變數**：首先建立名稱為「總分」的全域變數，此變數儲存兩隻恐龍的總得分數。於角色區點選 **恐龍一** 角色，分別建立名稱為「得分」及「速度」的角色變數，分別儲存恐龍一的得分及移動速度。再點選 **足球** 角色，建立名稱為「速度」的角色變數，儲存足球的移動速度。隱藏恐龍一及足球的「速度」變數顯示框，並將恐龍一「得分」變數顯示框拖曳到舞台右上方，「總分」變數顯示框拖曳到舞台中央上方。

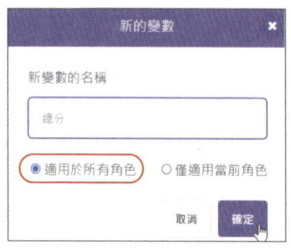

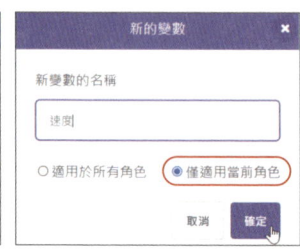

變數與清單　04

» 積木安排

1. 恐龍一角色按綠旗積木：

   程式積木說明：
   - 變數 得分 設為 0 ◄ 開始時將得分歸零
   - 尺寸設為 50% ◄ 將角色縮小
   - 迴轉方式設為 左-右
   - 定位到 x: 隨機取數 150 到 230 y: -160 ◄ 開始時以亂數將角色顯示於右下角
   - 變數 速度 設為 隨機取數 1 到 3 ◄ 以亂數設定角色速度
   - 重複無限次
     - 面朝 足球 向
     - 移動 速度 點
     - 如果 碰到 足球 ? 那麼
       - 變數 得分 改變 1
       - 變數 總分 改變 1   ◄ 如果碰到足球就將得分及總分各加1
       - 如果 得分 = 3 那麼
         - 說出 哈哈！我贏了！ 持續 2 秒   ◄ 如果已得3分就顯示勝利並結束遊戲
         - 停止 全部
       - 否則
         - 廣播訊息 恐龍一得分
         - 說出 得分！ 持續 2 秒   ◄ 如果未滿3分就廣播「恐龍一得分」
         - 定位到 x: 隨機取數 150 到 230 y: -160   ◄ 重置位置及速度
         - 變數 速度 設為 隨機取數 1 到 3

為了增加遊戲趣味性，恐龍顯示的位置及速度都以亂數決定。 碰到 足球 ? 積木屬於偵測類別積木，可判斷是否碰到 **足球** 角色，將在下一章詳細說明。如果碰到 **足球** 角色就將得分及總分增加 1 分，並判斷得分是否已達 3 分，若已達 3 分就結束遊戲，如果未達 3 分就廣播「恐龍一得分」且重置位置及速度繼續遊戲。

4-11

2. **恐龍一角色收到「恐龍二得分」廣播積木**：

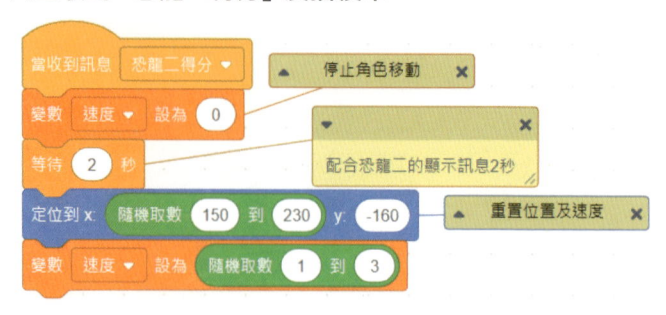

恐龍一收到「恐龍二得分」廣播積木時表示恐龍二已碰到足球，此時恐龍二會說「得分！」2 秒，因此恐龍一需先將速度設為 0 以停止移動，等待 2 秒後再重置位置及速度，重新開始搶球遊戲。

3. **複製恐龍一角色積木給恐龍二角色**：恐龍二的積木與恐龍一大致相同，只有顯示位置及廣播名稱不同，可將恐龍一的積木複製給恐龍二再修改。

變數與清單 04

4. **新增恐龍二角色變數**：複製積木時並不會複製角色變數，必須自行建立。於角色區點選 **恐龍二** 角色，分別建立名稱為「得分」及「速度」的角色變數，並取消核選「速度」變數的核取方塊，隱藏速度變數顯示框。

5. **足球角色積木**：

足球也是以亂數設定顯示位置。當恐龍碰到足球，停止移動 2 秒後重設位置。

▶ 馬上練習：大魚吃小魚

大魚會隨著滑鼠移動，兩隻小魚會不定時出現片刻。移動大魚，當碰到小魚就將其吞食，每隻小魚被吞食 3 次就不會再出現；當兩隻小魚都不再出現就顯示「吃飽了！」並結束遊戲。(<ch04\Ch04_ 大魚吃小魚 .sb3>)

4-13

4.1.4 清單

應用程式如果需要儲存大量同類型的資料，必須建立大量變數，例如一個班級有 30 位同學，每位同學有 8 科成績，那麼就要建立 240 個變數來儲存，這個工作要花費龐大的時間及系統資源。

清單就是一般程式語言中使用的「陣列」，它可說是一群性質相同變數的集合。清單屬於循序性資料結構，其中的資料是一個接著一個存放。清單中的每一個資料稱為「元素」，每一個元素相當於一個變數，因為元素是依序儲放，利用元素在清單中的位置編號就可輕易存取特定元素。

建立與使用清單

清單的建立與使用皆與變數相同：點選 **變數** 類別，再點按 **建立一個清單** 鈕。於 **新的清單** 對話方塊中 **新清單的名稱** 欄輸入清單名稱，若要建立全域清單，核選 **適用於所有角色**；若要建立角色清單，核選 **僅適用當前角色**。

Scratch 允許在舞台的清單顯示框直接新增清單元素值：按清單顯示框左下角 **+** 鈕就會新增一個元素，直接修改元素值即可。若按 **Enter** 鍵可再新增一個元素。

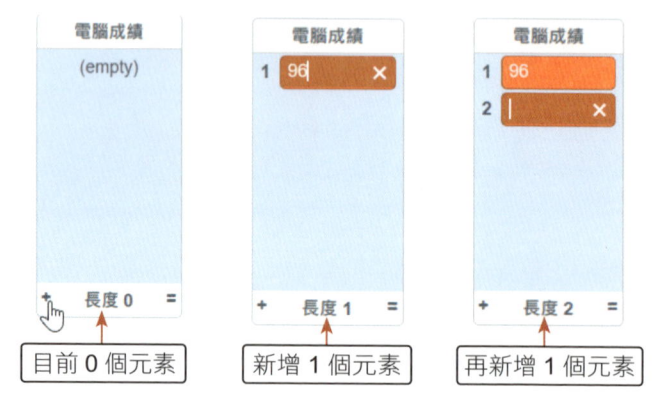

Scratch 也提供多個積木來管理清單，讓設計者可用程式動態新增、修改、刪除清單元素。以下所有說明範例中的 **電腦成績** 清單都含有 3 個元素，元素值依序為 90、80、70。

變數與清單 04

在清單最後新增元素

為清單增加元素有兩種情況：第一種是將元素加在清單的最後面，使用的積木是 `添加 thing 到 電腦成績`，例如在 **電腦成績** 清單最後加入一個元素，其值為 85 (新增完成後 **電腦成績** 清單的值為 90、80、70、85)：

`添加 85 到 電腦成績`

在清單指定位置新增元素

第二種是在清單任意位置插入元素，使用的積木是 `插入 thing 到 電腦成績 的第 1 項`，例如在 **電腦成績** 清單加入一個元素做為第 2 個元素，其值為 85 (新增完成後 **電腦成績** 清單的值為 90、85、80、70)：

`插入 85 到 電腦成績 的第 2 項`

移除清單元素

清單中元素不再使用時，可將其移除，使用的積木是 `刪除 電腦成績 的第 1 項`，例如在 **電腦成績** 清單移除第 2 個元素 (移除後 **電腦成績** 清單的值為 90、70)：

`刪除 電腦成績 的第 2 項`

`刪除 電腦成績 的所有項目` 拼塊則會移除清單中全部元素。

修改清單元素值

Scratch 使用新值覆蓋掉舊值的方式來修改元素值，使用的積木是 `替換 電腦成績 的第 1 項為 thing`，例如在 **電腦成績** 清單將第 2 個元素值改為 85 (修改後 **電腦成績** 清單的值為 90、85、70)：

`替換 電腦成績 的第 2 項為 85`

4-15

取得清單的元素數量

`清單 電腦成績 ▼ 的長度` 積木是取得元素數量,例如取得 **電腦成績** 清單的元素數量為 3。

取得指定元素值

`電腦成績 ▼ 的第 1 項` 積木是取得指定的元素值,例如取得 **電腦成績** 清單第 2 個元素值 (取得的值為 80):

`電腦成績 ▼ 的第 2 項`

清單元素是否包含指定數值或字串

`清單 電腦成績 ▼ 包含 thing ?` 積木可檢查清單的元素值是否包含指定的數值或字串,例如檢查 **電腦成績** 清單元素值是否包含 85 (執行結果為「否」):

`清單 電腦成績 ▼ 包含 85 ?`

▍範例:樂透彩開獎號碼

樂透彩是從 1 到 42 數值中以亂數抽取 6 個數值做為樂透中獎號碼,設計時可將 42 個數值加入清單,再由清單中隨機取出數值即可。為了避免抽到相同的數值,已抽出的數值必須立刻從清單中移除,這樣就不會再被抽到。

在貓咪上按一下滑鼠左鍵,就會由 1 到 42 數值中以亂數抽取 6 個數值做為樂透中獎號碼並顯示。(<ch04\Ch04_ 樂透 .sb3>)

變數與清單 04

» 場景安排

建立變數：建立 **數字** 全域變數儲存暫時使用的數值，**樂透號碼** 全域變數儲存抽出的中獎號碼，再建立 **所有號碼** 全域清單儲存 1 到 42 數值。所有變數及清單都不要在舞台顯示。

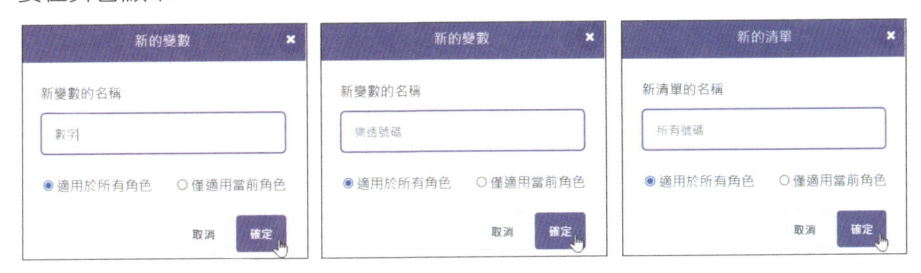

» 積木安排

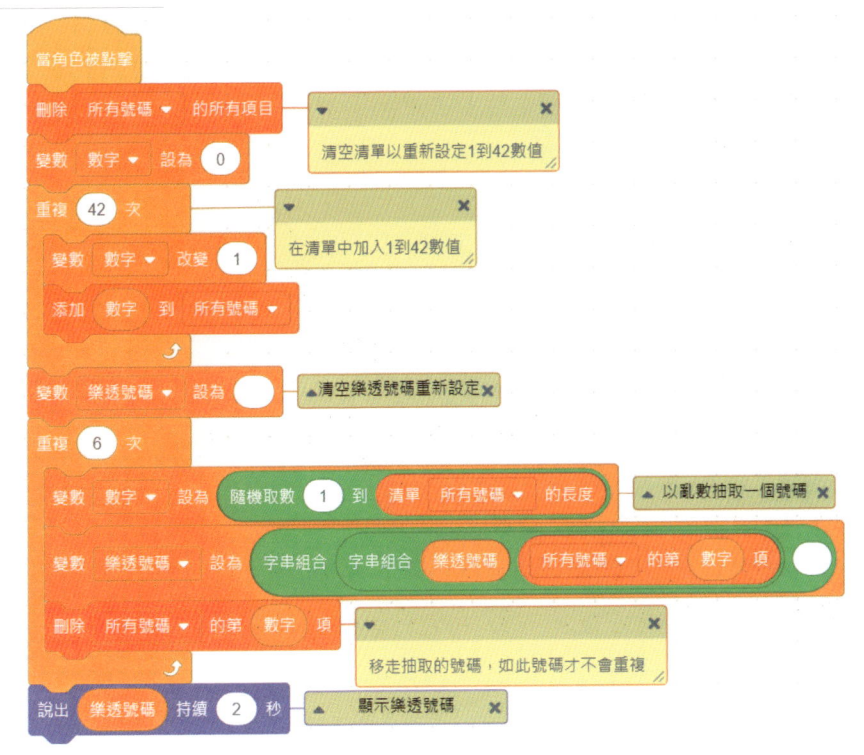

```
當角色被點擊
刪除 所有號碼 ▾ 的所有項目         ◄ 清空清單以重新設定1到42數值
變數 數字 ▾ 設為 0
重複 42 次
    變數 數字 ▾ 改變 1              ◄ 在清單中加入1到42數值
    添加 數字 到 所有號碼 ▾
變數 樂透號碼 ▾ 設為              ◄ 清空樂透號碼重新設定
重複 6 次
    變數 數字 ▾ 設為 隨機取數 1 到 清單 所有號碼 ▾ 的長度    ◄ 以亂數抽取一個號碼
    變數 樂透號碼 ▾ 設為 字串組合 字串組合 樂透號碼 所有號碼 ▾ 的第 數字 項
    刪除 所有號碼 ▾ 的第 數字 項    ◄ 移走抽取的號碼，如此號碼才不會重複
說出 樂透號碼 持續 2 秒           ◄ 顯示樂透號碼
```

4-17

範例：隨意走

拖曳滑鼠在舞台上繪製任意曲線，當放開滑鼠左鍵時，半透明貓咪會循著繪製的曲線行走。(<ch04\Ch04_隨意走.sb3>)

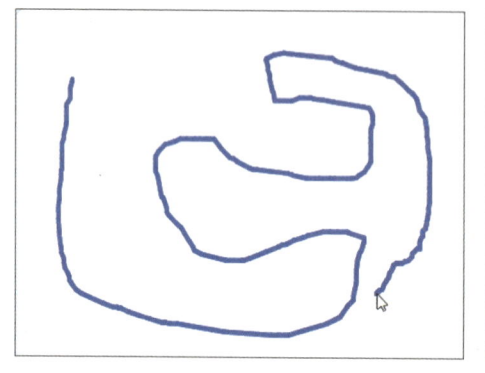

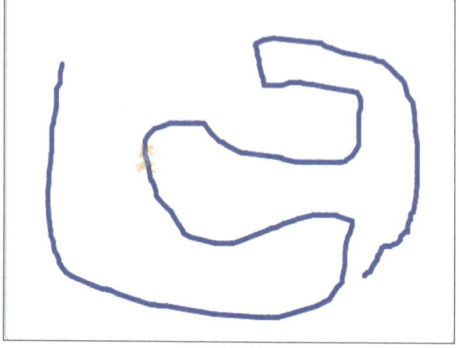

» 場景安排

新增角色：由系統 **範例角色** 庫新增 **Pencil** 角色，並於 **造型** 頁籤設定 pencil-a 造型的造型中心在鉛筆的筆尖處。

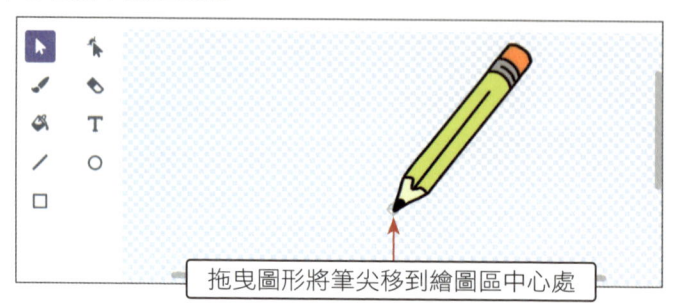

拖曳圖形將筆尖移到繪圖區中心處

» 積木安排

1. **建立變數**：建立 **計數器** 全域變數儲存 X 座標的元素個數，再建立 **X 座標**、**Y 座標** 兩個全域清單分別儲存繪製圖形時的 X、Y 座標。

變數與清單 04

2. **Pencil** 角色積木：

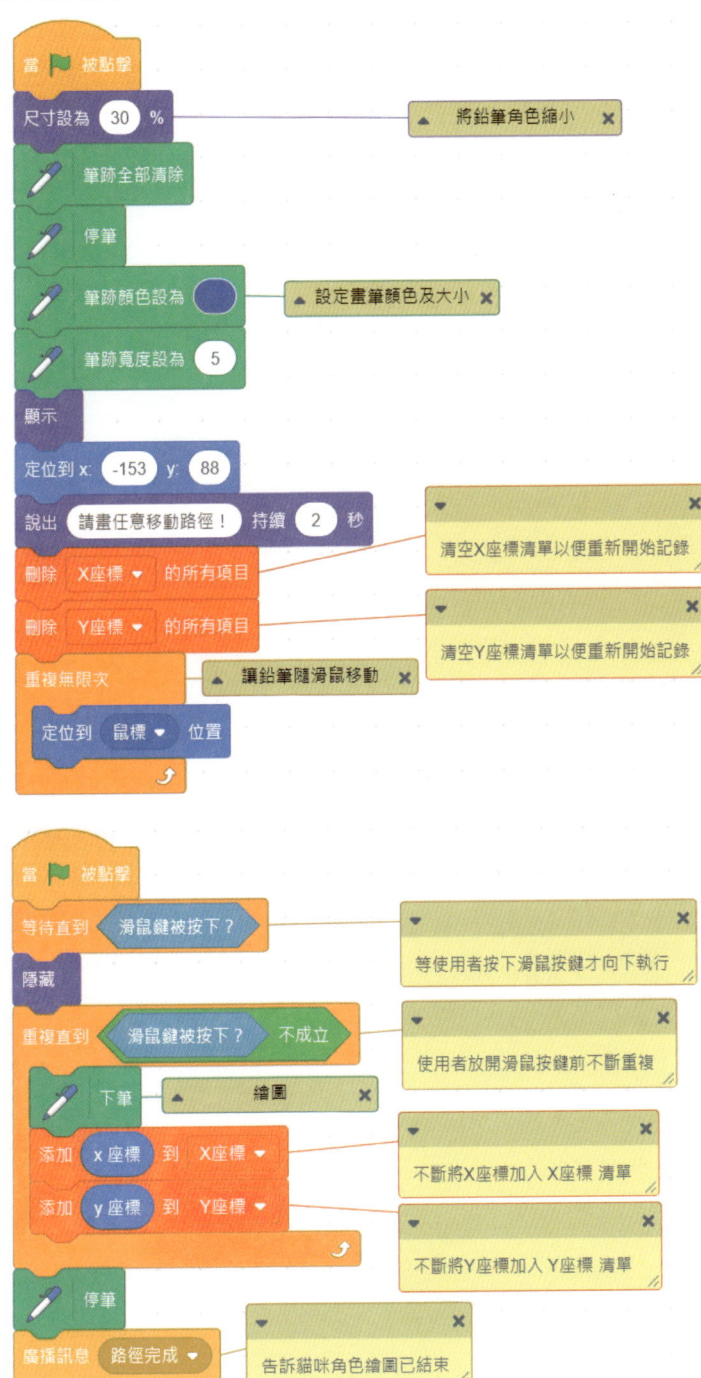

第一段積木（當綠旗被點擊）：
- 當 ▶ 被點擊
- 尺寸設為 30 % ← 將鉛筆角色縮小
- 筆跡全部清除
- 停筆
- 筆跡顏色設為 ● ← 設定畫筆顏色及大小
- 筆跡寬度設為 5
- 顯示
- 定位到 x: -153 y: 88
- 說出 請畫任意移動路徑！ 持續 2 秒
- 刪除 X座標 ▼ 的所有項目 ← 清空X座標清單以便重新開始記錄
- 刪除 Y座標 ▼ 的所有項目 ← 清空Y座標清單以便重新開始記錄
- 重複無限次 ← 讓鉛筆隨滑鼠移動
  - 定位到 鼠標 ▼ 位置

第二段積木（當綠旗被點擊）：
- 當 ▶ 被點擊
- 等待直到 滑鼠鍵被按下？ ← 等使用者按下滑鼠按鍵才向下執行
- 隱藏
- 重複直到 〈滑鼠鍵被按下？〉不成立 ← 使用者放開滑鼠按鍵前不斷重複
  - 下筆 ← 繪圖
  - 添加 x座標 到 X座標 ▼ ← 不斷將X座標加入X座標清單
  - 添加 y座標 到 Y座標 ▼ ← 不斷將Y座標加入Y座標清單
- 停筆
- 廣播訊息 路徑完成 ▼ ← 告訴貓咪角色繪圖已結束

4-19

開始時設定畫筆各項初始值、清空 **X 座標** 及 **Y 座標** 清單並讓 **Pencil** 角色隨滑鼠移動，接著就等待使用者按滑鼠按鍵。使用者按下滑鼠按鍵表示開始繪圖，於是將整個過程的 X 座標及 Y 座標都記錄在清單中，直到使用者放開滑鼠按鍵才結束記錄，稍後貓咪角色就可取出這些記錄在曲線上行走。

`滑鼠鍵被按下?` 積木屬於 **偵測** 類別，功能是檢查使用者是否按下滑鼠按鍵，將於下一章中詳細說明。

3. **Sprite1 角色積木**：

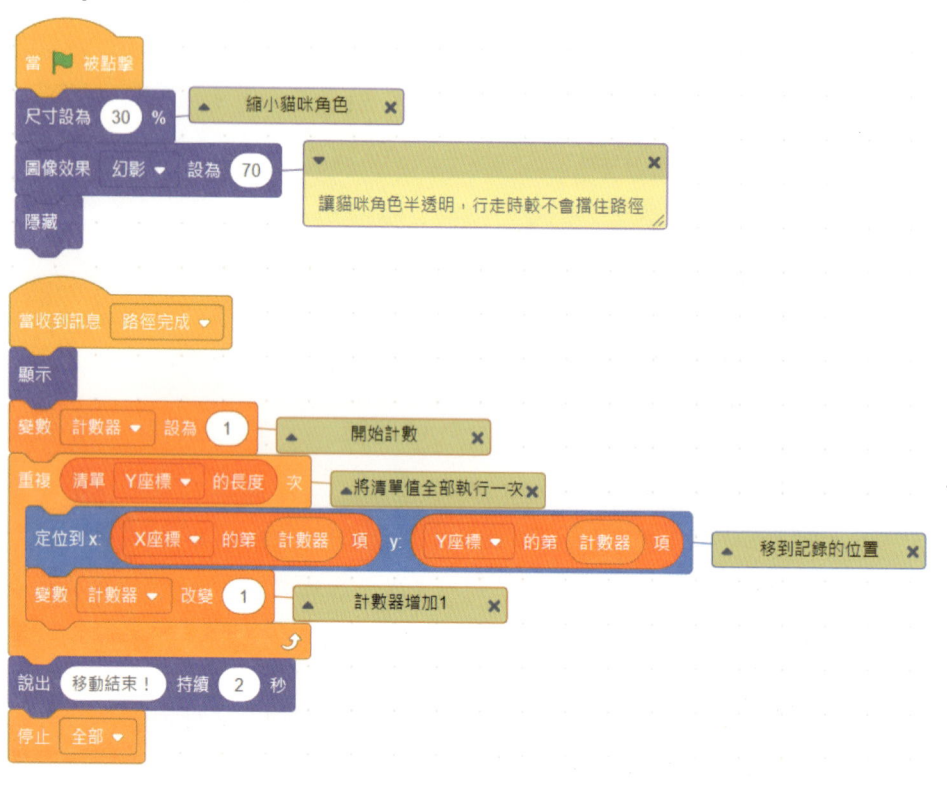

```
當 ▶ 被點擊
尺寸設為 30 %          ◆ 縮小貓咪角色
圖像效果 幻影 ▼ 設為 70
                      ◆ 讓貓咪角色半透明，行走時較不會擋住路徑
隱藏

當收到訊息 路徑完成 ▼
顯示
變數 計數器 ▼ 設為 1     ◆ 開始計數
重複 清單 Y座標 ▼ 的長度 次   ◆ 將清單值全部執行一次
    定位到 x: X座標 ▼ 的第 計數器 項 y: Y座標 ▼ 的第 計數器 項   ◆ 移到記錄的位置
    變數 計數器 ▼ 改變 1    ◆ 計數器增加1
說出 移動結束! 持續 2 秒
停止 全部 ▼
```

開始時設定貓咪角色的大小及透明度。當貓咪收到「路徑完成」廣播時，表示圖形繪製已結束，就取出記錄在清單中的 X、Y 座標逐一移動，也就是照著繪製的路線行走。

04 變數與清單

▶ 馬上練習：星光閃爍

開始時在天空按一下滑鼠就會顯示一個紫色點，這些紫色點代表星星出現的位置。當所有星星出現位置都設定完成，按 **空白鍵** 就會在這些位置隨機出現星星，並在片刻後消失。(<ch04\Ch04_ 星光閃爍.sb3>)

[**提示**：背景圖形位於 <cH04\resources\ 夜景.png>]

4-21

延伸練習

實作題

1. 拖曳滑桿輸入長方形的長及寬後，按女孩角色就會計算長方形的面積並顯示。(<ch04\Ch04_ 長方形面積.sb3>)

2. 在貓咪上按一下滑鼠左鍵，就會由 1 到 10 數值中以亂數抽取 4 個數值做為四星彩中獎號碼並顯示。(<ch04\Ch04_ 四星彩.sb3>)

Chapter 05

偵測、函式、視訊與翻譯

偵測類積木功能非常廣泛,可檢查各種形式的碰撞、提出問題並讓使用者輸入答案、提供計時器及系統時間等。

應用程式較為複雜時,常會有許多需要重複執行的程式積木,可將具有特定功能或經常重複使用的程式積木,撰寫成獨立的小單元,即一般程式語言的「函式」,此功能位於 **函式積木** 類別中。

視訊偵測積木可開啟攝影鏡頭,製作體感遊戲。文字轉語音功能可將文字朗讀出來。翻譯功能可將一種文字翻譯成其他語言的文字。

學習偵測、函式、視訊與翻譯積木

5.1 偵測類積木

偵測類積木功能非常廣泛，可檢查各種形式的碰撞、提出問題並讓使用者輸入答案、提供計時器及系統時間等。

5.1.1 偵測類積木總覽

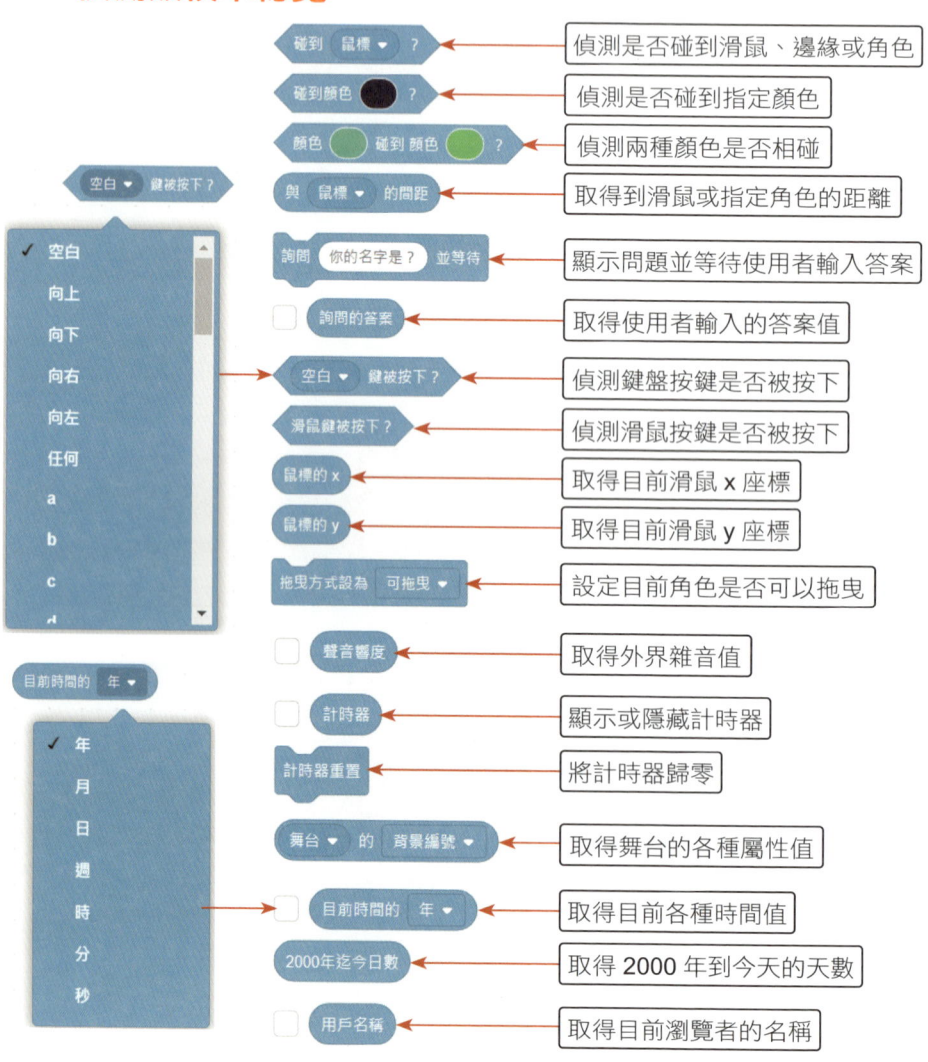

積木	說明
碰到 滑鼠 ?	偵測是否碰到滑鼠、邊緣或角色
碰到顏色 ?	偵測是否碰到指定顏色
顏色 碰到顏色 ?	偵測兩種顏色是否相碰
與 滑鼠 的間距	取得到滑鼠或指定角色的距離
詢問 你的名字是? 並等待	顯示問題並等待使用者輸入答案
詢問的答案	取得使用者輸入的答案值
空白 鍵被按下?	偵測鍵盤按鍵是否被按下
滑鼠鍵被按下?	偵測滑鼠按鍵是否被按下
滑鼠的 x	取得目前滑鼠 x 座標
滑鼠的 y	取得目前滑鼠 y 座標
拖曳方式設為 可拖曳	設定目前角色是否可以拖曳
聲音響度	取得外界雜音值
計時器	顯示或隱藏計時器
計時器重置	將計時器歸零
舞台 的 背景編號	取得舞台的各種屬性值
目前時間的 年	取得目前各種時間值
2000年迄今日數	取得 2000 年到今天的天數
用戶名稱	取得目前瀏覽者的名稱

按鍵選項：空白、向上、向下、向右、向左、任何、a、b、c…

時間選項：年、月、日、週、時、分、秒

偵測、函式、視訊與翻譯 **05**

5.1.2 判斷相關積木

偵測類積木可以判斷各種碰撞及鍵盤按鍵、滑鼠按鈕是否被按下：

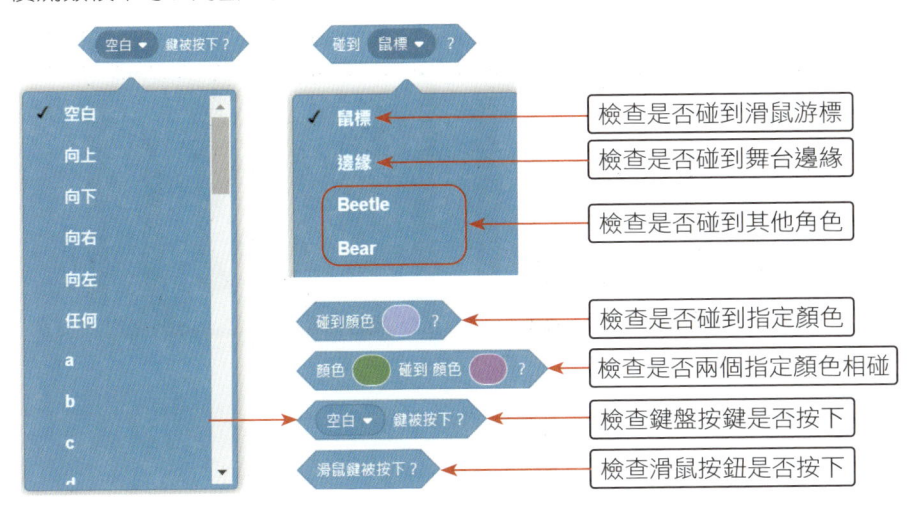

- 檢查是否碰到滑鼠游標
- 檢查是否碰到舞台邊緣
- 檢查是否碰到其他角色
- 檢查是否碰到指定顏色
- 檢查是否兩個指定顏色相碰
- 檢查鍵盤按鍵是否按下
- 檢查滑鼠按鈕是否按下

擷取舞台區顏色的方法

偵測類及畫筆類部分積木需要設定顏色，擷取舞台區顏色做為積木顏色的方法：將滑鼠移到積木的顏色上按一下滑鼠左鍵，在彈出式視窗中點選擷取顏色 🖋 圖示，此時只有舞台區呈現可選取狀態。移動滑鼠到舞台區，滑鼠變成圓形放大鏡形狀方便使用者點選所需的顏色，移到需要的顏色上按一下滑鼠左鍵，選取的顏色就出現在拼塊中，完成選取顏色！

先在積木的顏色上按一下滑鼠左鍵

移到需要的顏色上按一下滑鼠左鍵

點選此圖示

5-3

範例：貓咪回家

開始時貓咪在右下角，在貓咪上按一下滑鼠左鍵後貓咪就會跟著滑鼠走，若貓咪碰到迷宮道路邊緣就失敗並顯示訊息，直到碰觸房子時就表示成功走完迷宮。
(<ch05\Ch05_ 貓咪回家.sb3>)

» 場景安排

新增背景：建立新專題，點選 **舞台**，點選 圖示，於彈出視窗點選 項目上傳檔案，在 **開啟** 對話方塊選取 <resources/ 迷宮背景.png> 做為新背景，最後刪除原來的背景 **backdrop1**。

» 積木安排

貓咪角色積木：

偵測、函式、視訊與翻譯 05

使用者在貓咪上按滑鼠左鍵後貓咪才可移動，無論是否繼續按著滑鼠，貓咪都會隨著滑鼠移動。

背景是黑色，所以如果貓咪碰到黑色就表示偏離路徑；房子是藍色，所以如果貓咪碰到藍色就表示已經到家。

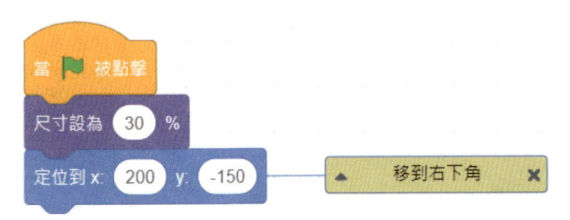

將貓咪縮小並移到右下角。

▼ 馬上練習：迷宮

開始時貓咪在右下角，在貓咪上按一下滑鼠左鍵後貓咪就會跟著滑鼠走，若貓咪碰到迷宮道路邊緣就顯示失敗訊息，碰觸到房子時就結束遊戲。(<ch05\Ch05_迷宮.sb3>)

5.1.3 提問積木

應用程式如果需要使用者輸入資料，可使用前一節中提及的變數滑桿模式。提問積木的功能也是讓使用者輸入資料，不同處在於變數滑桿模式只能輸入數值，提問積木則是字串及數值都可以輸入。

使用提問積木時，將發問的問題在積木中輸入，例如：

提問積木執行時，問題會以角色說話的形式呈現，並在舞台下方顯示一個文字輸入方塊，程式會停下來等待使用者在文字方塊中輸入答案，輸入完成後按文字方塊右邊的 ✓ 鈕或按 **Enter** 鍵，程式才會繼續向下執行。

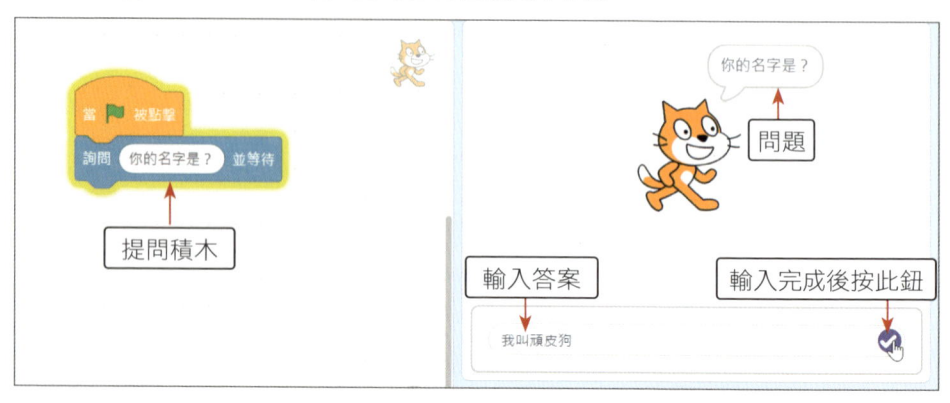

使用者輸入的答案儲存於 **詢問的答案** 積木中，設計者可按照 **詢問的答案** 積木的內容做為後續處理的依據。若核選 **詢問的答案** 積木左方的核取方塊，則會在舞台顯示答案內容。

▌範例：打招呼

貓狗相遇，貓咪詢問狗狗名字，使用者輸入狗狗名字後，狗狗就以此名字跟貓咪打招呼。(<ch05\Ch05_打招呼.sb3>)

偵測、函式、視訊與翻譯 05

» 場景安排

新增角色：修改系統自動建立的 Sprite1 角色名稱為「貓咪」，由系統 **範例角色** 庫新增 **Dog2** 角色並修改名稱為「狗狗」，拖曳 **貓咪** 及 **狗狗** 角色到適當位置。

» 積木安排

1. 貓咪角色積木：

2. 狗狗角色積木：

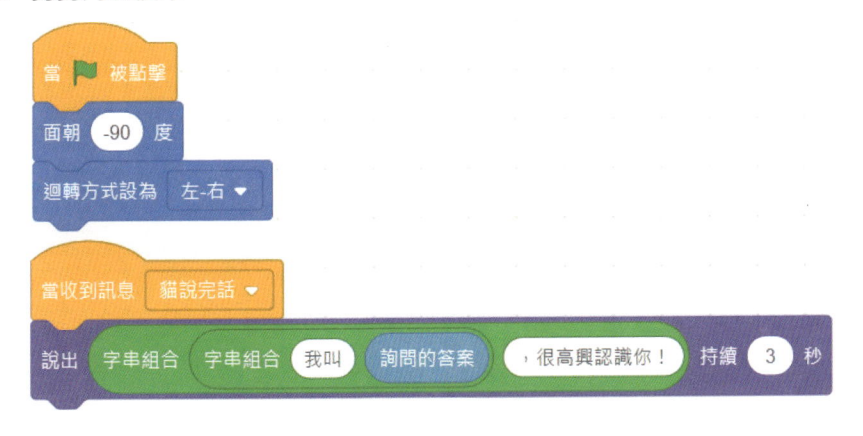

貓咪角色提問後，直到使用者輸入完成後才會廣播讓狗狗角色說話，狗狗角色使用 **詢問的答案** 積木取得使用者輸入的名字做自我介紹。

▼ 馬上練習：隨堂測驗

開始執行時，老師發問：「Scratch 取得角色 X 座標的積木屬於一個類別？」，使用者若輸入「動作」或「Motion」就表示答對，其他答案則表示答錯。(<ch05\Ch05_隨堂測驗.sb3>)

5-7

5.1.4 聲音響度積木

偵測類的 **聲音響度** 積木功能是取得外部環境中的「雜音」音量大小,設計者可利用此積木製作聲控遊戲。**聲音響度** 積木需使用麥克風才能取得環境中的聲音。

要特別注意偵測類 **聲音響度** 積木與音效類 **音量** 積木的區別:**聲音響度** 積木的英文名稱為「loudness」,是環境中的「雜音」音量大小;**音量** 積木的英文名稱為「volume」,是播放聲音檔或彈奏音樂時的音量大小。

▌ 範例:聲控跳躍抓蝴蝶

蝴蝶會以隨機位置及時間間隔在上方飛越,使用者拍手後女孩就會跳起,女孩碰到蝴蝶即可得分,遊戲時間為 30 秒。(<ch05\Ch05_ 聲控跳躍抓蝴蝶 .sb3>)

05 偵測、函式、視訊與翻譯

» 場景安排

1. **建立變數**：建立 **得分** 及 **遊戲時間** 全域變數儲存捕獲的蝴蝶數量及目前經過的遊戲時間，拖曳 **遊戲時間** 變數到舞台左下角，**得分** 變數到舞台右下角。

2. **新增背景**：從 **範例背景** 庫點選 **Wall2** 做為新背景，刪除原來的背景 **backdrop1**。

3. **新增女孩角色**：刪除系統自動建立的貓咪角色，由系統 **範例角色** 庫新增 **Ballerina** 角色，並修改名稱為「女孩」，拖曳 **女孩** 角色到舞台下方中央。

4. **新增蝴蝶角色**：由系統 **範例角色** 庫新增 **Butterfly 2** 角色，並修改名稱為「蝴蝶」。

» 積木安排

1. 女孩角色積木：

5-9

```
當 ▶ 被點擊
重複無限次
    等待 1 秒
    變數 遊戲時間 ▼ 改變 1
    如果 ⟨ 遊戲時間 = 30 ⟩ 那麼    ◀ 時間到30秒就結束遊戲 ✕
        停止 全部 ▼
```
計時器 ✕
每秒數值增加1 ✕

偵測到聲音響度大於 10 時就表示有拍手的聲音,於是讓女孩跳起,直到聲音響度小於 10 時才讓女孩落下。

計時器積木原理非常簡單:每隔 1 秒 (等待 1 秒) 將 **遊戲時間** 變數值增加 1 即可。

2. **蝴蝶角色積木**:

```
當 ▶ 被點擊
尺寸設為 30 %
面朝 -90 度
迴轉方式設為 左-右 ▼
隱藏
重複無限次
    等待 隨機取數 0.8 到 2 秒
    建立 自己 ▼ 的分身
```
蝴蝶角色本身不必顯示,顯示分身即可。 ✕
蝴蝶角色每隔0.8到2秒建立一個分身。 ✕

5-10

偵測、函式、視訊與翻譯 05

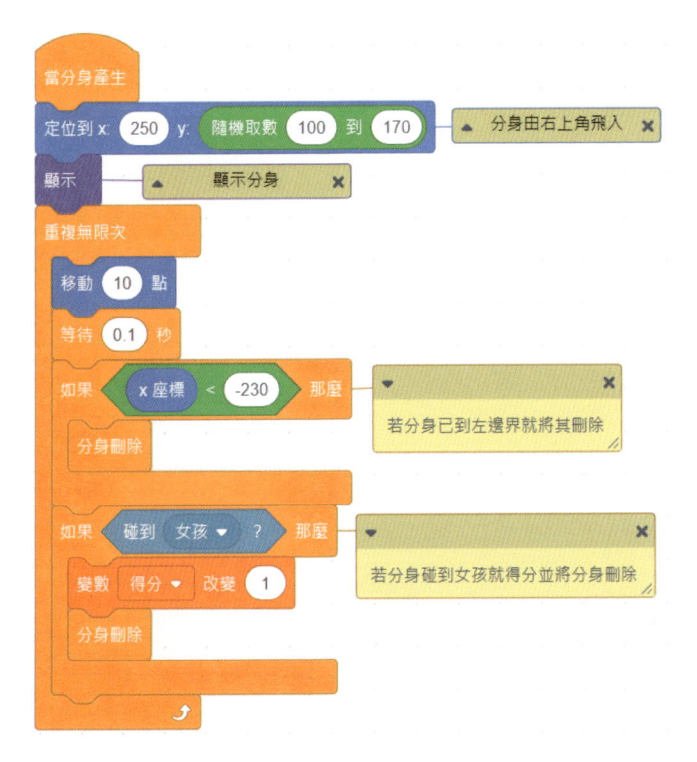

蝴蝶角色每隔 0.8 到 2 秒就產生一個分身，分身的 X 座標設為 250，表示在右邊界外，如此可產生由舞台外飛入的效果，Y 座標則由亂數產生，使每次蝴蝶的高度都不相同。

蝴蝶角色本身是隱藏的，產生的分身必須以 **顯示** 積木使其出現在舞台上。如果蝴蝶分身碰到左邊界或女孩就將其刪除，碰到女孩表示女孩抓到蝴蝶，將得分加 1。

▶ 馬上練習：跳躍的貓咪

使用者拍手後貓咪就會跳起同時發出「喵」的聲音，然後貓咪會落回原處。(<ch05\Ch05_跳躍的貓咪.sb3>)

5-11

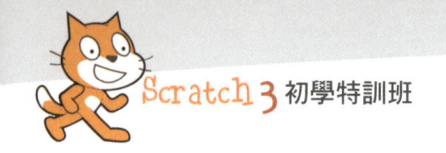

5.1.5 時間相關積木

Scratch 的時間積木分為兩類：計時器及系統時間。計時器積木有兩個：

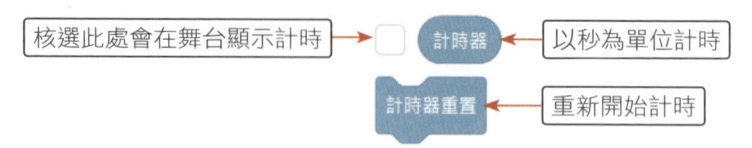

- 核選此處會在舞台顯示計時 → `計時器` ← 以秒為單位計時
- `計時器重置` ← 重新開始計時

計時器積木使用非常簡單，只要核選左方的核取方塊就能在舞台顯示計時器。但此計時器無法停止計時，所以實用性不高，通常只用於計算時間差；至於真正的計時功能，例如碼錶，一般會自行撰寫程式來達成計時目的，將在以後章節中實作並詳細解說。

取得系統時間的功能也有兩個：

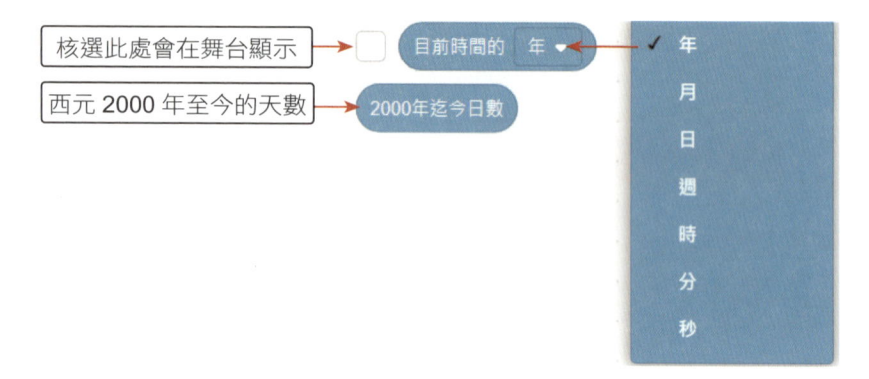

- 核選此處會在舞台顯示 → `目前時間的 年 ▼`（年/月/日/週/時/分/秒）
- 西元 2000 年至今的天數 → `2000年迄今日數`

▌範例：指針時鐘

模仿實體石英鐘：顯示目前時間，秒針每秒移動一次；半點及整點時會播放對應報時音效。(<ch05\Ch05_ 指針時鐘 .sb3>)

偵測、函式、視訊與翻譯 05

» 場景安排

1. **新增背景**：建立新專題，點選 **舞台**，點選 圖示，於彈出視窗點選 項目 上傳檔案，在 **開啟** 對話方塊選取 <resources/clock.png> 做為新背景，最後 刪除原來的背景 **backdrop1**。

2. **新增半點及整點音效**：切換到 **音效** 頁籤，點選 圖示，於彈出視窗點選 項目，在 **開啟** 對話方塊選取 <resources/ 半點 .wav> 做為半點報時的音效。 重複新增音效檔操作，在 **開啟** 對話方塊選取 <resources/ 正點 .wav>，做為 整點報時的音效。

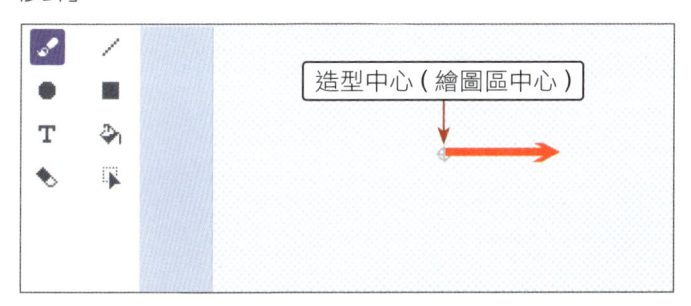

3. **新增角色**：刪除系統自動建立的貓咪角色。在角色區點選 圖示，於彈出視 窗點選 項目繪製一個向右黑色箭頭，更改角色名稱為「時針」，設定造型中 心在直線的端點。重複繪製箭頭操作：藍色箭頭命名為「分針」，紅色箭頭命 名為「秒針」。

造型中心 (繪圖區中心)

4. **新增滴答音效**：點選 **秒針** 角色，切換到 **音效** 頁籤，點選 圖示，於彈出視 窗點選 項目，在 **開啟** 對話方塊選取 <resources/ 滴答 .wav> 做為半點報 時的音效。

» 積木安排

1. **背景積木**：分鐘數及秒數皆為 0 時即為整點，播放整點報時音效；分鐘數為 30 且秒數為 0 時即為半點，播放半點報時音效。

5-13

```
當 ▶ 被點擊
重複無限次
  如果  目前時間的 分 ▼ = 0  且  目前時間的 秒 ▼ = 0  那麼     ◀ 整點報時
    播放音效 正點 ▼
  如果  目前時間的 分 ▼ = 30 且 目前時間的 秒 ▼ = 0  那麼     ◀ 半點報時
    播放音效 半點 ▼
```

2. **時針積木**：時針每一小時移動 360/12=30 度。當分針移動時，時針也會向前移動：一小時移動 30 度，所以分針每移動一分鐘，時針移動 30/60=0.5 度。總結為「時針角度 = 小時 x 30 + 分鐘 x 0.5」。

```
當 ▶ 被點擊
定位到 x: -9 y: -2
重複無限次
  面朝 目前時間的 時 ▼ * 30 + 目前時間的 分 ▼ * 0.5 度
```

3. **分針積木**：分針每一分鐘移動 360/60=6 度。當秒針移動時，分針也會向前移動：一分鐘移動 6 度，所以秒針每移動一秒鐘，分針移動 6/60=0.1 度。總結為「分針角度 = 分鐘 x 6 + 秒數 x 0.1」。

```
當 ▶ 被點擊
定位到 x: -9 y: -2
重複無限次
  面朝 目前時間的 分 ▼ * 6 + 目前時間的 秒 ▼ * 0.1 度
```

4. **秒針積木**：秒針每一秒鐘移動 360/60=6 度。秒針每一秒移動一次，同時播放 **滴答** 音效，增加時鐘的實體感。

```
當 ▶ 被點擊
定位到 x: -9 y: -2
重複無限次
    播放音效 滴答 ▼
    面朝 目前時間的 秒 ▼ * 6 度
    等待 1 秒
```

▶ 馬上練習：數字鐘

執行後會以數字形態顯示目前系統時間。(<ch05\Ch05_ 數字鐘 .sb3>)

[**提示** ：背景圖形位於 <cH05\resources\ 數字鐘背景 .png>]

時　分　秒
6 : 8 : 52

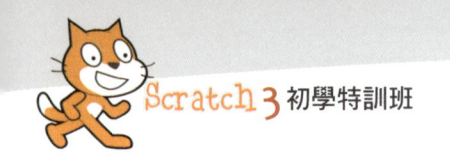

5.2 函式積木類別

應用程式較為複雜時，常會有許多需要重複執行的程式積木，如果每次都加入這些程式積木，將使程式積木非常龐大。解決方式是將具有特定功能或經常重複使用的程式積木，撰寫成獨立的小單元，即一般程式語言的「函式」，此功能位於 **函式積木** 類別中。

5.2.1 無參數的函式積木

建立函式積木

建立函式積木的方法是在程式區 **函式積木** 類別中點選 **建立一個積木** 鈕，每個函式積木需要一個名稱，才能被程式呼叫執行。於 **建立一個積木** 對話方塊輸入函式積木指令名稱後按 **確定** 鈕就建立一個函式積木。

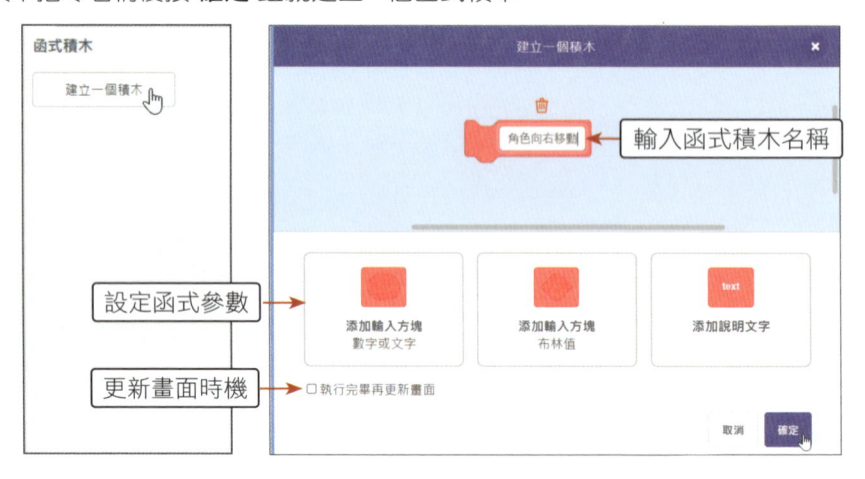

參數區可為函式加入參數，將在下一小節詳細說明。一個函式積木通常會包含許多積木，預設是每執行時一個積木就會更新畫面，若核選 **執行完畢再更新畫面** 項目，則會執行完函式中所有積木才更新畫面 (此模式可增加執行效率)。

新建立的函式積木會顯示於程式區 **建立一個積木** 鈕下方，同時在腳本區會產生一個 **定義…** 積木，將此函式積木要執行的程式積木置於 **定義…** 積木下方，當此函式積木被呼叫時，就會執行這些程式積木。

偵測、函式、視訊與翻譯 05

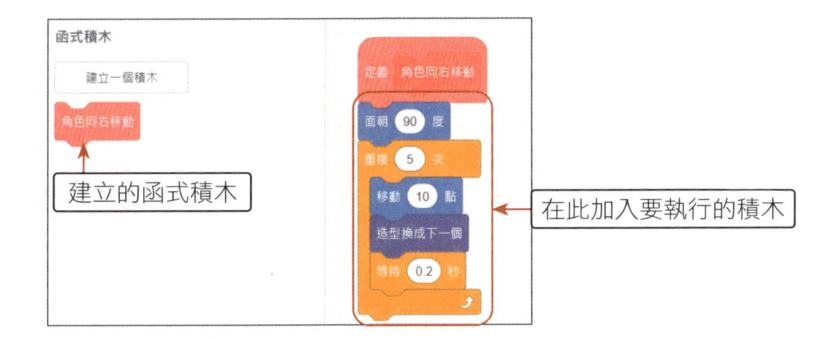

使用函式積木

當應用程式需要使用函式積木時，將函式積木拖曳到腳本區就可執行該函式積木中的積木。例如下圖為在角色上按一下滑鼠左鍵，角色就會執行 **角色向右移動** 函式積木 (向右移動 10 點 5 次)。

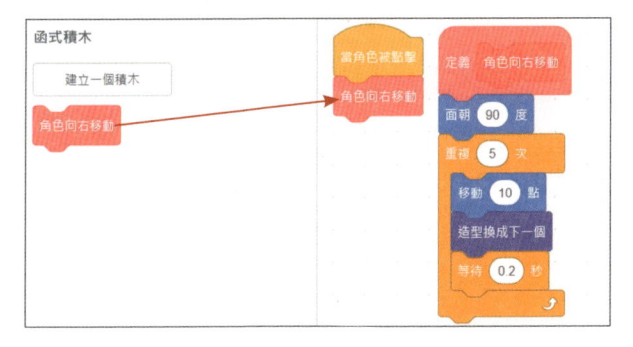

管理函式積木

如果要修改積木名稱，可在程式區該函式積木上按滑鼠右鍵，再點選快顯功能表 **編輯**，於 **建立一個積木** 對話方塊中輸入新名稱後按 **確定** 鈕即可。

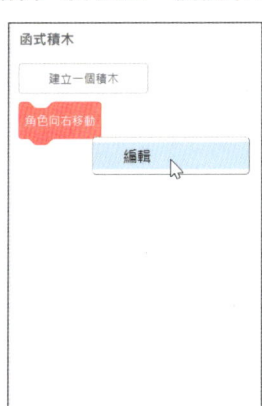

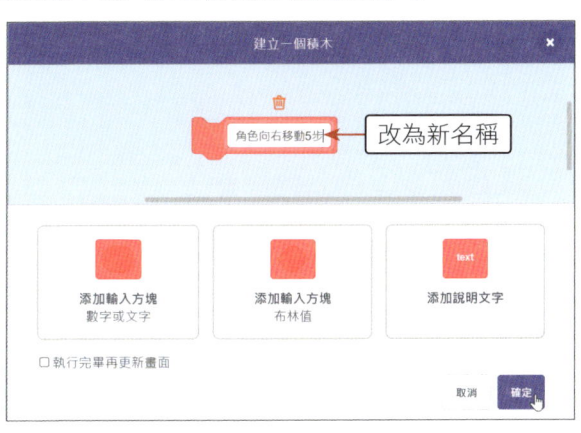

5-17

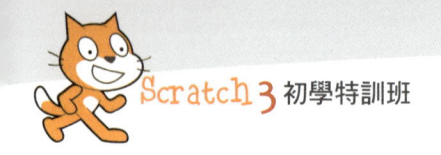

名稱修改完成後，所有腳本區中使用該函式積木的積木名稱會全部自動修正。

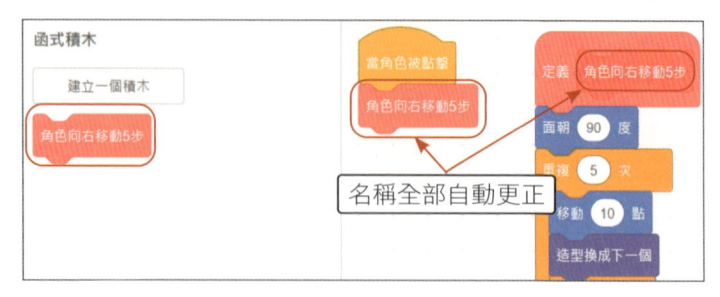

函式積木的快顯功能表只有 **編輯** 項目，並沒有 **刪除** 項目，難道函式積木不能移除嗎？要移除函式積木較為麻煩：首先必須將腳本區所有使用到該函式積木的積木全部移除，確定移除完畢後將腳本區的函式積木拖曳到程式區，即可移除該函式積木。

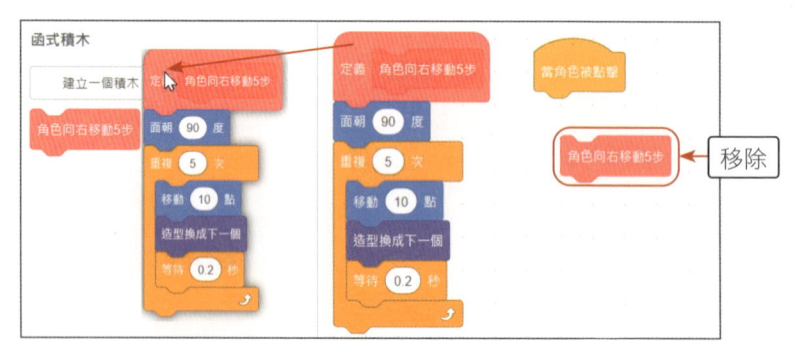

如果腳本區中使用到該函式積木的積木未全部移除，此時若拖曳腳本區的函式積木到程式區，會出現 **無法刪除** 的對話方塊告知使用者。

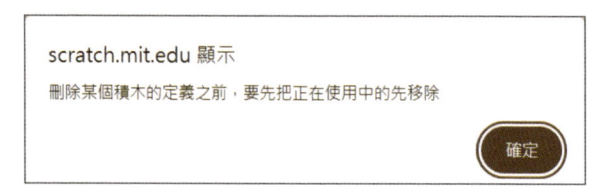

5.2.2 具有參數的函式積木

Scratch 函式積木執行時，允許傳送「參數」值給函式積木，此功能大幅提昇函式積木的設計彈性。為函式積木加入「參數」的方法是在 **建立一個積木** 對話方塊中點選參數。

偵測、函式、視訊與翻譯　05

參數有下列三種，點選參數即會將參數加入函式中：
- **數字或文字**：參數值為數值或文字，預設名稱為 number or text。
- **布林**：參數值為判斷式，即成立或不成立，預設名稱為 boolean。
- **說明文字**：參數值為固定文字，只做顯示用，預設為 label text。

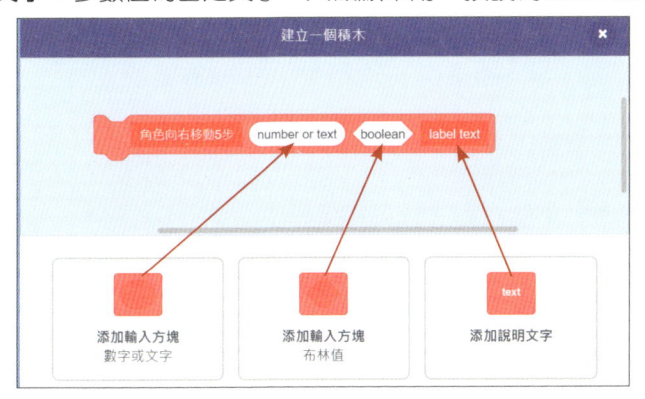

在參數名稱上按一下滑鼠左鍵就可修改參數名稱，參數名稱可使用中文。參數名稱最好使用有意義的名稱，可增加程式可讀性並易於維護。參數的上方會有 🗑 圖示，點選 🗑 圖示可移除該參數。

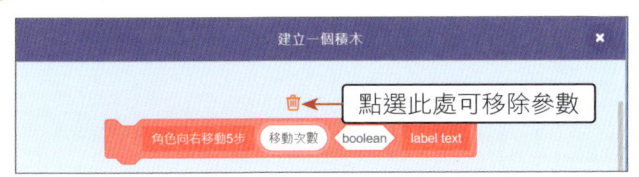

以前一節的 **角色向右移動** 函式積木為例，其功能固定向右移動 5 次，若是要移動 8 次怎麼辦？要為移動 8 次再建立一個函式積木嗎？解決方法是將移動次數以參數值傳送給函式積木，那麼不論移動多少步都不成問題了！

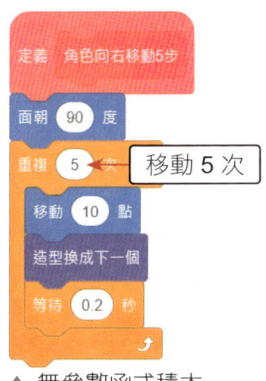

▲ 無參數函式積木 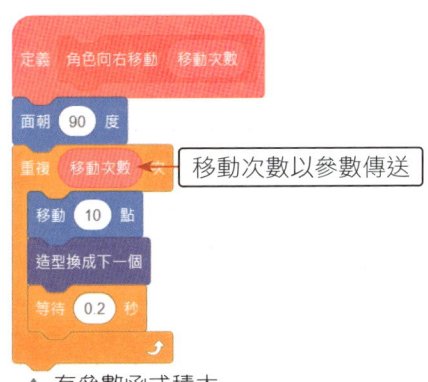　　　▲ 有參數函式積木

5-19

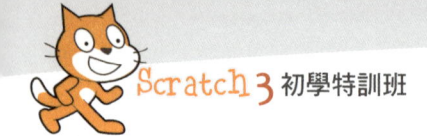

使用有參數的函式積木指令時，只需輸入適當的參數值傳送給函式積木，就可依據參數值執行。例如使用 **角色向右移動** 函式積木移動 8 次及 32 次。

▲ 移動 8 次　　　　　▲ 移動 32 次

▶ 範例：棒球測速槍

棒球比賽時，通常會有工作人員以測速槍測量球速，但其測得的單位是英哩，而我們習慣以公里為單位。使用者拖曳右上角 **英哩數** 滑桿輸入以英哩為單位的球速，再按貓咪就會將其轉換成公里為單位的球速。(<ch05\Ch05_棒球測速槍.sb3>)

» 場景安排

建立變數：建立 **傳回值** 角色變數儲存函式積木的傳回值，**公里數** 全域變數儲存轉換後的公里數值，**英哩數** 全域變數儲存使用者輸入的英哩數值。取消核選 **傳回值** 變數左方的核取方塊，使其不會在舞台顯示，再拖曳 **英哩數** 及 **公里數** 變數到舞台右上角適當位置。

» 積木安排

英哩轉換為公里的公式為：

```
公里數 = 英哩數 x 1.602
```

偵測、函式、視訊與翻譯 05

貓咪角色積木：

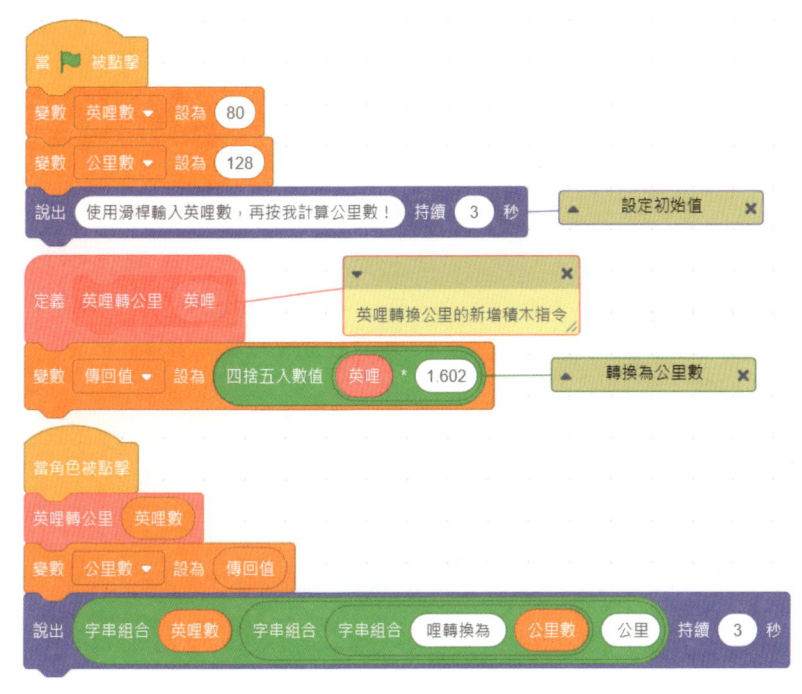

```
當 ▶ 被點擊
變數 英哩數 ▼ 設為 80
變數 公里數 ▼ 設為 128
說出 使用滑桿輸入英哩數，再按我計算公里數！ 持續 3 秒    ◀ 設定初始值

定義 英哩轉公里 英哩       ◀ 英哩轉換公里的新增積木指令
變數 傳回值 ▼ 設為 四捨五入數值 英哩 * 1.602     ◀ 轉換為公里數

當角色被點擊
英哩轉公里 英哩數
變數 公里數 ▼ 設為 傳回值
說出 字串組合 英哩數 字串組合 字串組合 哩轉換為 公里數 公里 持續 3 秒
```

英哩轉公里 函式積木的功能是將英哩數轉換為公里數，當使用者按貓咪角色時，就將使用者輸入的英哩數傳送給 **英哩轉公里** 函式積木執行轉換，最後再顯示轉換結果。

▍馬上練習：英磅轉公斤

使用者拖曳右上角 **英磅數** 滑桿輸入以英磅為單位的體重，再按貓咪就會將其轉換成以公斤為單位的體重。(<ch05\Ch05_ 英磅轉公斤 .sb3>)

[提示：英磅轉公斤的公式為：1 英磅 = 0.454 公斤]

5-21

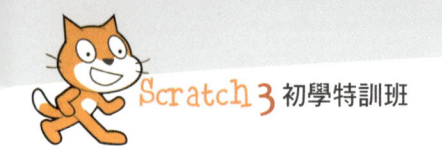

5.2.3 建立個人專屬程式庫

函式積木常是針對某些特定功能而撰寫，許多應用程式可能會使用相同功能，如果能建立個人專屬程式庫，當需要指定功能時，只要將該功能的函式積木加到腳本區就能執行，不必重複建立程式積木，對加速開發應用程式幫助非常大！

無傳回值的新增積木指令

建立個人專屬程式庫的方法是將函式積木儲存於 **背包** 中，因 **背包** 的內容在變更編輯檔案及關閉 Scratch 系統後仍然存在，因此所有應用程式可以共用 **背包** 的內容。以 **角色向右移動** 函式積木為例，拖曳 **角色向右移動** 函式積木到 **背包** 中：

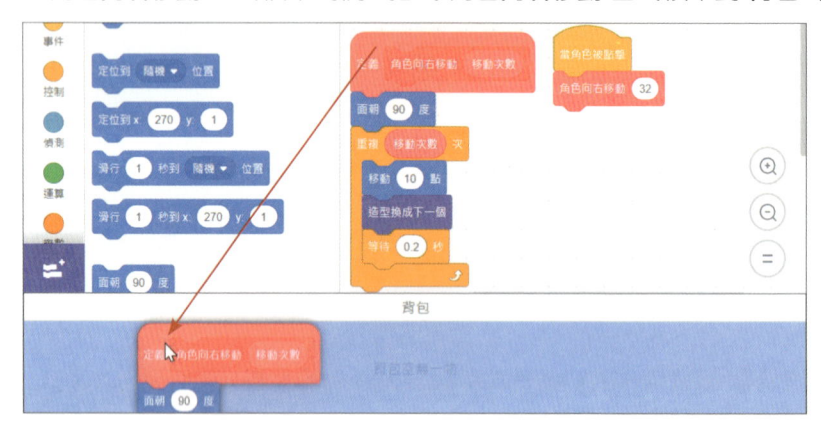

建立新專案後，由 **背包** 區拖曳 **角色向右移動** 函式積木到腳本區，就可在程式區及腳本區見到 **角色向右移動** 函式積木，如此即可使用此函式積木了！

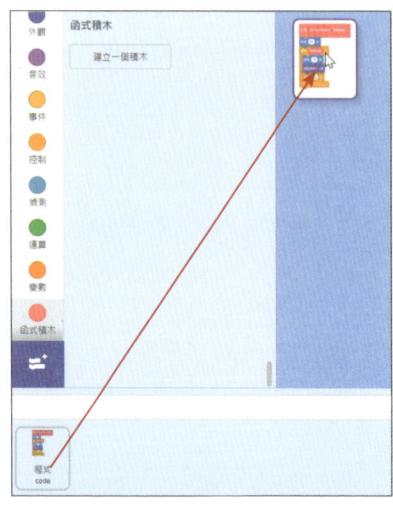

有傳回值的函式積木

大部分函式積木執行完畢後需傳回執行結果，然而 Scratch 並未提供可傳回值的函式積木，必須自行使用變通方式來達成此功能，例如前一節 **棒球測速槍** 範例的 **英哩轉公里** 函式積木，計算完公里數後需將公里數傳回。

為了方便建立程式庫，可將所有函式積木的傳回值都儲存於相同名稱的變數中，例如變數名稱使用「傳回值」。例如前一節中 **英哩轉公里** 函式積木就將轉換後的公里數存於 **傳回值** 變數中：

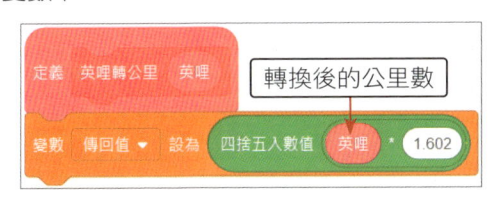

將有傳回值函式積木加入程式庫的方法與無傳回值函式積木相同：將函式積木的程式積木由腳本區拖曳到 **背包** 區就完成了。建立新專案後，由 **背包** 區拖曳函式積木到腳本區，程式區會自動建立該函式積木，並自動產生 **傳回值** 變數。

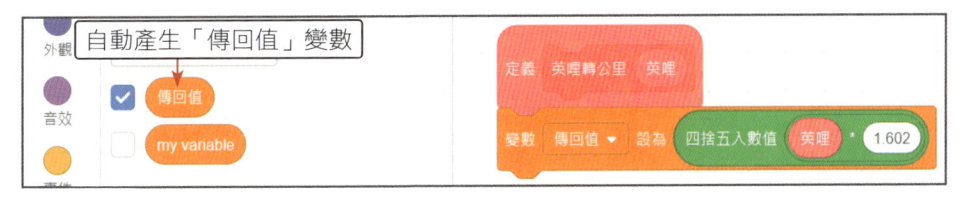

於腳本區使用有傳回值的函式積木時，只要在執行函式積木後面加入一個接收傳回值的積木即可。例如前一節 **棒球測速槍** 範例中，執行完 **英哩轉公里** 函式積木後，以 **公里數** 變數接收傳回值。

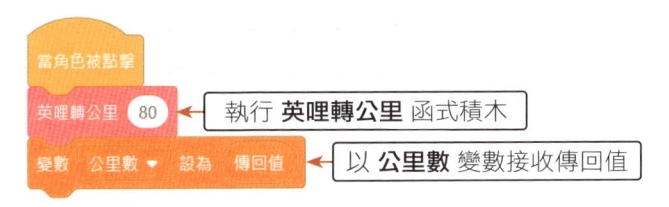

不論學習何種程式語言，建立個人專屬程式庫是一個非常良好且重要的習慣。在學習及開發應用程式的過程中，只要是認為將來可能用到的功能都將其加入程式庫中，等到程式庫的函式積木累積相當數量後，會發現大部分應用程式都可使用這些函式積木加以組合，再略為修改就完成了！

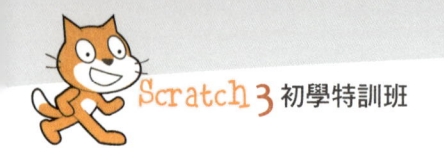

5.3 視訊、文字轉語音及翻譯

視訊偵測積木可開啟攝影鏡頭，製作體感遊戲。

文字轉語音及翻譯是 Scratch 3 才加入的功能：文字轉語音功能可將文字朗讀出來，且可設定各種聲調；翻譯功能可將一種文字翻譯成其他語言的文字，目前已支援包括中文在內的數十種語言。

5.3.1 視訊偵測類積木

視訊偵測類積木位於 **添加擴展** 類別，預設沒有顯示：點選 **添加擴展** 類，於 **選擇擴充功能** 頁面點選 **視訊偵測**，回到主頁面就可見到視訊偵測類積木。

目前大部分電腦都有視訊攝影鏡頭，視訊偵測積木可開啟視訊攝影鏡頭進行拍攝，將攝得的影像做為舞台背景，當舞台或角色上有影像移動時，視訊攝影鏡頭積木可偵測移動影像的速度及方向，設計者可根據這些數值作簡易體感遊戲。

首先是偵測移動影像速度大於指定值就觸發的事件積木：

偵測移動影像速度及方向的積木：

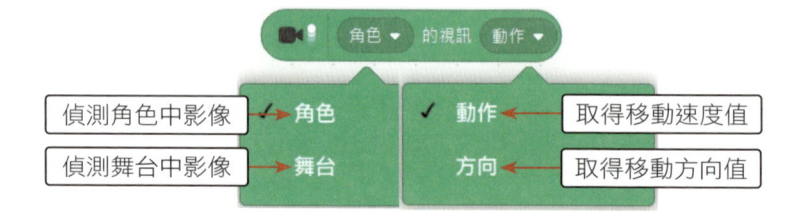

開關視訊攝影鏡頭積木：此積木除可開啟及關閉視訊攝影鏡頭外，還可以設定將影像做左右 180° 旋轉。應用程式開啟視訊攝影鏡頭後，程式結束執行時並不會自動關閉視訊攝影鏡頭，最好自行加入關閉視訊攝影鏡頭功能。

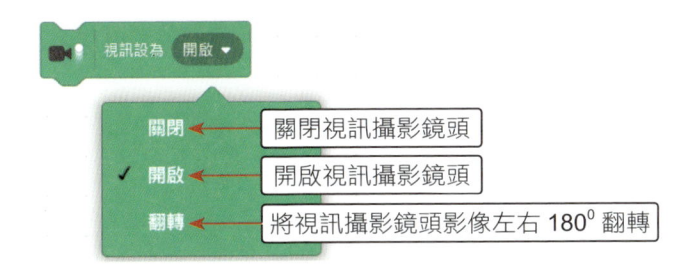

偵測、函式、視訊與翻譯 05

關閉	←	關閉視訊攝影鏡頭
開啟	←	開啟視訊攝影鏡頭
翻轉	←	將視訊攝影鏡頭影像左右 180^0 翻轉

設定視訊攝影鏡頭透明度積木：系統會自動將視訊攝影鏡頭拍攝的影像做為舞台背景，此積木可設定背景的透明度，數值為 0 時完全不透明，數值為 100 時完全透明，使用者看不到視訊攝影鏡頭影像。

視訊偵測積木利用視訊攝影機與使用者互動，非常適合製作體感遊戲。下面範例可偵測使用者揮手的動作，利用揮手的速度和方向控制小魚角色的移動。

▼ 範例：捕魚遊戲

建立十個小魚的分身，每個分身會隨機出現在畫面不同的位置，並往不同的方向游動。利用視訊以手驅趕小魚，讓小魚朝向角色的視訊方向移動，當小魚遇到魚缸就會消失。(<ch05\Ch05_ 捕魚遊戲 .sb3>)

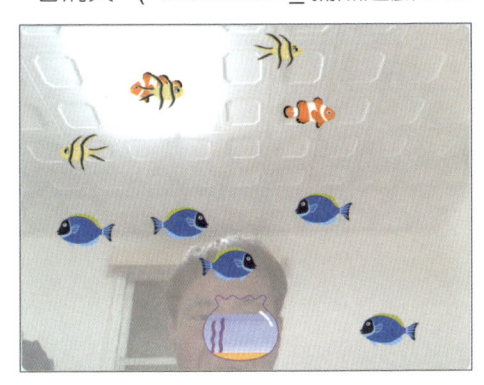

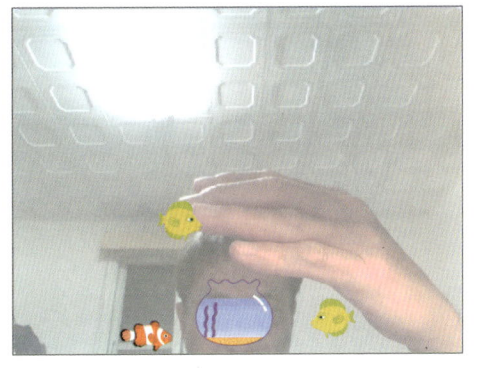

» 場景安排

1. **新增小魚和魚缸角色**：刪除系統自動建立的貓咪角色，由系統內建角色庫新增 **Fish** 和 **Fishbowl** 角色。

5-25

積木安排

1. **建立分身的積木**：開始執行時先將小魚本尊隱藏，然後建立 10 隻小魚的分身。

2. **小魚分身的積木**：依亂數由 1~4 造型中選取 1 個分身造型後顯示，每個分身會隨機出現在不同位置，並往不同的方向游動。利用視訊以手驅趕小魚，讓小魚朝向角色的視訊方向移動，當小魚遇到魚缸就會消失，碰到邊界則會反彈。

偵測、函式、視訊與翻譯 05

▶ 馬上練習：九隻小貓降肉

建立九隻小貓分身，每隻小貓分身會隨機出現在畫面不同的位置，利用視訊以手觸碰小貓，如果觸碰到小貓即會往上，否則會往下降，如果碰到邊緣則會反彈。(<ch05\Ch05_ 九隻小貓降肉 .sb3>)

5.3.2 文字轉語音類積木

文字轉語音類積木位於 **添加擴展** 類別，預設沒有顯示：點選 **添加擴展** 類，於 **選擇擴充功能** 頁面點選 **文字轉語音**，回到主頁面就可見到文字轉語音類積木。

文字轉語音類積木只有三個，首先是設定語言種類的積木，目前可支援二十餘種語言，最重要的是支援中文：

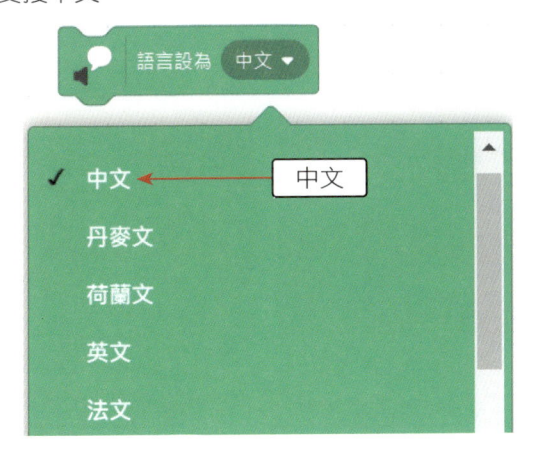

設定聲調的積木：可設定四種聲調，注意最後一個「小貓」不是設定音調，而是發出小貓的叫聲。

5-27

[語音設為 alto]

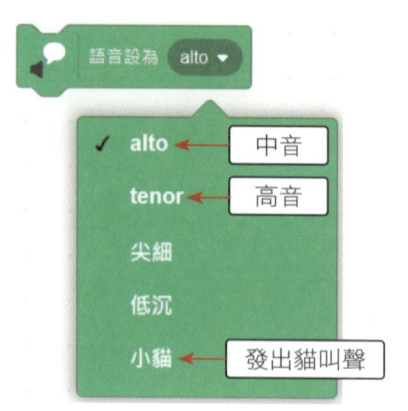

- alto ← 中音
- tenor ← 高音
- 尖細
- 低沉
- 小貓 ← 發出貓叫聲

最後是朗讀文字的積木：

[唸出 hello] ← 要唸出的文字

具備母語以外的語言能力是現代人求職時的利器，如大學入學的口試、各種職場的面試等，大都會要求進行英語自我介紹。下面範例只要使用者輸入簡易的資料，應用程式會以英語做簡單自我介紹。

▶範例：英語自我介紹

依序輸入姓名、年齡及電話資料後，女孩會顯示自我介紹文字資料，並以英語讀出自我介紹資料。(<ch05\Ch05_自我介紹.sb3>)

偵測、函式、視訊與翻譯　05

» 場景安排

1. **建立變數**：建立 **姓名**、**年齡** 及 **電話** 全域變數儲存使用者輸入的姓名、年齡及電話資料，再建立 **暫時字串一**、**暫時字串二**、**暫時字串三** 及 **完整字串** 全域變數儲存要顯示的文字資料，所有變數值都不要顯示於舞台區。

2. **新增背景**：從 **範例背景** 庫點選 **Room 2** 做為新背景，刪除原來的背景 **backdrop1**。

3. **新增女孩角色**：刪除系統自動建立的貓咪角色，由系統 **範例角色** 庫新增 **Abby** 角色，拖曳 **Abby** 角色到舞台左下方適當位置。

» 積木安排

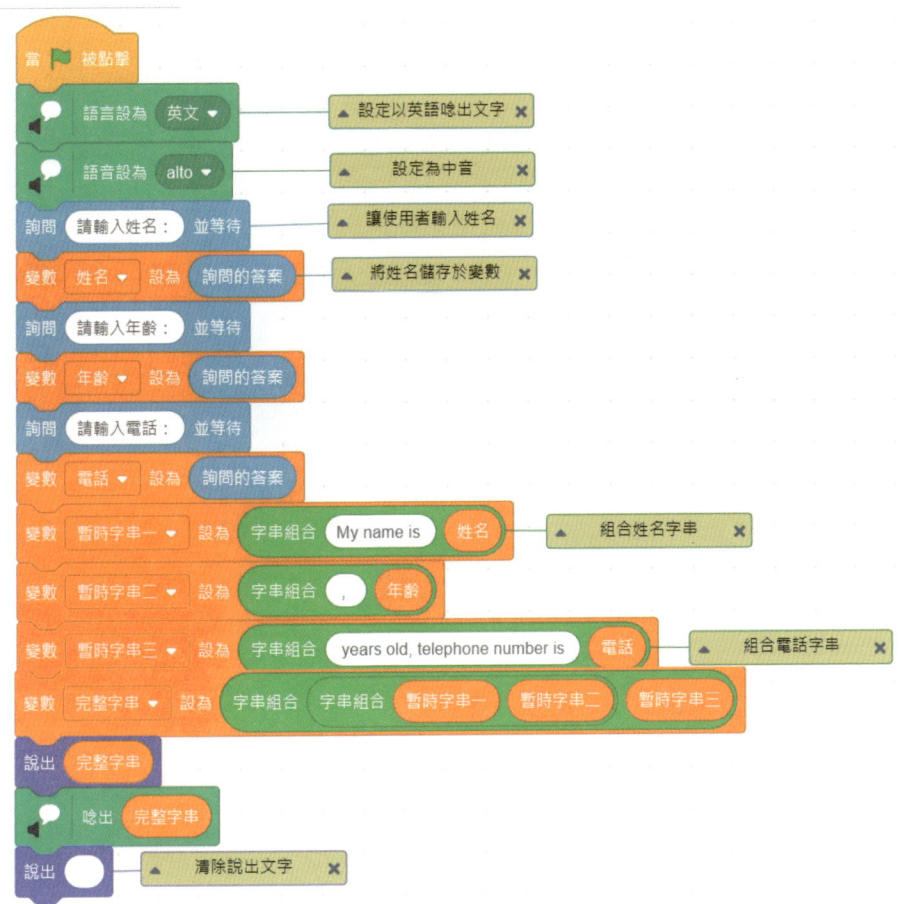

5-29

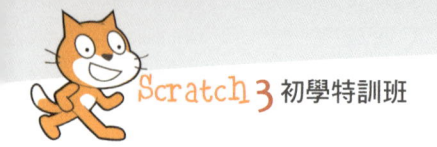

首先設定以英語和較為和緩的中音來讀出文字內容，接著讓使用者依照順序輸入姓名、年齡及電話資料。

本專案要顯示的字串為六個字串的組合（三個固定字串及三個變數內容），Scratch **字串組合** 積木每次只能組合兩個字串，若像下圖一次組合六個字串，積木將非常複雜，可讀性很低：

因此建立三個「暫時字串」變數，分別組合姓名、年齡及電話資料，最後再將三個暫時字串組合起來儲存於「完整字串」變數中，完整字串就是自我介紹全部資料，做為顯示及朗讀的資料之用。

▼ **馬上練習：動物語音對話**

程式執行後貓咪向右走，蝴蝶向左飛，在中間遇到時，貓咪先開口打招呼說：「早安！外出走走啊！」，接著蝴蝶會回應：「是啊！散步有益健康。」(<ch05\Ch05_動物語音對話.sb3>)

5.3.3 翻譯類積木

翻譯類積木位於 **添加擴展** 類別，預設沒有顯示：點選 **添加擴展** 類，於 **選擇擴充功能** 頁面點選 **翻譯**，回到主頁面就可見到翻譯類積木。

翻譯類積木只有兩個，首先是設定翻譯後語言的積木，目前支援包括中文在內的六十餘種語言，已包含全世界大部分常用語言：

5-30

偵測、函式、視訊與翻譯　05

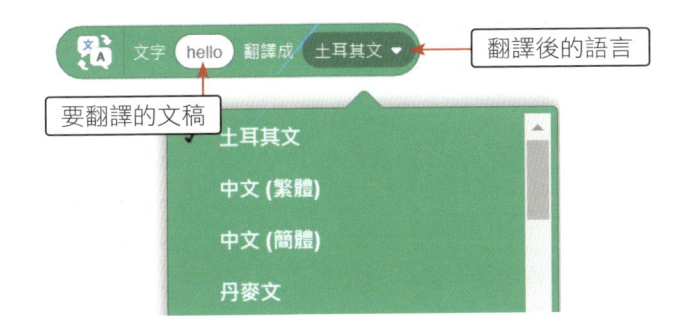

取得瀏覽者語言的積木：若核選左方核取方塊，會在舞台區顯示瀏覽者語言的值，例如筆者使用繁體中文 Windows 10 系統，瀏覽者語言的值為「中文 (繁體)」。

▼ 範例：中翻英系統

讓使用者輸入要翻譯的中文文稿，系統就會以英文顯示翻譯結果，並以英文朗讀翻譯結果。(<ch05\Ch05_中翻英系統.sb3>)

» 場景安排

1. **建立變數**：建立 **譯文** 全域變數儲存翻譯後的文稿，變數值不要顯示於舞台區。

2. **新增背景**：從 **範例背景** 庫點選 **School** 做為新背景，刪除原來的背景 **backdrop1**。

5-31

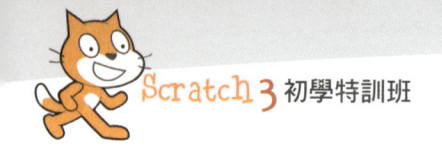

》積木安排

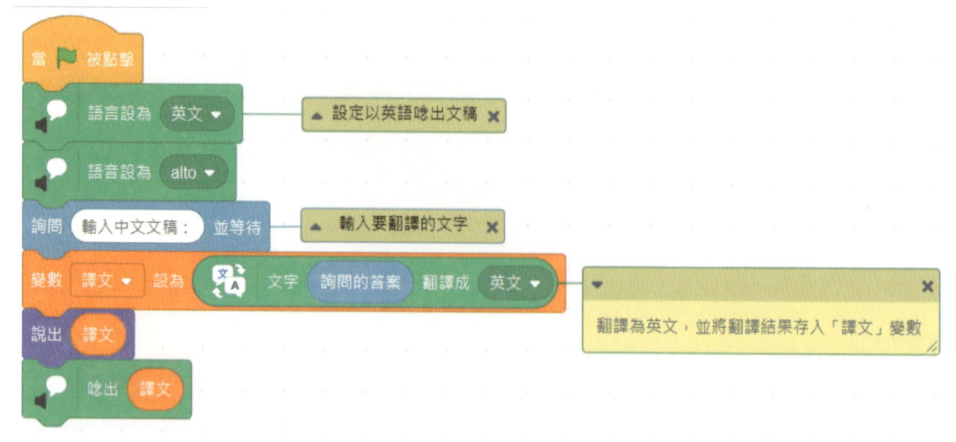

首先設定以英語及和緩的中音來讀出文字內容，再讓使用者輸入要翻譯的中文文稿。接著將中文文稿翻譯為英文，並將翻譯結果存於「譯文」變數中。最後顯示翻譯結果，並以英文朗讀翻譯結果。

▍馬上練習：中翻日系統

讓使用者輸入要翻譯的中文文稿，系統就會以日文顯示翻譯結果，並以日文讀出翻譯結果。(<ch05\Ch05_中翻日系統.sb3>)

延伸練習

實作題

1. 執行後會以數字形態顯示目前系統日期及時間，每秒更新一次。(<ch05\Ch05_日曆鐘.sb3>)

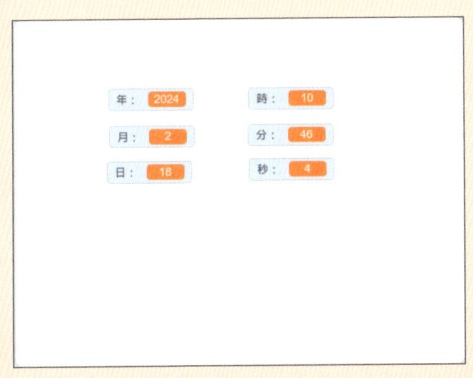

2. 先使用 **函式積木** 類撰寫計算自由落體落下距離的函式。使用者拖曳右上角 **時間 (秒)** 滑桿輸入以秒為單位的時間，再按貓咪就會計算自由落體在該段時間的落下距離。(<ch05\Ch05_自由落體落下距離.sb3>)

[**提示**：自由落體落下距離 = 0.5 x 9.8 x 時間^2]

MEMO

Chapter 06

移動相關技巧

角色移動方式最常見的有：在指定的路徑上行走、左右不停移動、從右端消失再從左端進入、在舞台任意移動，以及角色碰到邊緣反彈，利用動作類控制角色移動的積木也可以作最佳的處理。固定不變的背景，只要利用前景的移動，即可製造角色前進的效果，也可以利用相對運動的原理，將背景不斷地向後移動，就可製造角色前進的效果。

了解角色移動與場景移動的方法

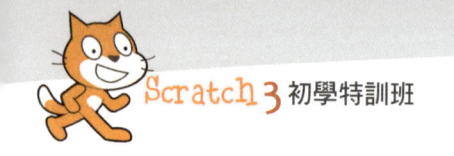

6.1 角色移動

動作類積木提供許多控制角色移動的積木,可以控制角色面向滑鼠移動、面向滑鼠左右移動、移動到其他角色的位置。配合控制類積木,就可以讓角色在指定的路徑上行走、左右不停移動、從右端消失再從左端進入或是如金魚在水箱中任意的游動。此外,當角色碰到邊緣反彈也可以作最佳的處理。

6.1.1 角色隨著滑鼠或其他角色移動

角色隨著滑鼠移動是非常重要的小技巧,善用 **面朝鼠標** 即可輕易達成。而使用 **定位到隨機** 積木可以將角色移到滑鼠的位置,或是其他角色的位置,角色位置是指該角色的造型中心點。

▌ **範例:角色面向滑鼠移動**

以甲蟲為角色,當滑鼠移動甲蟲永遠面向滑鼠移動。(<ch06\Ch06_ 角色面向滑鼠移動 .sb3>)

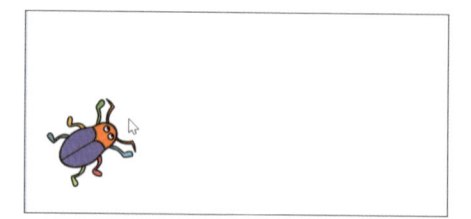

» **場景安排**

新增角色:刪除預設建立的貓咪角色,從 **範例角色** 中新增 **Beetle** 角色。

» **積木安排**

移動相關技巧 06

▶ 範例：角色面向滑鼠左右移動

有些時候，角色只能在指定的範圍內，面向滑鼠左右移動，例如：下面的範例中貓咪只能在橋上面向滑鼠左右移動。

當滑鼠移動貓咪永遠面向滑鼠移動，但只能在橋面上左右移動。(<ch06\Ch06_ 角色面向滑鼠左右移動 .sb3>)

» 場景安排

編輯舞台：點選 **舞台**，切換至 **程式區** 的 **背景** 頁籤，按 **選擇背景** 圖示開啟 **範例背景**，我們選擇 **Boardwalk**，隨後刪除預設的白色背景「backdrop1」。

角色設定：預設建立的貓咪角色名稱為「Sprite1」，改名為「貓咪」，並設定角色旋轉方式為只能 **左 - 右**。

» 積木安排

6-3

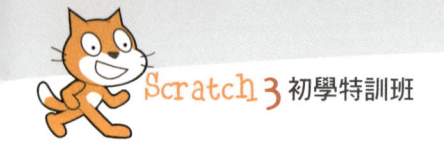

將貓咪移至高度 y=-60 的橋面上，大小比例設為 75%，並不斷循環切換造型，製造貓咪走路姿態，同時，貓咪隨著滑鼠的 x 座標左右移動。

▌範例：移到其他角色位置

當滑鼠移動時，貓咪永遠隨著滑鼠移動，按下滑鼠按鍵，會有一個足球從貓咪的腳下踢出。(<ch06\Ch06_ 移到其他角色位置 .sb3>)

» 場景安排

1. **新增角色**：按 **選擇角色** 圖示從 **範例角色** 中新增足球 **Soccer Ball** 角色，並改名為「足球」，設 **尺寸** 為 **50** 將 **足球** 角色縮小為 50%。

2. **角色設定**：預設建立的貓咪角色名稱為「Sprite1」，改名為「貓咪」。預設 **貓咪** 角色的造型中心點在中央，請改為貓咪的前腳。

» 積木安排

1. **貓咪角色的積木**：貓咪永遠隨著滑鼠移動，並切換造型。

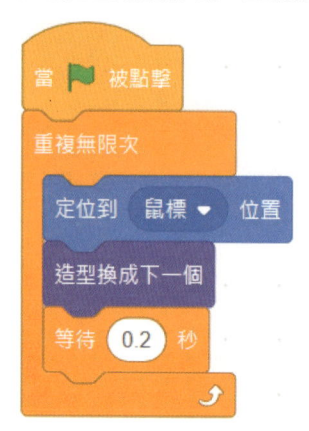

移動相關技巧 **06**

2. **足球角色的積木**:先將 **足球** 隱藏,當按下滑鼠按鍵,將 **足球** 移到貓咪的腳下,顯示出來並往前移動,直到碰到邊緣為止。

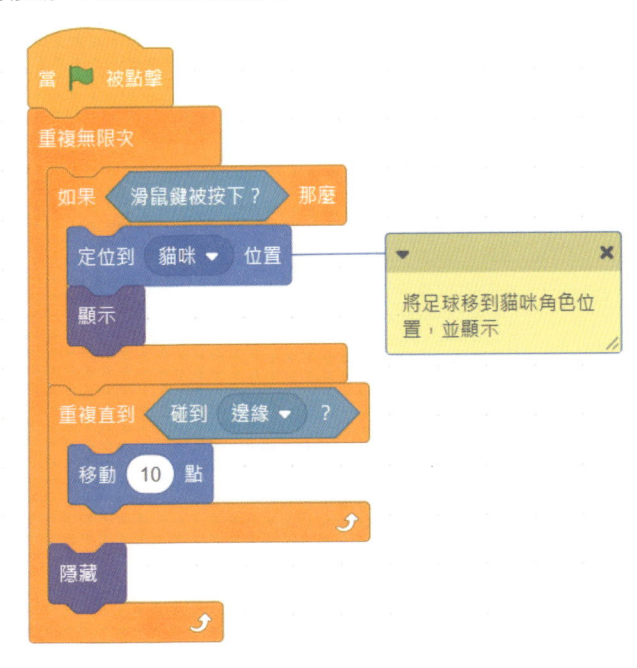

將足球移到貓咪角色位置,並顯示

▶馬上練習:甲蟲打網球

程式執行後,甲蟲永遠隨著滑鼠移動,按下滑鼠按鍵,會有一個網球從甲蟲的頭上往上發出。(<ch06\Ch06_甲蟲打網球.sb3>)

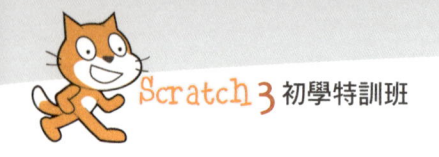

6.1.2 角色不斷的移動

許多遊戲中，角色會不斷在舞台中移動，例如：砲台在舞台中左右移動，子彈持續的往上射出，角色從右端消失再從左端進入，或如魚兒在水箱中任意游動等等。

▍**範例：角色左右移動**

魚兒在水族箱中左右不停的游動。(<ch06\Ch06_ 魚兒左右游動 .sb3>)

》**場景安排**

1. **編輯舞台**：點選 **舞台**，切換至 **程式區** 的 **背景** 頁籤，按 **選擇背景** 圖示開啟 **範例背景**，選擇 **Underwater 1**，隨後將預設的白色背景「backdrop1」刪除。

2. **新增角色**：刪除預設建立的貓咪角色，按 **選擇角色** 圖示從 **範例角色** 中新增 **Shark** 角色，改名為「鯊魚」，並設定角色旋轉方式為只能 **左 - 右**。

》**積木安排**

將角色大小設為 50%，移動並不斷切換造型，如果 x 座標大於 180 就往左移動，如果 x 座標小於 -180 就往右移動。

移動相關技巧 06

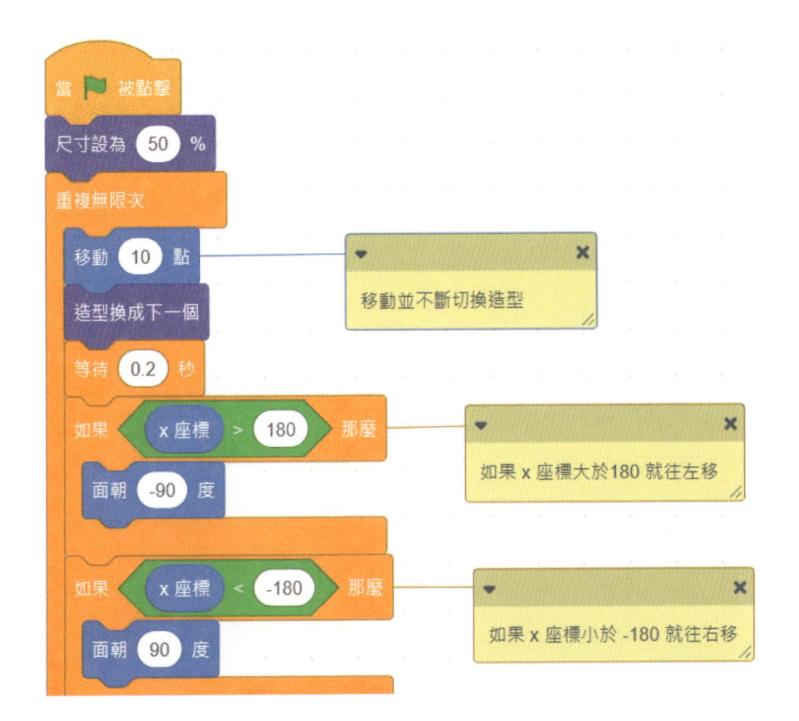

```
當 ▶ 被點擊
尺寸設為 50 %
重複無限次
    移動 10 點         ← 移動並不斷切換造型
    造型換成下一個
    等待 0.2 秒
    如果 x座標 > 180 那麼    ← 如果 x 座標大於180 就往左移
        面朝 -90 度
    如果 x座標 < -180 那麼   ← 如果 x 座標小於 -180 就往右移
        面朝 90 度
```

▼範例：角色從右端消失再從左端進入

角色從右端消失再從左端進入，或從左端消失再從右端進入也都屬於常見的技巧。這個範例中，魚兒將從右端消失再從左端進入。(<ch06\Ch06_ 魚兒右端消失左端進入 .sb3>)

執行結果同上一個範例，但魚兒會從右端消失再從左端進入。

» 場景安排

同上一個範例。

6-7

» 積木安排

將角色大小設為 50%，向右移動並不斷切換造型，如果 x 座標大於 240 就移動到左邊 x = -240 的位置。

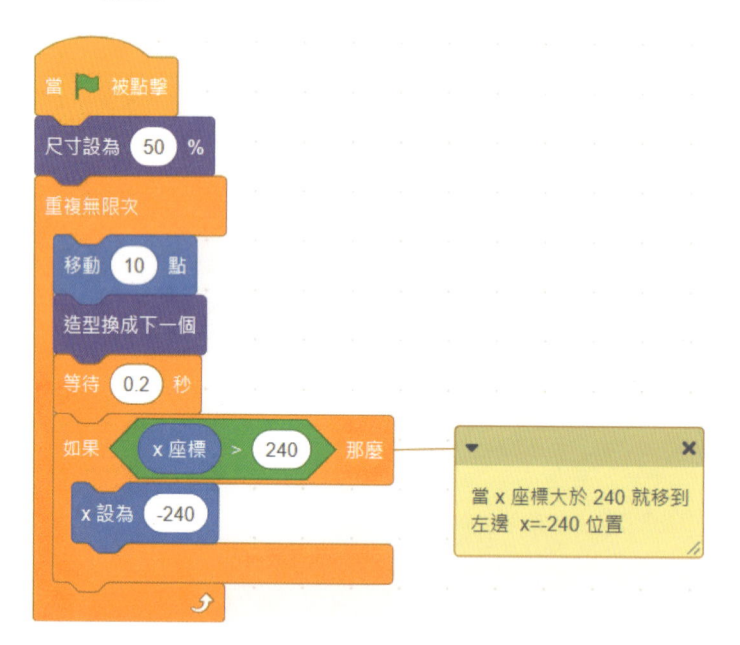

```
當 ▶ 被點擊
尺寸設為 50 %
重複無限次
    移動 10 點
    造型換成下一個
    等待 0.2 秒
    如果 < x座標 > 240 > 那麼
        x 設為 -240
```

當 x 座標大於 240 就移動到左邊 x=-240 位置

▍範例：魚兒在水箱中任意游動

最後再來探討魚兒在水箱中任意游動的情形，這種情境較為複雜一些。以下的範例中，魚兒在水箱中任意游動。(<ch06\Ch06_ 魚兒在水箱中任意游動 .sb3>)

執行結果同上一個範例，但魚兒會在水族箱中任意悠游。

» 場景安排

同上一個範例。

06 移動相關技巧

» 積木安排

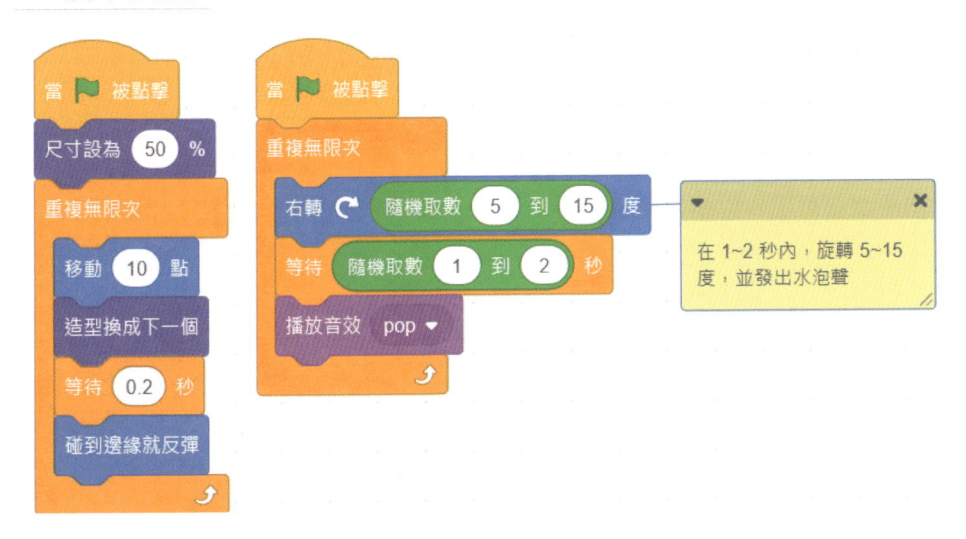

左邊的積木，主要是控制魚兒不斷地往前移動，並切換造型，當碰到邊緣時作反彈。右邊的積木則是以亂數設定，控制魚兒在每 1~2 秒內，向右變換 5~15 的角度，這樣就能製造魚兒悠游的效果，同時也發出水泡聲。

▼ 馬上練習：蝴蝶在天空中任意飛翔

更改舞台背景為範例背景庫的 **Boardwalk**，刪除預設建立的貓咪角色，並新增 **Butterfly 2** 角色，設定角色旋轉方式為只能 **左 - 右**。在執行的過程中，蝴蝶只能在天空中任意地飛翔。(<ch06\Ch06_ 蝴蝶在天空中任意飛翔 .sb3>)

6-9

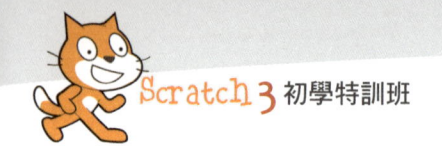

6.1.3 角色在指定的路徑上行走

在一些走迷宮的專題中,角色的路徑經常被限制在指定的路徑中,最簡單的控制方式是利用 **碰到顏色** 積木,以顏色來偵測。

▼ 範例:依指定顏色路徑行走(一)

當滑鼠移動時,貓咪永遠隨著滑鼠移動,但只能在藍色的跑道上移動。(<ch06\Ch06_ 依指定顏色路徑行走 (一).sb3>)

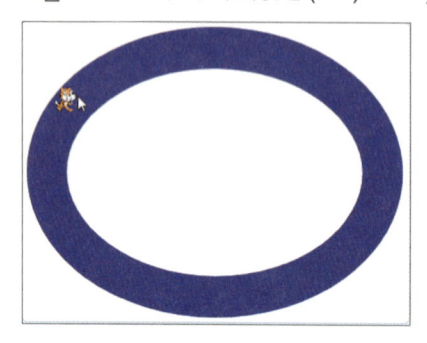

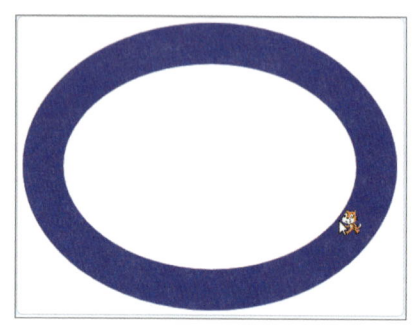

» 場景安排

編輯舞台:點選 **舞台**,切換至 **程式區** 的 **背景** 頁籤,在預設的白色背景中以畫圓圈繪製藍色的跑道。

角色設定:預設建立的貓咪角色名稱為「Sprite1」,改名為「貓咪」,並設定角色旋轉方式為只能 **左 - 右**。

» 積木安排

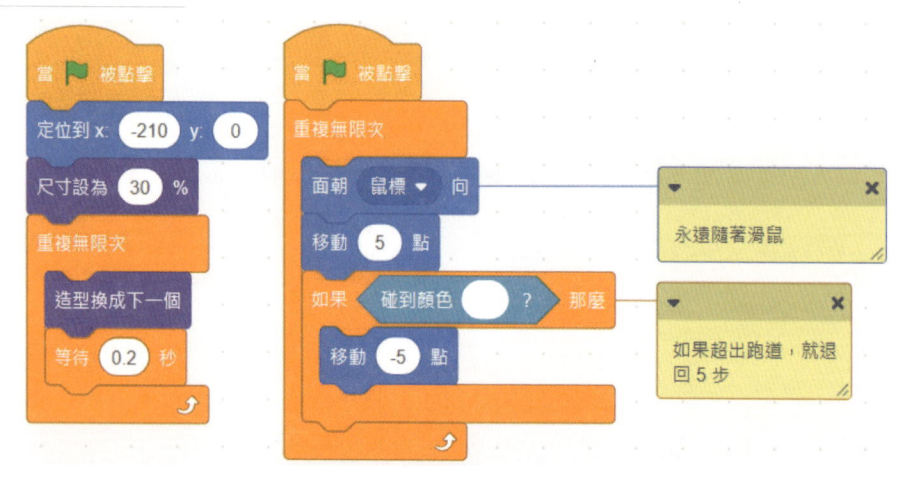

06 移動相關技巧

▍範例：依指定顏色路徑行走 (二)

以顏色判斷路徑，常常會因為角色的面向改變，造成顏色比對的失誤，比較謹慎的作法是在角色的上、下、左、右各加上一個感應點，這樣顏色的比對就會更精準。

以下範例將利用 **上、下、左、右** 按鍵，控制貓咪在藍色的跑道上移動。(<ch06\Ch06_ 依指定顏色路徑行走 (二).sb3>)

執行結果同上一個範例。

» 場景安排

編輯舞台：同上一個範例。

角色設定：在「貓咪」的 **costume1** 造型中，上、下、左、右各繪製一個藍色小點當作「貓咪」的感應圈，點的大小愈小愈佳，顏色則取接近背景色，即接近跑道的顏色，避免這些小點穿幫。同樣的方式，也在 **costume2** 造型中畫 4 個感應小點。

» 積木安排

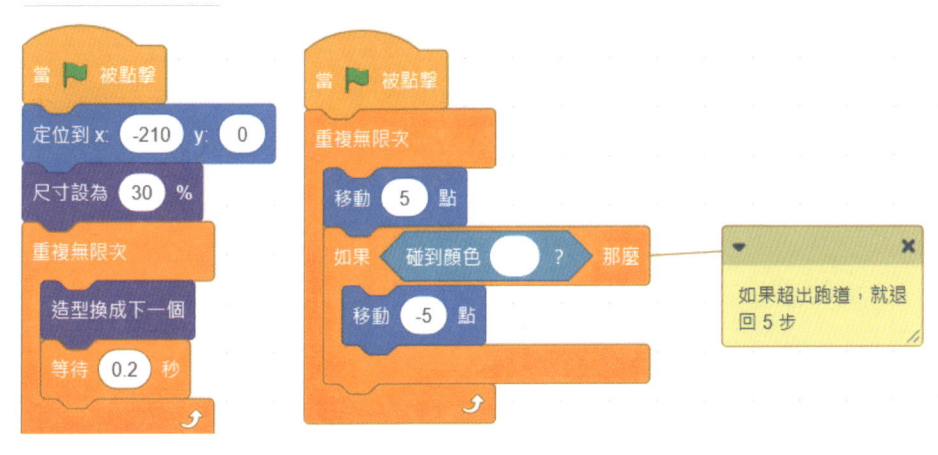

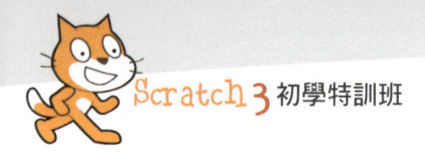

▶ 馬上練習：貓咪走迷宮

貓咪會隨著滑鼠移動，貓咪從迷宮的起點開始走迷宮，到達終點即顯示「過關！」訊息。(<ch06\Ch06_ 貓咪走迷宮 .sb3>)

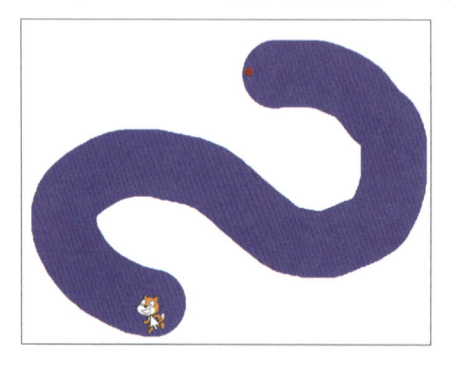

6.1.4 角色碰撞後反彈的技巧

角色無論碰撞到邊緣、到達某個座標，或是碰撞到其他角色，加上反彈的動作是很重要的技巧。首先可以使用 **碰到邊緣就反彈** 積木，配合 **重複無限次** 積木，讓角色不斷在舞台中移動，而且碰到邊緣會自動反彈。

有時候不一定是碰到邊緣才反彈，而是到達指定的座標位置就要反彈，這時就必須自行比對角色的 x、y 座標。

最後也可以利用角色的碰撞，處理反彈的動作。例如：在四周建立邊界線等角色，再進行碰撞的偵測後進行反彈的計算。

▶ 範例：角色碰到邊緣就反彈

以甲蟲為角色，面向任意方向移動，當角色碰到邊緣就反彈，並發出碰撞音效。(<ch06\Ch06_ 角色碰到邊緣就反彈 (一).sb3>)

移動相關技巧 06

» 場景安排

新增角色：刪除預設建立的貓咪角色，按 **選擇角色** 圖示從 **範例角色** 中新增 **Beetle** 角色。

» 積木安排

首先以 `面朝 隨機取數 1 到 360 度` 在 1~360 的角度中，隨機產生一個角度，因此每次執行的面向是不同的。

配合 **重複無限次** 積木，讓角色不斷在舞台中移動，當角色碰到邊緣會發出音效並反彈。

6-13

範例：角色比對座標位置進行反彈動作

以甲蟲為角色，面向任意方向移動，當角色碰到指定的座標位置就反彈並發出碰撞音效。(<ch06\Ch06_ 角色碰到邊緣就反彈 (二).sb3>)

執行結果同上一個範例。

» 場景安排

同上一個範例。

» 積木安排

```
當 ▶ 被點擊
面朝 隨機取數 1 到 360 度          ◆ 面向任意的方向 ✕
重複無限次
    移動 10 點
    等待 0.1 秒
    如果  x 座標 > 240  或  x 座標 < -240  那麼   ◆ 碰到左、右邊緣 ✕
        播放音效 pop ▼
        面朝 360 - 方向 度
    如果  y 座標 > 180  或  y 座標 < -180  那麼   ◆ 碰到上、下邊緣 ✕
        播放音效 pop ▼
        面朝 180 - 方向 度
```

06 移動相關技巧

▶ 範例：角色碰到其他角色就反彈

以甲蟲為角色，面向任意方向移動，當角色碰到自訂的邊緣角色就反彈並發出碰撞音效。(<ch06\Ch06_ 角色碰到邊緣就反彈 (三).sb3>)

» 場景安排

1. **新增角色**：刪除預設建立的貓咪角色，從 **範例角色** 中新增 **Beetle** 角色。

2. **畫新角色**：如下圖，點選 **角色** 面板的 **繪畫** 圖示，預設新建角色的名稱為 **Sprite1**，將它改名為 **右邊界線**。

6-15

依下列步驟，在造型的繪圖區中繪製一條藍色直線。

請選擇繪 **矩形**、**填滿** 調整為藍色、**外框** 線寬度設為 **0**。滑鼠由上往下拖曳一條直線，直線拖曳完成後，會出現在舞台區中。

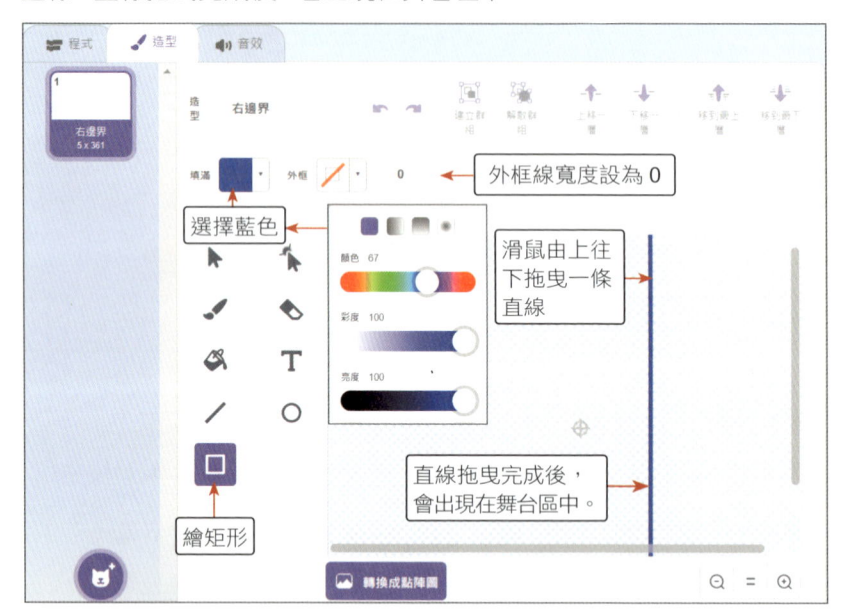

然後回舞台區拖曳調整 **右邊界線** 角色的位置讓它位於舞台最右邊。

3. **畫其他角色**：以同樣的方式建立 **左邊界線、上邊界線、下邊界線** 等新角色，並分別將直線移到舞台左邊界、上邊界和下邊界位置。

完成後的背景和角色如下：

06 移動相關技巧

» **積木安排**

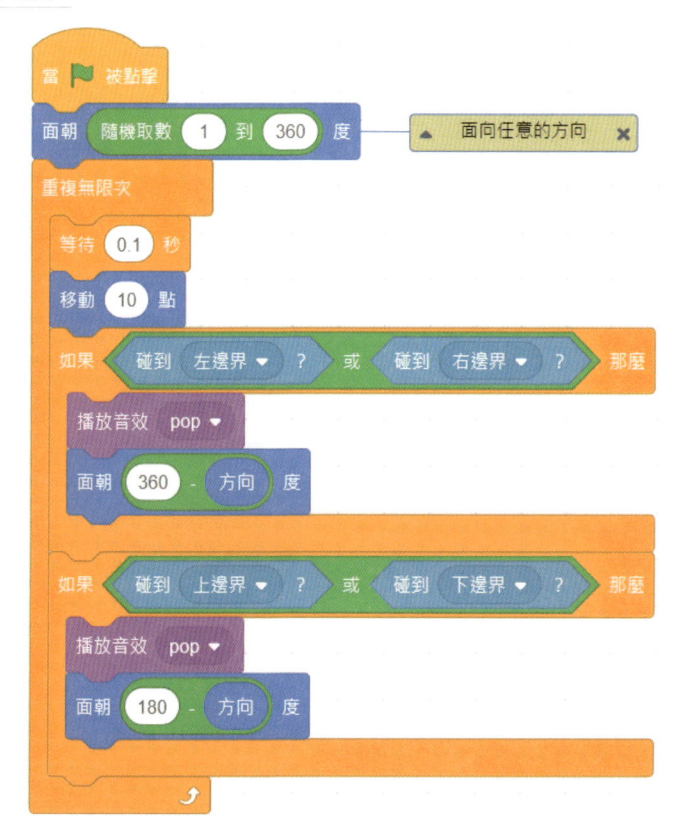

```
當 ▶ 被點擊
面朝 隨機取數 1 到 360 度          ◀ 面向任意的方向 ✕
重複無限次
    等待 0.1 秒
    移動 10 點
    如果 < 碰到 左邊界▼ ? > 或 < 碰到 右邊界▼ ? > 那麼
        播放音效 pop▼
        面朝 360 - 方向 度
    如果 < 碰到 上邊界▼ ? > 或 < 碰到 下邊界▼ ? > 那麼
        播放音效 pop▼
        面朝 180 - 方向 度
```

比對 **甲蟲** 是否碰撞到指定的角色 **上邊界線、下邊界線、左邊界線、右邊界線**。

▼ **馬上練習：踢足球**

當按下足球時，足球以任意角度踢出，並不斷移動，碰到邊緣則會反彈並發出音效。(<ch06\Ch06_ 踢足球 .sb3>)

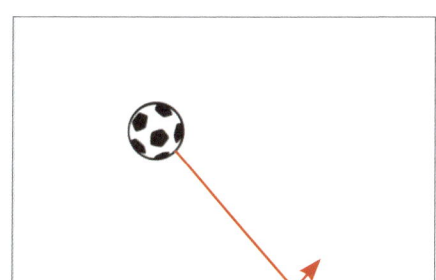

6-17

如何計算的彈回方向？

當「**x 座標>240**」表示碰到右邊緣,「**x 座標<-240**」表示碰到左邊緣,兩者均會發出碰撞音效,並以「**360-方向**」自行處理角色的彈回。為什麼彈回角度是「**360-方向**」呢?

以「**x 座標>240**」碰到右邊緣為例說明:左下圖的角度表示移動的方向,假設角度為 θ,右下圖為碰到邊緣反彈的角度,角度為 $-\theta$,或是 $360 - \theta$。

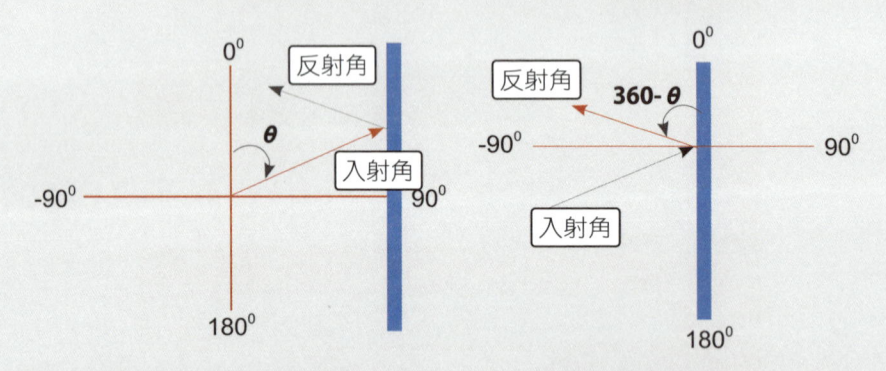

同理「**y 座標>180**」、「**y 座標<-180**」分別表示碰到上、下邊緣,彈回的角度是「**180 -方向**」。

以「**y 座標>180**」碰到上緣為例說明:左下圖的角度表示移動的方向,假設角度為 θ,右下圖為碰到邊緣反彈的角度,角度為 $180 - \theta$。

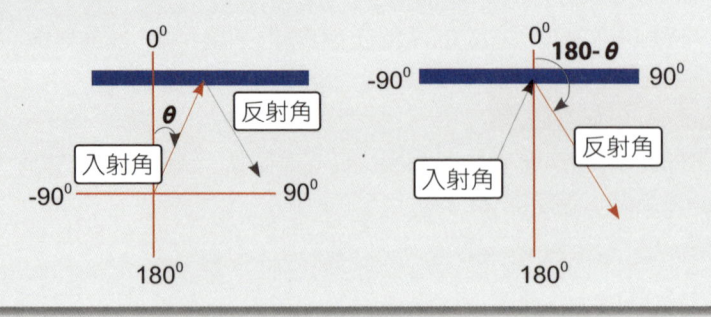

6.2 場景移動

為了製造角色移動的效果，除了不斷地改變角色造型外，適度的配合前景和背景的移動，也是常用的技巧。

6.2.1 前景移動

對於固定不變的背景，只要利用前景的移動，即可製造角色前進的效果，例如：碧藍的天空，雲朵不斷地移動。

▼ **範例：蝴蝶迎風飛翔**

晴空萬里，雲兒隨風飄過，蝴蝶家族迎風飛翔。(<ch06\Ch06_蝴蝶迎風飛翔.sb3>)

» **場景安排**

1. **更改舞台背景**：更改舞台背景為天藍色。

2. **新增雲朵角色**：按 **繪畫** 圖示建立 **雲朵1**、**雲朵2** 和 **雲朵3** 等角色，分別繪製雲朵角色。

3. **新增蝴蝶角色**：刪除預設建立的貓咪角色，從 **範例角色** 中新增三隻 **Butterfly 2**，並分別命名為 **蝴蝶1**、**蝴蝶2** 和 **蝴蝶3** 等角色。

» **積木安排**

1. **蝴蝶角色的積木**：3隻蝴蝶動作都相同，以亂數設定外觀的大小為 50~100%，並不斷切換造型。

6-19

```
當 ▶ 被點擊
尺寸設為 隨機取數 50 到 100 %
重複無限次
    造型換成下一個
    等待 0.3 秒
```

2. **雲朵 1 角色的積木**：將角色下移一層，以亂數設定魚眼值為 50~100%，並在 6 秒鐘內由最右方移至最左方，等待 1~2 秒後再不斷地循環。

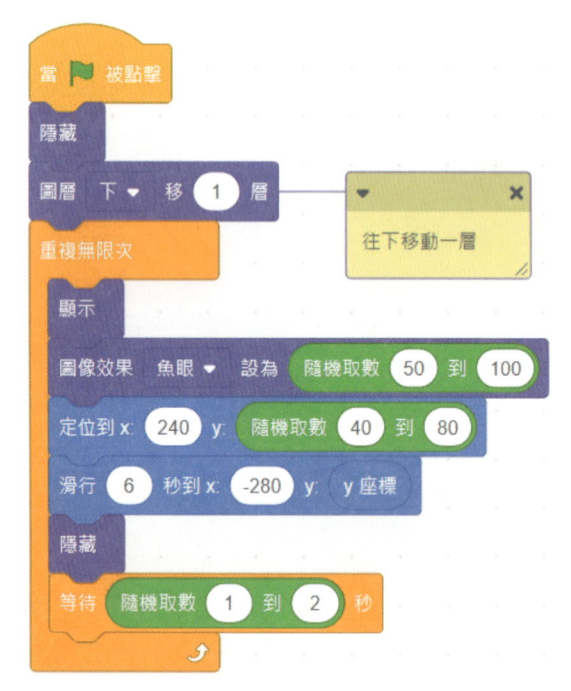

```
當 ▶ 被點擊
隱藏
圖層 下▼ 移 1 層          往下移動一層
重複無限次
    顯示
    圖像效果 魚眼▼ 設為 隨機取數 50 到 100
    定位到 x: 240 y: 隨機取數 40 到 80
    滑行 6 秒到 x: -280 y: y座標
    隱藏
    等待 隨機取數 1 到 2 秒
```

3. **雲朵 2、雲朵 3 角色的積木**：雲朵 2 下移一層，雲朵 3 上移一層，由最右方移至最左方的時間分別設定為 8 和 10 秒鐘內，讓這兩朵移動速度稍慢一些。

移動相關技巧 **06**

[程式積木：當綠旗被點擊／隱藏／圖層 下▼ 移 1 層（往下移動一層）／重複無限次／顯示／圖像效果 魚眼▼ 設為 隨機取數 50 到 100／定位到 x: 240 y: 隨機取數 40 到 80／滑行 8 秒到 x: -280 y: y座標／隱藏／等待 隨機取數 1 到 2 秒]

[程式積木：當綠旗被點擊／隱藏／圖層 上▼ 移 1 層（往上移動一層）／重複無限次／顯示／圖像效果 魚眼▼ 設為 隨機取數 50 到 100／定位到 x: 240 y: 隨機取數 40 到 80／滑行 10 秒到 x: -280 y: y座標／隱藏／等待 隨機取數 1 到 2 秒]

6.2.2 背景移動

搭火車時都有個經驗，背景會不斷地向後退，利用相對運動的原理，背景不斷地向後移動，就可製造角色前進的效果。

▎範例：企鵝總動員

企鵝群歷經風雪，只願早日回到極地溫暖的家。(<ch06\Ch06_ 企鵝總動員 .sb3>)

6-21

Scratch 3 初學特訓班

» 場景安排

1. **新增角色**：按 **角色面板** 的 **上傳** 圖示分別上傳 <resources\back1.png>、<resources\back2.png> 圖檔，並分別命名為 **背景1**、**背景2** 角色。

2. **新增企鵝角色**：刪除預設建立的貓咪角色，從 **範例角色** 中新增 **Penguin**，並分別命名為 **企鵝1**、**企鵝2** 和 **企鵝3** 等角色。

   完成後的背景和角色如下：

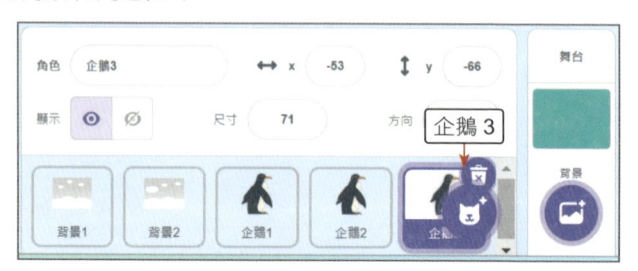

» 積木安排

1. **企鵝角色的積木**：3 隻企鵝動作都相同，以亂數設定外觀的大小為 50~80%，並不斷切換造型，唯一的差異是初始的位置以亂數設定不同的位置。

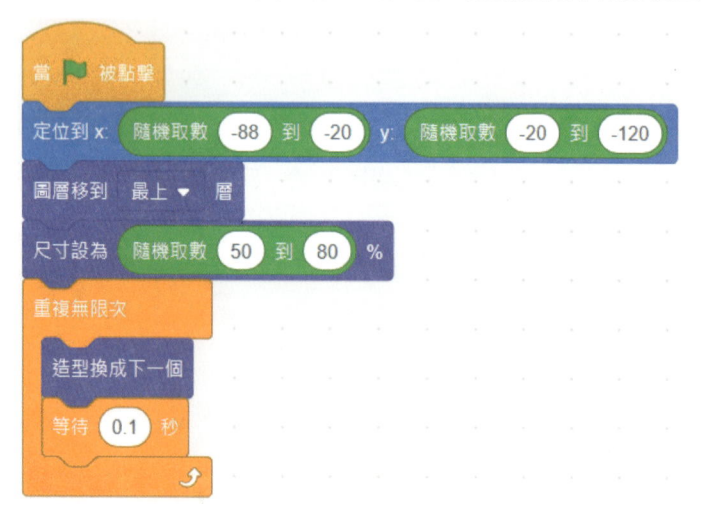

6-22

2. **背景 1 角色、背景 2 角色的積木**：本例中，利用左、右兩張背景圖不斷地往左循環，從舞台中消失的背景圖又會移到舞台的右方加入循環，因此可以製作背景不斷移動的效果。 繪圖時請注意兩張圖的左、右兩邊邊界繪圖的銜接要平順，才不會有抖動的感覺。

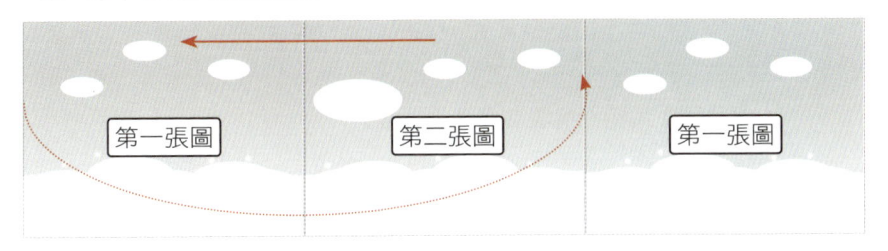

兩個背景圖的大小均為 480*360，左圖背景一角色的初始位置為 x=0、y=0，而右圖背景二角色的初始位置為 x=480、y=0。然後每次兩張圖一起向左移動 1 個位移。

理論上，當圖的 x 座標 <-480 時，表示這張圖已完全消失在舞台上，必須將它移到舞台右邊 x 座標 = 480 位置，準備再出場，如下：

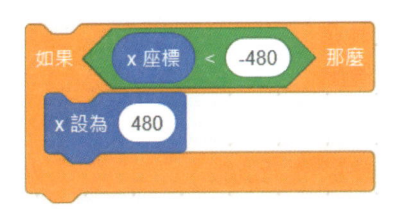

然而，經過實作的結果，Scratch 實際上並無法設定角色的 x 座標小於 -462 以下，因為這樣的限制，所以我們改用當圖的 x 座標 <-460 時，將它移到舞台右邊 x 座標 = 500 位置，準備再出場。如下：

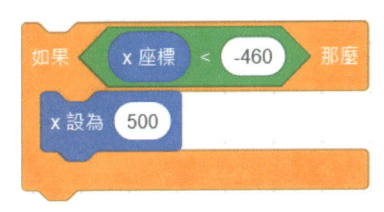

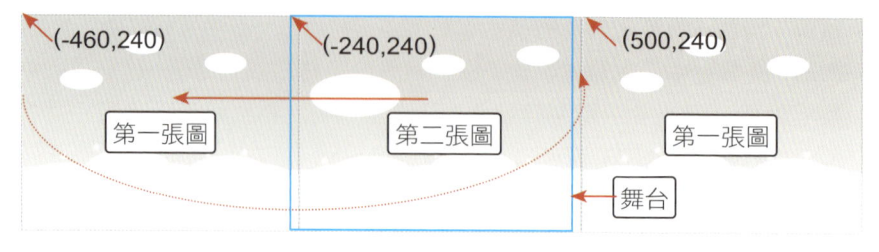

```
(-460,240)          (-240,240)           (500,240)

   第一張圖            第二張圖             第一張圖
                                              舞台
```

實作後正確的 **背景 1 角色**、**背景 2 角色** 積木如下：

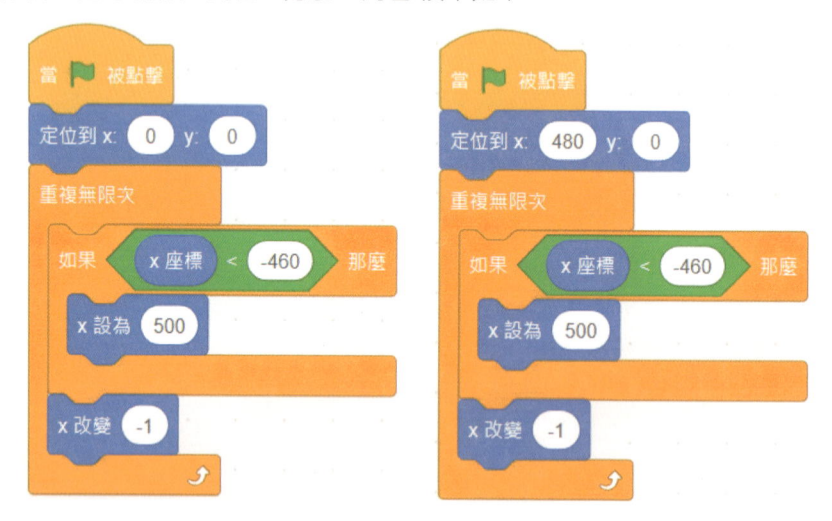

```
當 ▶ 被點擊                     當 ▶ 被點擊
定位到 x: 0   y: 0              定位到 x: 480  y: 0
重複無限次                        重複無限次
  如果 < x座標 < -460 > 那麼        如果 < x座標 < -460 > 那麼
    x 設為 500                      x 設為 500
  x 改變 -1                       x 改變 -1
```

▍馬上練習：蝙蝠夜行

月夜風高，蝙蝠暗自飛行，只有雲兒相伴。(<ch06\Ch06_ 蝙蝠夜行 .sb3>)

6-24

移動相關技巧 **06**

延伸練習

實作題

1. 鯊魚在水族箱中由左往右游動，當鯊魚從左端消失後會再從右端進入。(<ch06\Ch06_魚兒從左端消失再從右端進入.sb3>)。

2. 貓咪從迷宮的起點隨著滑鼠游標移動，開始走迷宮，當到達終點即顯示「過關！」訊息，並發出喵喵叫的聲音。(<ch06\Ch06_貓咪快樂走迷宮.sb3>)。

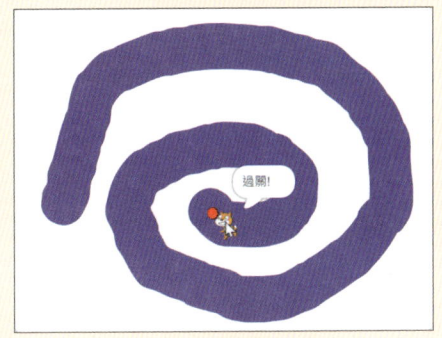

6-25

MEMO

Chapter 07

其他常用技巧

Scratch 提供計時用的積木只能計時,如果採用變數計時,不但可以計時,同時也可以倒數計時,或是將時間重置。善用畫筆類積木,可以繪製各種幾何圖形,包括像統計圖表等動態圖形。利用程式來表現物理運動,例如生活周遭的物體由於受到地心引力的影響,都會往下掉落,而且速度愈來愈快。我們可以使用近似的公式來模擬自由落體。

一起學計時、繪製形狀及物理運動

7.1 計時器

計時是遊戲中非常重要的需求，雖然 Scratch 直接提供 **計時器** 和 **計時器重置** 等計時用的積木，但它只能計時，而且限制也較多。下面的範例中，我們採用變數計時，不但可以計時，同時也可以倒數計時，或是將時間重置。

▌範例：計時器

建立變數「秒數」，預設初始的秒數為 **0**，按下 **Start** 鈕開始計時、按下 **Stop** 鈕則停止計時、按下 **Reset** 鈕將時間重設為 **0**。(<ch07\Ch07_ 計時器 .sb3>)

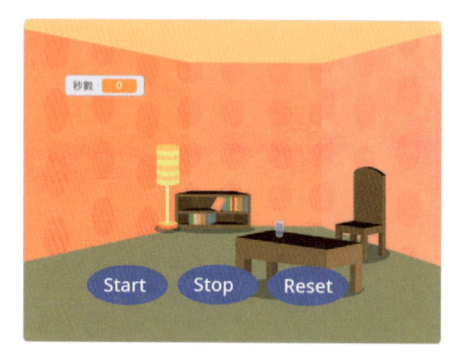

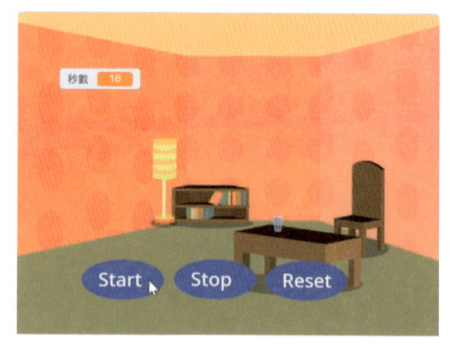

» 場景安排

1. **更改舞台背景**：更改舞台背景為 **Room 2**。

2. **畫新角色**：刪除預設建立的貓咪角色，點選 **角色** 面板的 **繪畫** 圖示，預設新建的角色名稱為 **Sprite1**，將他改名為 **Start**。隨後依下列步驟，在造型的繪圖區中以 **向量圖模式** 繪製一個橢圓和文字組合而成的按鈕。

    預設造型的繪圖模式為 **向量圖模式**，選擇繪 **橢圓**、**填滿** 調整為藍色、**外框** 線寬度設為 **0**。

    滑鼠由左上往右下拖曳一個橢圓，橢圓拖曳完成後，在繪圖區的空白位置上按一下滑鼠左按，橢圓就會出現在舞台區中。

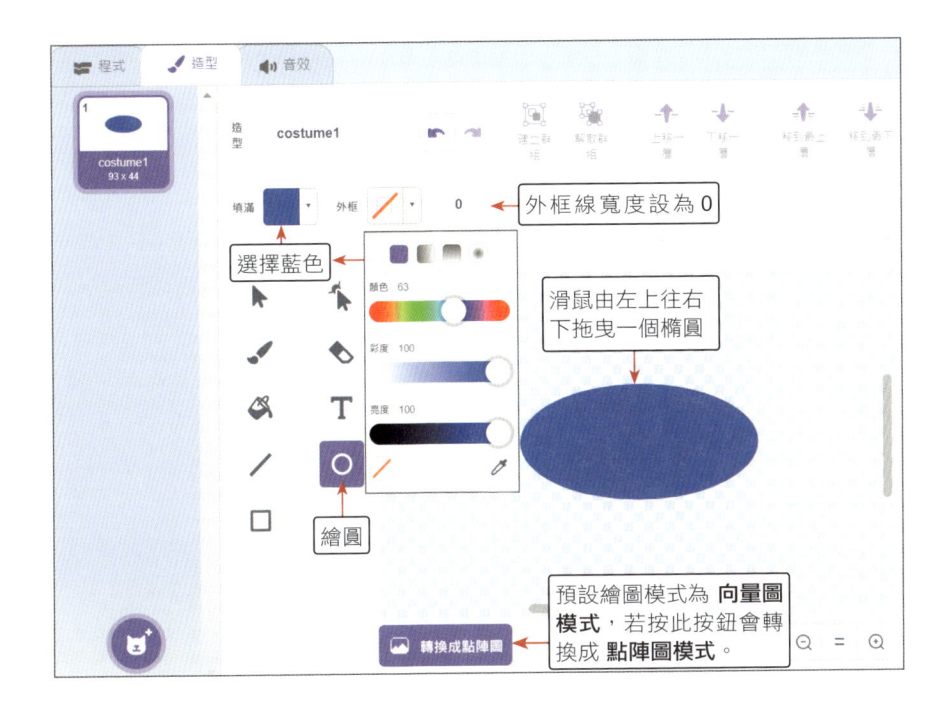

其他常用技巧 07

外框線寬度設為 0
選擇藍色
滑鼠由左上往右下拖曳一個橢圓
繪圓
預設繪圖模式為 **向量圖模式**，若按此按鈕會轉換成 **點陣圖模式**。

接著再按 T 鈕繪製白色文字，然後組合成 **Start** 按鈕。

3. **加入 Start 角色音效**：請刪除預設的 **pop** 音效，從 **範例音效** 中加入 **Bell Toll** 音效。

4. **畫其他角色**：同樣的操作，請建立 **Stop** 和 **Reset** 按鈕圖示等角色，並分別將其佈置在舞台上。完成後的背景和角色如下：

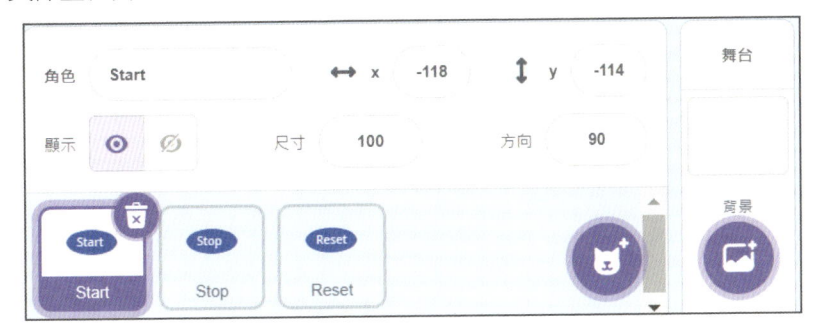

》積木安排

1. **建立變數**：建立 **適用於所有角色** 型別的變數「秒數」。

7-3

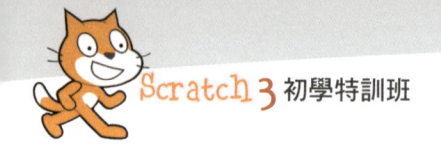

2. **舞台的積木**：設定變數「秒數」的初值為 0。

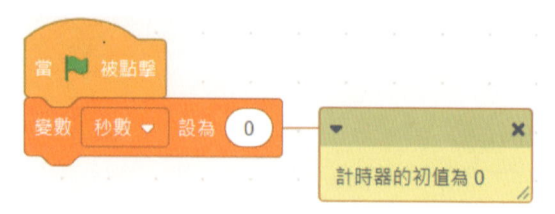

   [當 🏁 被點擊]
   [變數 秒數 設為 0]　計時器的初值為 0

3. **Start 按鈕角色的積木**：

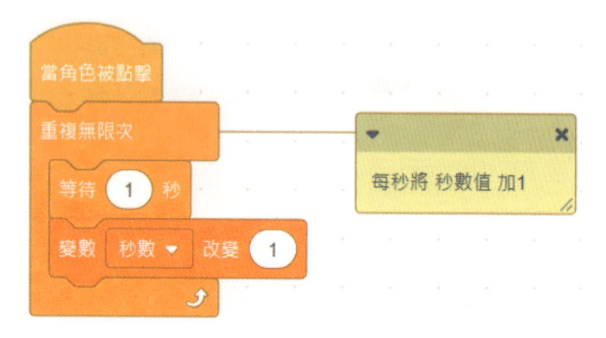

   [當角色被點擊]
   [重複無限次]
   　[等待 1 秒]
   　[變數 秒數 改變 1]　每秒將 秒數值 加1

4. **Stop 按鈕角色的積木**：

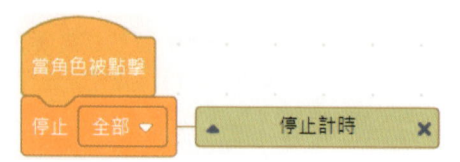

   [當角色被點擊]
   [停止 全部]　停止計時

5. **Reset 按鈕角色的積木**：

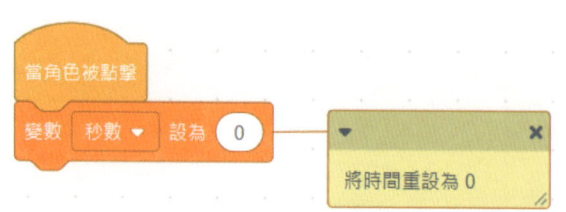

   [當角色被點擊]
   [變數 秒數 設為 0]　將時間重設為 0

7-4

▶ 範例：倒數計時器

有很多情境會採用倒數計時方式，當計時終止，將遊戲終止或發出警示音效。

同上範例，預設初始的秒數為 60，按下 **Start** 鈕開始倒數計時、按下 **Stop** 鈕則停止計時、按下 **Reset** 鈕將時間重設為 60，當計時到 0 時停止計時，同時發出音效。(<ch07\Ch07_ 倒數計時器 .sb3>)

參考上一範例。

» 場景安排

同上一範例。

» 積木安排

1. **舞台的積木**：設定變數「秒數」的初值為 60。

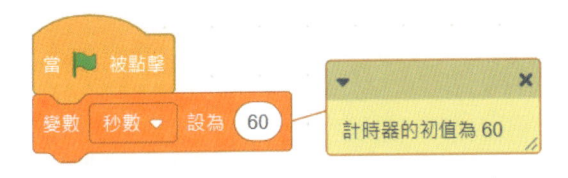

2. **Start 按鈕角色的積木**：時間終了播放音效，並停止計時。

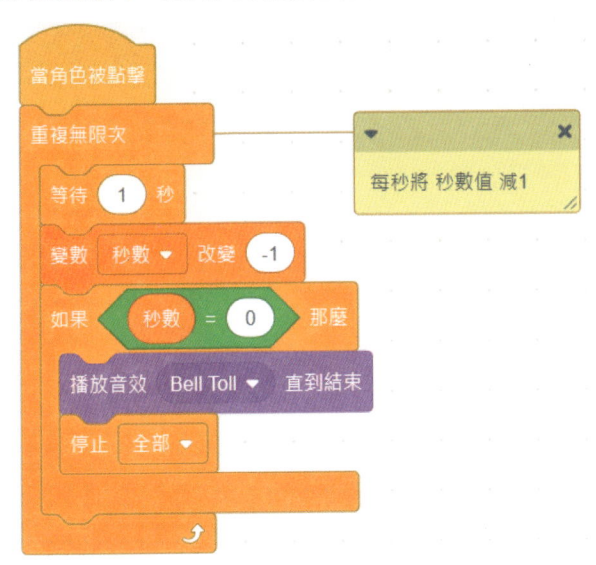

7-5

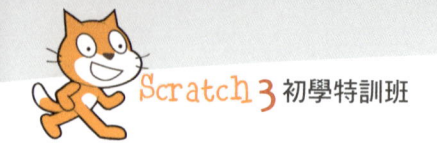

3. **Stop** 按鈕角色的積木：

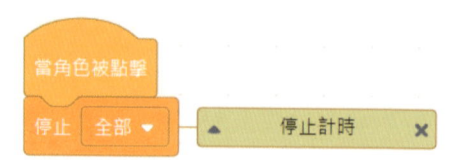

   當角色被點擊
   停止 全部 ▼   ▲ 停止計時 ✕

4. **Reset** 按鈕角色的積木：

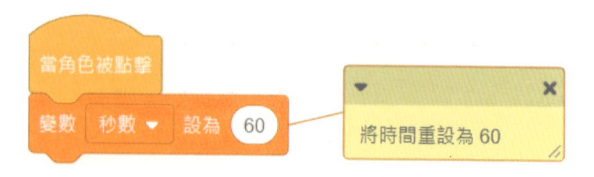

   當角色被點擊
   變數 秒數 ▼ 設為 60   ▼ 將時間重設為 60 ✕

▶ 馬上練習：籃球 24 秒計時器

籃球比賽中，為了增加比賽的緊湊性，當比賽進行，即會開始計時，如果 24 秒內進攻方未出手或出手後球未碰籃框，就算違例，球權歸屬對方。請設計這個籃球 24 秒的計時器。(<ch07\Ch07_ 籃球 24 秒計時器 .sb3>)

7.2 以函式積木指令繪製幾何圖形

Scratch 的繪圖區，提供很好的繪圖工具，可以繪製各種幾何圖形，但這種圖形僅限於靜態的圖形，並無法提供像統計圖表等的動態圖形，如果要完成這樣的需求，就必須善用 **畫筆類** 的積木，再配合一些像三角函數等數學的運算，才能達成。由於這運算屬於較進階的課題，本單元只介紹較容易了解的直線和圓，同時配合函式積木指令，加快繪圖的速度。

畫筆類 積木圖示預設並未顯示，必須按 **添加擴展** 圖示展開後才能選取。

7.2.1 繪製直線

將畫筆放置在舞台上，由第一點移動到另一點，即可繪製一條直線。

▶ **範例：畫直線**

按下 **Line(1)** 按鈕會從 (x1,y1)-(x2,y2) 繪製一條紅色直線，x1、y1、x2、y2 座標可拖曳變數的捲軸調整，按下 **Line(2)** 按鈕則會以函式積木指令繪製一條藍色直線。(<ch07\Ch07_ 畫直線 .sb3>)

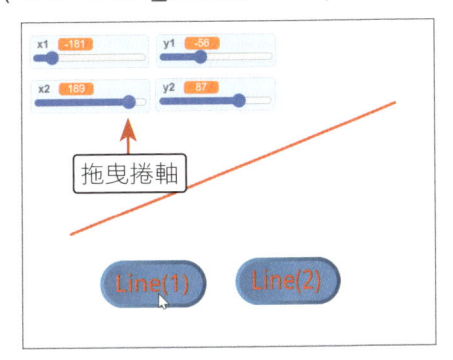

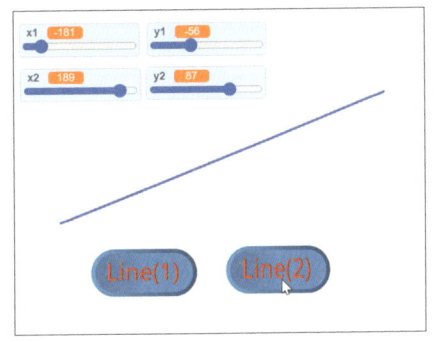

7-7

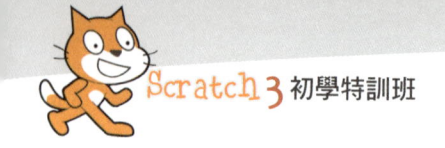

» 場景安排

1. **新增角色**：從 **範例角色** 中新增 **Button2** 角色，再分別加入文字，組合成按鈕圖示，並分別命名為 **繪直線**、**繪直線 2** 角色。

2. **更改預設角色名稱**：將預設的貓咪角色，改名為 **畫筆** 角色。完成後的角色如下：

» 積木安排

1. **建立變數**：建立 **x1**、**y1**、**x2**、**y2** 等變數，型別為 **適用於所有角色**。

2. **繪直線角色的積木**：繪直線、繪直線 2 角色動作相似，都是作廣播訊息，讓 **畫筆** 角色接收到廣播訊息時執行繪直線的動作。

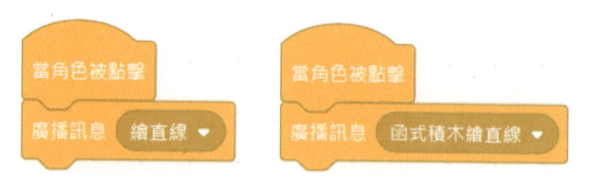

3. **畫筆角色的積木**：當 **畫筆** 角色接收到 **繪直線** 的廣播訊息，主要是以紅色、寬度 3 的畫筆，自 (x1,y1)-(x2,y2) 繪製一條直線。

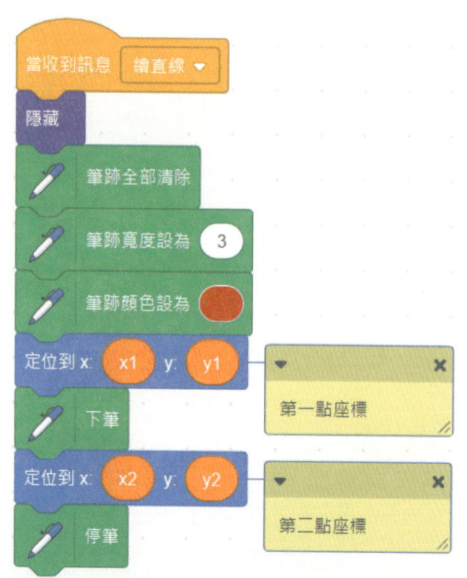

其他常用技巧 07

為了增加執行效能和程式模組化，可以利用函式積木來達成，下面的 **繪直線 2** 改用此方式製作。

首先必須點選 **函式積木** 類的 **建立一個積木** 拼塊，在 **建立一個積木** 視窗中設計 **DrawLine** 自訂函式。

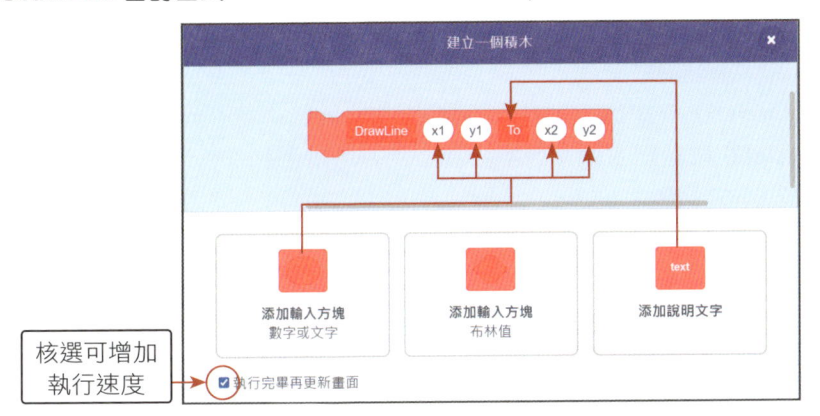

核選可增加執行速度

當接收到 **函式積木繪直線** 的廣播訊息時，改用 **DrawLine** 自訂函式畫直線。為了區別，**繪直線 2** 的直線顏色改為藍色。

7-9

7.2.2 繪圓

Scratch 並未直接提供畫圓的積木，但它提供的 **旋轉** 積木，則可以間接達成畫圓，當然，利用三角函式也是另一種解決的方法。下面的範例中，我們一樣利用自訂函式積木配合 **旋轉角度** 積木完成畫實心圓和空心圓。

▶ 範例：畫圓

按下 **Circle(1)** 按鈕以 (Cx,Cy) 為圓心、Radius 為半徑，繪製紅色實心圓，按下 **Circle(2)** 按鈕則繪製紫色空心圓。 所有的繪圖動作都以函式積木指令繪製。(<ch07\Ch07_ 畫圓 .sb3>)

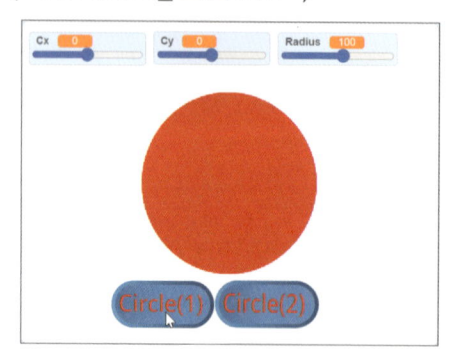

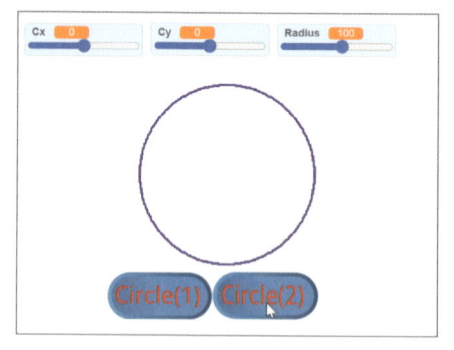

» 場景安排

1. **新增角色**：同上一範例，並分別命名為 **繪實心圓**、**繪空心圓** 角色。
2. **更改預設角色名稱**：將預設建立的貓咪角色，改名為 **畫筆** 角色。

» 積木安排

1. **建立變數**：建立 **Cx**、**Cy**、**Radius** 變數，型別為 **適用於所有角色**。
2. **繪圓角色的積木**：**繪實心圓**、**繪空心圓** 角色動作相似，都是作廣播訊息，讓 **畫筆** 角色接收到廣播訊息時執行繪圓的動作。

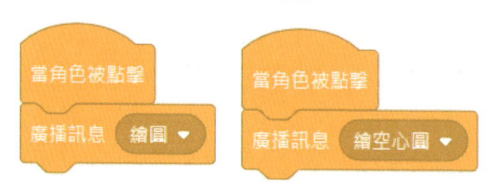

3. **畫筆角色的積木**：當 **畫筆** 角色接收到 **繪圓** 廣播訊息時以自訂函式積木繪圓。

   DrawCircle1 自訂函式積木繪實心圓，首先將畫筆移到圓心並下筆，再將畫筆移到圓周上畫出一條直線，然後旋轉 1 度，如此重複 360 次，即可畫出一個實心圓。

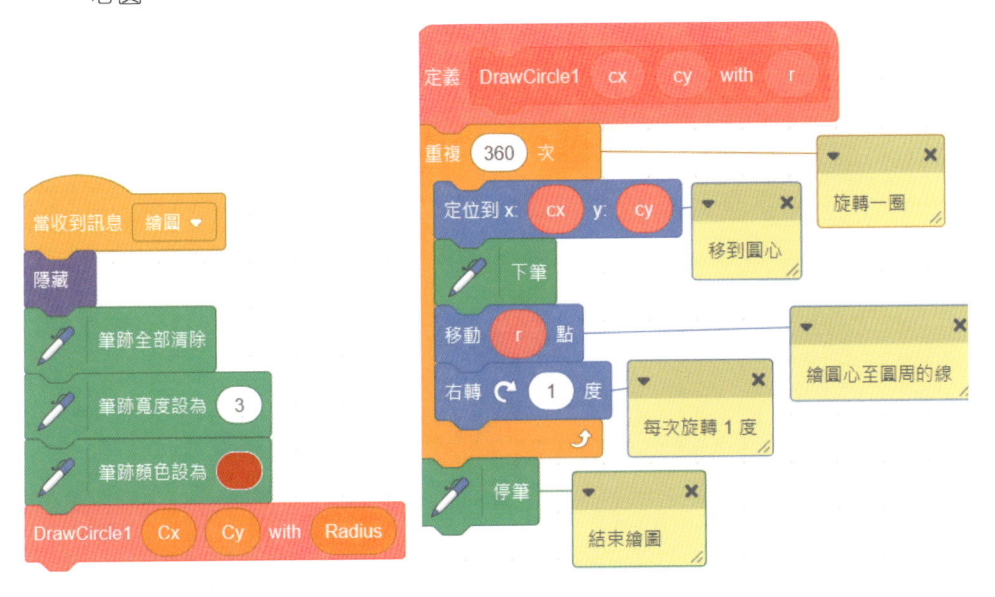

   DrawCircle2 自訂函式積木繪空心圓，它以圓心為中心點，每次將畫筆移到圓周上畫出一個點，然後旋轉 1 度，如此重複 360 次，即可畫出一個空心圓。

Scratch 3 初學特訓班

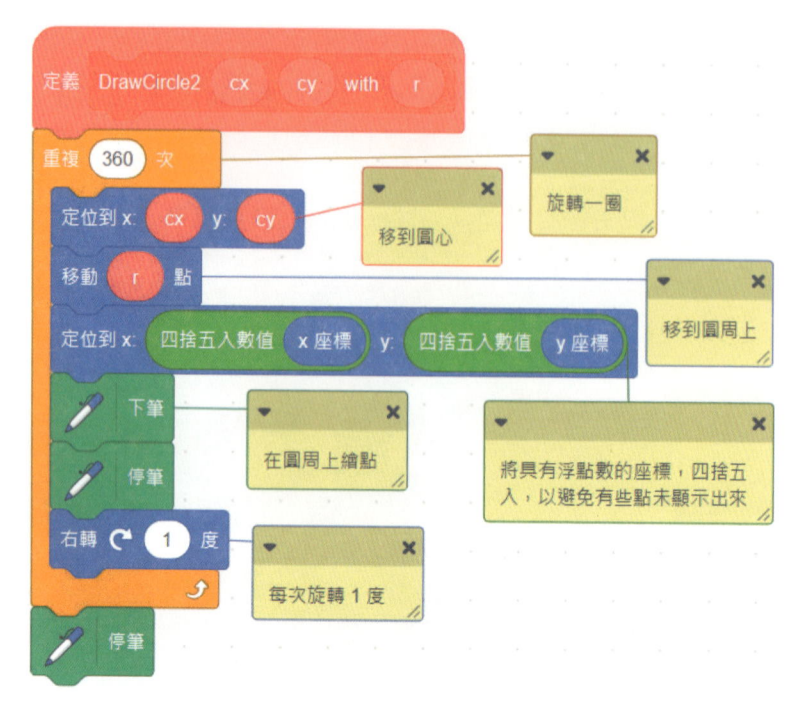

[積木圖示：定義 DrawCircle2 cx cy with r 的函式積木，包含重複 360 次的迴圈，內含定位到 x:cx y:cy（移到圓心）、移動 r 點、定位到 x: 四捨五入數值 x 座標 y: 四捨五入數值 y 座標（移到圓周上，將具有浮點數的座標，四捨五入，以避免有些點未顯示出來）、下筆、停筆（在圓周上繪點）、右轉 1 度（每次旋轉 1 度）、停筆；標註「旋轉一圈」]

積木中的 [定位到 x: 四捨五入數值 x 座標 y: 四捨五入數值 y 座標] 主要是將移至圓周上的點座標作四捨五入，以避免有些點未顯示出來。讀者可以自行拿掉此積木看看結果有何差異。

▸ 馬上練習：以函式積木畫空心矩形

以拖曳方式輸入 (x1,y1)、(x2,y2) 座標，按下 **Rectangle** 鈕以函式積木自 (x1,y1)-(x2,y2) 繪製空心矩形。(<ch07\Ch07_ 畫空心矩形 .sb3>)

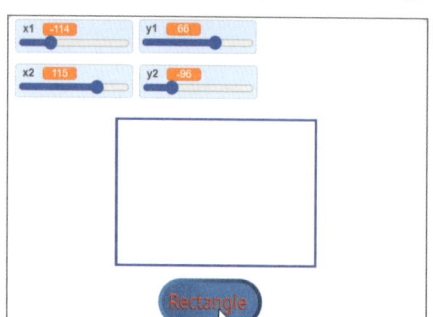

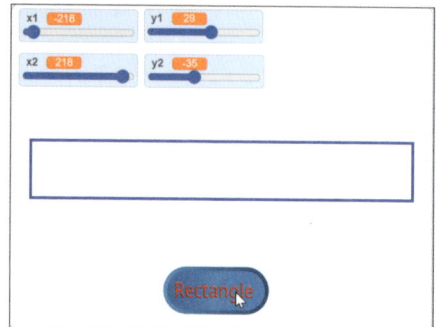

[兩張執行畫面截圖：左圖 x1 -114, y1 66, x2 115, y2 -96，繪製出較方的矩形並有 Rectangle 按鈕；右圖 x1 -218, y1 29, x2 218, y2 -35，繪製出較扁長的矩形並有 Rectangle 按鈕]

7-12

7.3 物體運動

高中時讀物理學的物體運動，背了一大堆公式應付考試，那時從來沒有思考它的意涵，借由這個單元，我們實際來理解它在生活中的應用狀況。

7.3.1 等速圓周運動

等速率圓周運動，指一個物體以等速率沿著一個圓周移動，類似行星繞著太陽公轉，圓周運動每一個點的位移，可用三角函式計算取得。即圓周運動的路徑 x=r*cosθ、y=r*sinθ，如果再加上圓心點 (x0,y0) 位移的計算，則圓周運動的路徑公式如下：

x=x0+r*cosθ、y=y0+r*sinθ

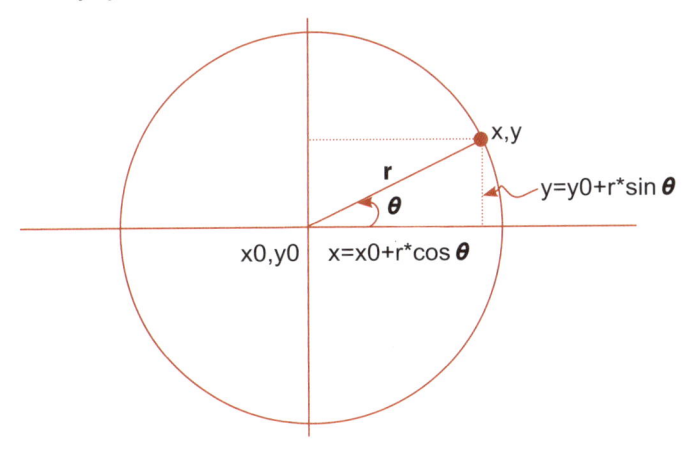

可以用下列積木表達圓周運動路徑公式：

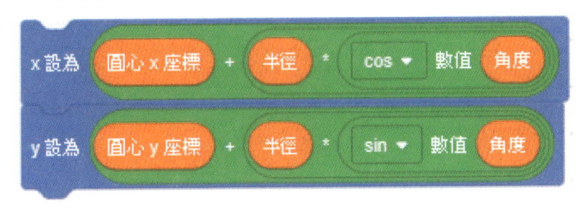

▼ **範例：等速圓周運動**

以拖曳方式輸入 **圓心 x 座標**、**圓心 y 座標**、**半徑**，棒球會以此圓心為中心點，作等速圓周運動。(<ch07\Ch07_等速圓周運動.sb3>)

Scratch 3 初學特訓班

» 場景安排

1. **更改舞台背景**：更改舞台背景為 **Wall 1**。

2. **新增棒球角色**：刪除預設建立的貓咪角色，從 **範例角色** 中新增 **Baseball** 角色。

» 積木安排

1. **建立變數**：建立 **半徑**、**圓心 x 座標**、**圓心 y 座標**、**角度** 變數，型別為 **適用於所有角色**。

2. **棒球角色的積木**：棒球以逆時針繞著圓心作圓周運動，移動過程中，棒球也會自轉。

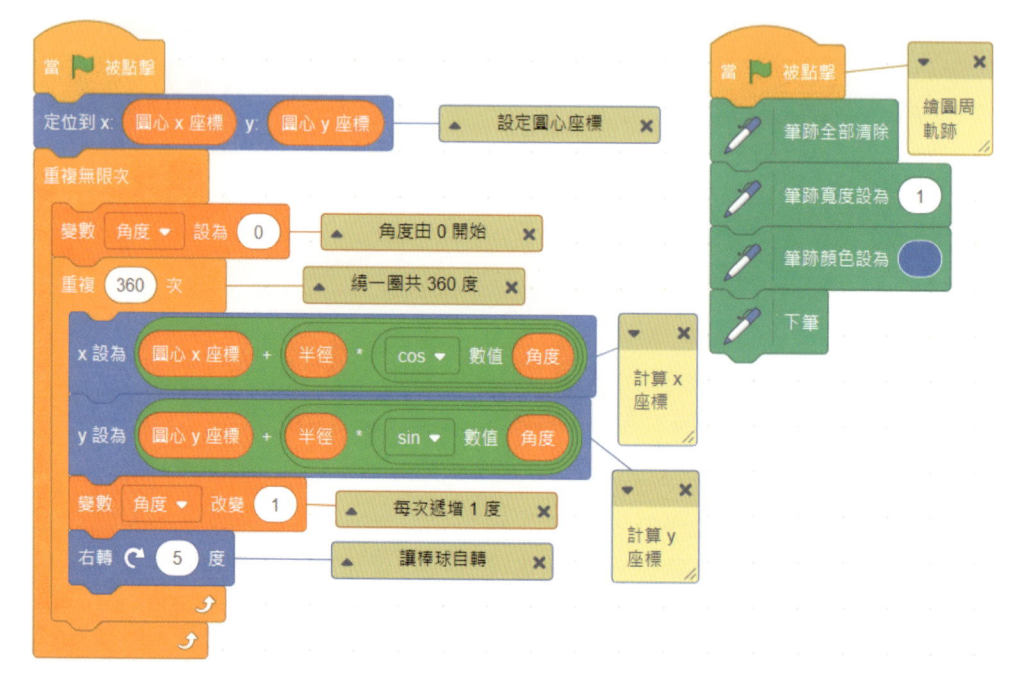

7-14

主要的運算式為：

x 座標 = 圓心 x 座標 + 半徑 *cos 角度

y 座標 = 圓心 y 座標 + 半徑 *sin 角度

加上 **圓心 x 座標**、**圓心 y 座標** 表示將圓的中心點移到此點。

角度由 0 度開始，每次遞增 1 度，經過 1 圈 360 度後即可以得到圓周運動的路徑，並以藍色畫出圓周軌跡。在運轉過程中，加上向右旋轉 5 度，讓棒球自轉。

為何不使用旋轉角度積木？

本例雖然也可以使用 **旋轉角度** 積木對圓心作旋轉完成，但使用三角函式可以讓數學和積木結合，將數學應用在實際範例中。

7.3.2 自由落體

生活周遭的物體，由於受到地心引力的影響，都會往下掉落，而且速度愈來愈快。我們可以使用近似的公式來模擬自由落體。

▼範例：自由落體

棒球由高度 y=160 公尺處自由落下，直到碰到舞台邊緣才停止。(<ch07\Ch07_自由落體.sb3>)

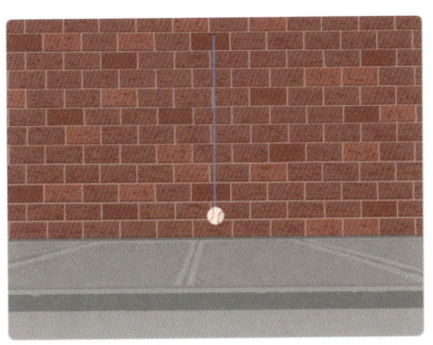

» **場景安排**

同上一範例。

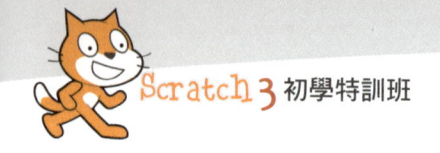

» 積木安排

1. **建立變數**：建立 **時間**、**速度** 變數，型別為 **適用於所有角色**。
2. **棒球角色的積木**：

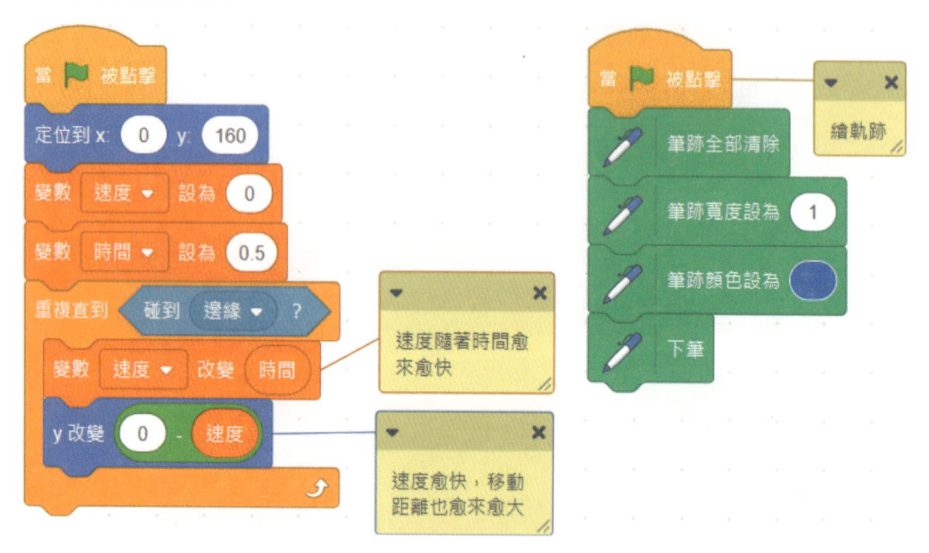

棒球由 160 的高度落下，每次 **時間** 遞增 0.5 秒，直到碰到下邊緣才停止。計算如下：

速度 隨著 **時間** 遞增，即速度為 0、0.5、1、1.5 …。

y 改變 0- 速度 積木，控制棒球的 **y 座標** 隨速度遞增，移動愈來愈快，即棒球的移動速度為 0、0.5、1、1.5 …。

設 **時間** 為 t、**速度** 為 v，y 座標計算為 y=y+(0-v) 如下：

t=0 時、v=0、y_0=160
t=0.5 時、v=0.5、y_1=y_0+(0-0.5)=160-0.5=159.5
t=1 時、v=1、y_2=y_1+(0-1)=159.5-1=158.5
t=1.5 時、v=1.5、y_3=y_2+(0-1.5)=158.5-1.5=157
... 餘類推

7.3.3 斜拋體

其實真實生活中的運動體可以說是斜拋體，像是棒球呈拋物線飛行。斜拋體以速度 V 拋出後，即會以水平 Vx、垂直 Vy 的分速度飛行，其中水平方向 Vx 是等速度，而垂直方向 Vy 則是受到重力的影響。

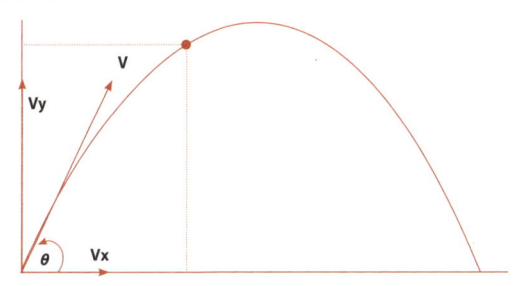

可以用下列積木表達水平、垂直分速度公式：

變數 水平分速度 設為 速度 * cos 數值 仰角   Vx = V * cos θ

變數 垂直分速度 設為 -1 * 速度 * sin 數值 仰角   Vy = - V * sin θ

▌範例：斜拋體

請拖曳變數 **速度**、**仰角**，按綠旗執行，棒球會由 x=-200、y=160 處以設定的速度和仰角拋出，直到碰到舞台邊緣才停止。(<ch07\Ch07_ 斜拋體 .sb3>)

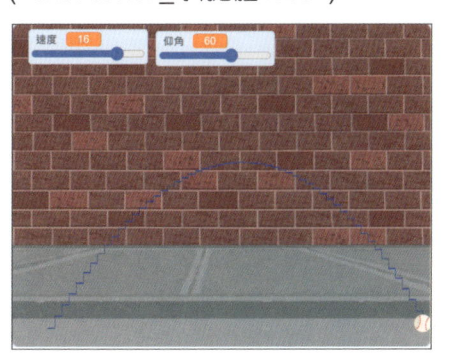

» 場景安排

同上一範例。

7-17

» 積木安排

1. **建立變數**：建立 **速度、仰角、時間、水平分速度、垂直分速度** 變數，型別為 **適用於所有角色**。

2. **棒球角色的積木**：棒球以設定的速度和仰角拋出後，首先必須將速度分解為 **水平分速度** 和 **垂直分速度**，同時將 **垂直分速度 *-1** 表示是向上，即：

   水平分速度 = 速度 * cos θ

   垂直分速度 =-1* 速度 * sin θ

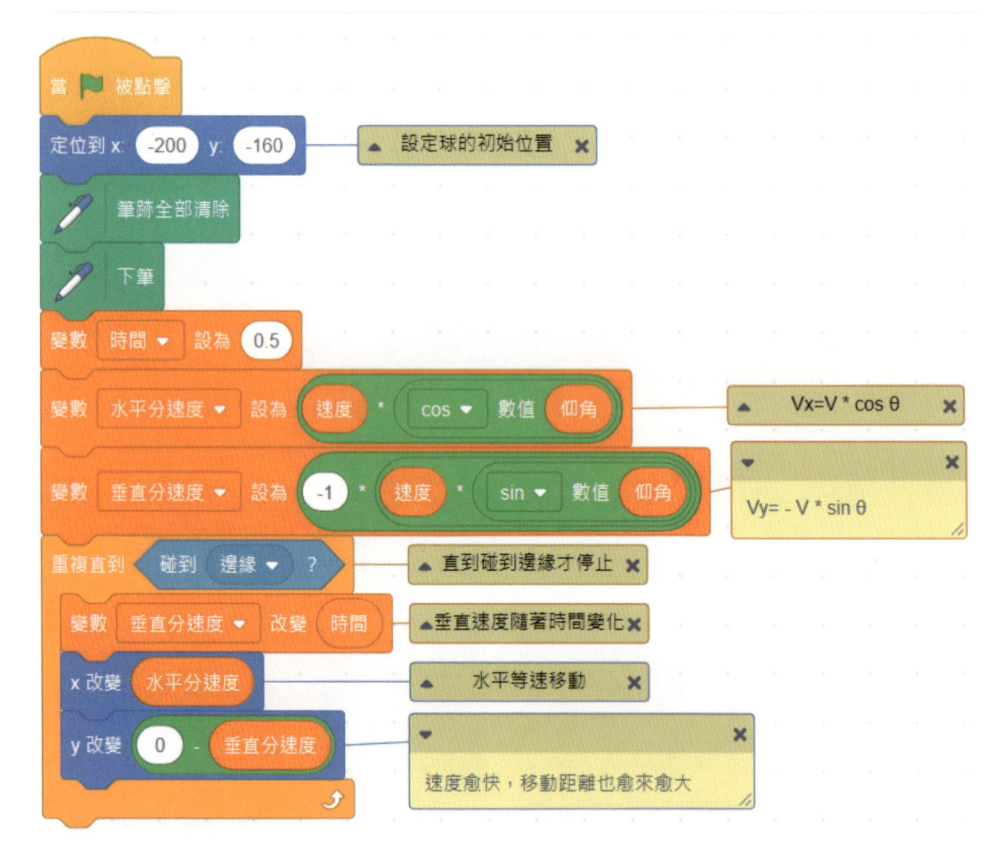

```
當 ▶ 被點擊
定位到 x: -200 y: -160        ◀ 設定球的初始位置
筆跡全部清除
下筆
變數 時間 ▼ 設為 0.5
變數 水平分速度 ▼ 設為 ( 速度 * cos ▼ 數值 仰角 )   ◀ Vx=V * cos θ
變數 垂直分速度 ▼ 設為 ( -1 * 速度 * sin ▼ 數值 仰角 )   ◀ Vy= - V * sin θ
重複直到 〈 碰到 邊緣 ▼ ?〉   ◀ 直到碰到邊緣才停止
    變數 垂直分速度 ▼ 改變 時間   ◀ 垂直速度隨著時間變化
    x 改變 水平分速度   ◀ 水平等速移動
    y 改變 ( 0 - 垂直分速度 )   ◀ 速度愈快，移動距離也愈來愈大
```

棒球由 x=-200、y=160 位置拋出，每次 **時間** 遞增 0.5 秒，直到碰到邊緣才停止，位移計算如下：

垂直分速度 隨著 **時間** 遞增，即 0、0.5、1、1.5 …。

x 座標 以等速移動，每次移動一個 **水平分速度** 距離。

其他常用技巧 07

y 改變 0- 垂直分速度 積木，控制棒球的 **y 座標** 隨 **垂直分速度** 遞增，移動愈來愈快，即棒球的移動速度為 0、0.5、1、1.5 …。

如何計算斜拋體水平、垂直分速度？

斜拋體以速度 **V** 拋出後，即會以水平 **Vx**、垂直 **Vy** 的分速度飛行。計算如下：

Vx = V * cos θ

Vy = -1*速度* sin θ

其中 **Vy** 的方向定義向上為負，因此必須乘 -1。

▶ 馬上練習：地球繞著太陽運轉

太陽在 x=0、y=0 處自轉，地球以半徑 r=150 繞著太陽公轉。(<ch07\Ch07_ 地球繞著太陽運轉 .sb3>)。

7-19

實作題

1. 建立「分數、秒數」，預設初始的分數、秒數為 **0**，按下 **Start** 鈕開始計時並將秒數加 1，當秒數為 60 時將分數加 1，並將秒數設為 0、按下 **Stop** 鈕則停止計時、按下 **Reset** 鈕將時間重設為 **0**。(<ch07\Ch07_ 分秒計時器 .sb3>)

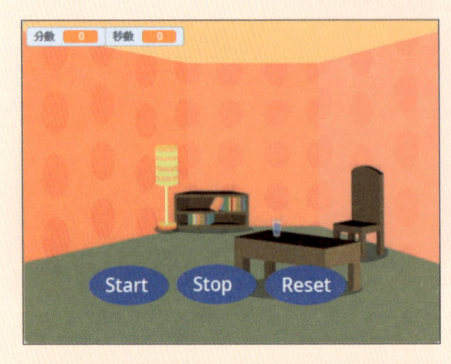

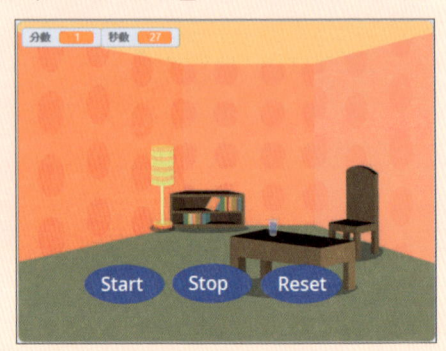

2. 按下 **Triangle** 按鈕會依據 (x1,y1)、(x2,y2)、(x3,y3) 三個點，以函式積木指令繪製藍色三角形，x1、y1、x2、y2、x3、y3 座標可拖曳變數的捲軸調整。(<ch07\Ch07_ 畫三角形 .sb3>)

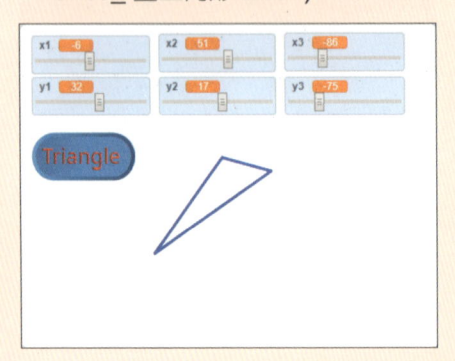

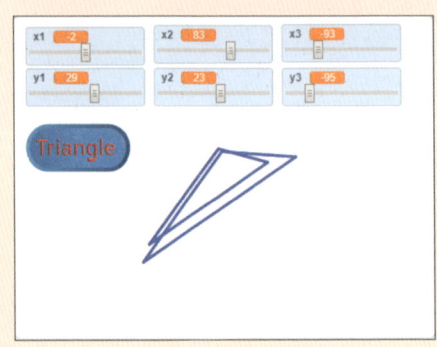

Chapter 08

基礎專題

基礎專題中,我們介紹一些較簡易的專題。「世界杯章魚大賽」很適合剛接觸專題者建立信心。此外,由淺入深漸漸導入還有 最佳捕手」、「彈鋼琴」、「猜拳遊戲」、「心情刷刷樂」、「障礙賽」、「打磚塊」等專題,這些專題都相當精彩,您一定不能錯過。最後一個專題「乒乓球雙人對戰」提供的乒乓球可以兩人對打,呈現另一種互動遊戲的風貌。

基礎專題輕鬆上手
入門沒煩惱

8.1 專題：世界盃章魚大賽

世界盃章魚大賽是一個簡單好玩的遊戲，只有清淡的背景，三位參賽選手，程式積木也相當簡易，很適合剛接觸專題者建立信心。

按下綠旗開始，播放背景音樂，所有的章魚選手都奮力地往前跑，並不斷發出喘息聲，第一位抵達終點的選手即為本年度的世界冠軍。(<ch08\Ch08_ 世界盃章魚大賽 .sb3>)

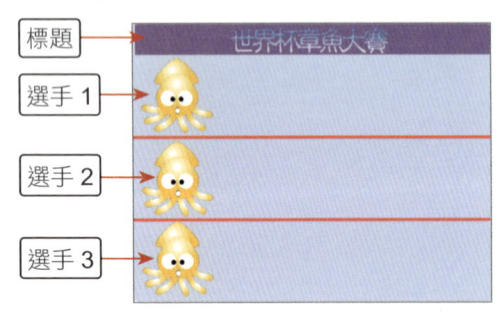

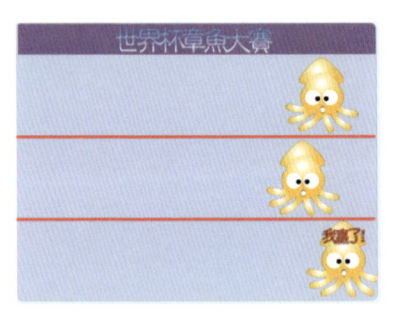

場景安排

1. **編輯舞台**：點選 **舞台**，切換至 **程式區** 的 **背景** 頁籤，將預設的白色背景「backdrop1」填成淡紫色。刪除預設建立的音效，按 **選個音效** 從 **範例音效** 中加入 **Xylo1** 音效當作遊戲的背景音樂。

2. **新增角色**：刪除預設的角色「Sprite1」，在角色區面板按 **繪畫** 圖示新增角色，並改名為「跑道線 1」，在 **costume1** 的繪圖區中繪製一條紅色的直線。複製 **跑道線 1** 角色，命名為「跑道線 2」，請將 **跑道線 1**、**跑道線 2** 佈置在舞台。

   在角色區按 **上傳** 圖示，上傳 resources 目錄的 < 標題 .png> 作為標題圖檔，並將它佈置在舞台上方。

   在角色區按 **上傳** 圖示，上傳 resources 目錄的 < 小章魚 1.png> 造型，再於程式區的造型頁籤按 **上傳** 圖示，分別再上傳 < 小章魚 2.png>、< 小章魚 3.png> 和 < 小章魚勝利 .png> 等造型，同時將角色名稱命名為「選手 1」。 如右圖完成後 **選手1** 角色共包含 4 個造型檔。

基礎專題 08

再切換到 **音效** 頁籤，按 **選個音效** 從 **範例音效** 中加入 **Bubbles** 音效當作 **選手 1** 角色的音效。

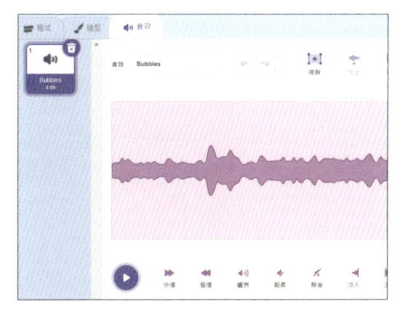

3. **複製角色**：選取「選手 1」角色，按右鍵選取 **複製**，複製 2 個角色，並分別命名為「選手 2」、「選手 3」。並在舞台中調整 3 個選手角色的位置。

積木安排

1. **舞台的積木**：不停播放背景音效，並設定音效音量大小為 30%。

2. **選手 1 角色的積木**：播放冒氣泡的音效，並不斷循環切換小章魚 1、小章魚 2、小章魚 3 等造型。

8-3

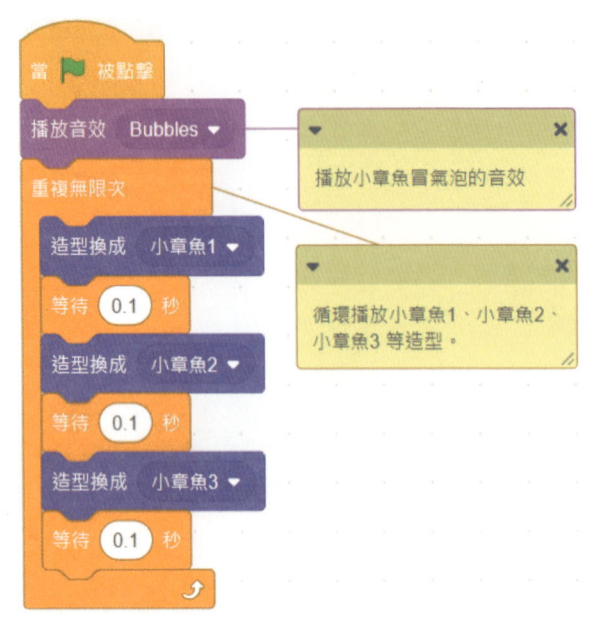

```
當 ▶ 被點擊
播放音效 Bubbles ▼          ← 播放小章魚冒氣泡的音效
重複無限次
    造型換成 小章魚1 ▼       ← 循環播放小章魚1、小章魚2、
    等待 0.1 秒                  小章魚3 等造型。
    造型換成 小章魚2 ▼
    等待 0.1 秒
    造型換成 小章魚3 ▼
    等待 0.1 秒
```

移到選手起跑的位置，以亂數向右移動，每次移動 1~12 步，如果 x 座標 >190 表示已經抵達終點，顯示 **勝利** 的畫面，同時停止所有的程式。

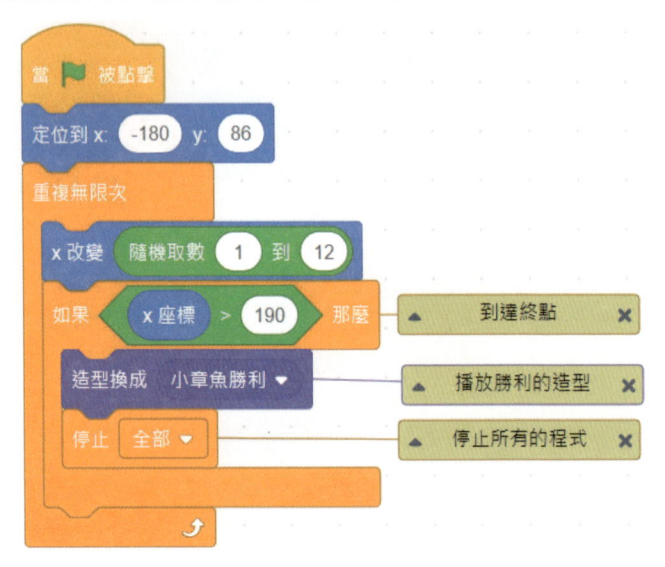

```
當 ▶ 被點擊
定位到 x: -180 y: 86
重複無限次
    x 改變 隨機取數 1 到 12
    如果 x 座標 > 190 那麼      ← 到達終點
        造型換成 小章魚勝利 ▼    ← 播放勝利的造型
        停止 全部 ▼             ← 停止所有的程式
```

3. **複製積木**：**選手2**、**選手3** 積木和 **選手1** 完全相同，我們以複製積木方式完成之。最後再更改 **選手2**、**選手3** 起跑位置分別為：移到 x:-180 y:-22、移到 x:-180 y:-126 位置。

8.2 專題：最佳捕手

棒球是國球，是一個教我們永不放棄，在挫折中成長的運動。這個專題讓我們重溫這種熱血的感覺，可以試試自己的身手，看看在一分鐘內可以得到多少分。

捕手可自由在球場內移動，必須將棒球接住。接到棒球得 10 分，未接到讓棒球落地則扣 50 分，而足球則是來攪局的，不可以接它，如果不小心碰到足球也會扣 50 分。(<ch08\Ch8_ 最佳捕手 .sb3>)

場景安排

1. **編輯舞台**：點選 **舞台**，切換至 **程式區** 的 **背景** 頁籤，按 **上傳** 圖示上傳 <resources\basketball-court.png> 圖檔，同時，刪除預設建立背景圖 **backdrop1**。

   刪除預設建立的音效，按 **選個音效** 圖示從 **範例音效** 中選擇 **Guiltar Chords2** 音效當做遊戲的背景音樂。

2. **新增捕手角色**：刪除預設的角色「Sprite1」，在角色區面板按 **選個角色** 圖示新增角色，從 **範例角色** 中選擇 **Monkey**，並將角色名稱命名為「捕手」，載入的 **Monkey** 角色預設含有下列 3 種造型。切換到 **音效** 標籤，刪除預設的 **Chee Chee** 和 **Chomp** 音效，按 **選個音效** 圖示從 **範例音效** 中加入 **Ya** 音效。

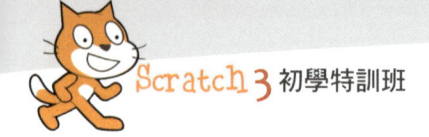

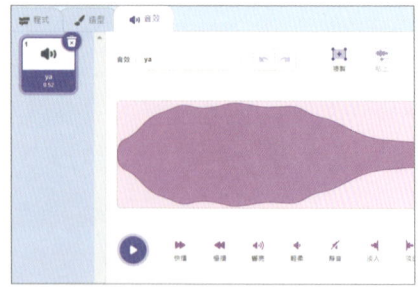

3. **新增其他角色**：在角色區面板按 **上傳** 圖示新增角色，上傳 resources 目錄的 < 地上 .png>，角色名稱為 **地上**，並在舞台上將它移到舞台最下方。

   相同的方式，再按 **上傳** 圖示新增角色，上傳 resources 目錄的 < 棒球 .png>，角色名稱為 **棒球**，再切換到 **音效** 頁籤，按 **選個音效** 圖示，從 **範例音效** 分別選擇 **Zoop** 和 **Laser**1 加入兩個角色音效。

   同樣的操作，再按 **上傳** 圖示新增角色，上傳 resources 目錄的 < 足球 .png>，角色名稱為 **足球**，再切換到 **音效** 頁籤，按 **選個音效** 圖示，從 **範例音效** 選擇 **Duck** 加入角色音效。

   完成後的背景和角色如下：

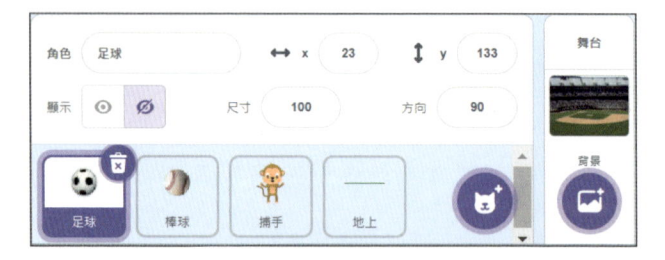

積木安排

1. **建立變數**：建立 **剩餘時間**、**得分** 全域變數，並顯示在舞台上。
2. **舞台的積木**：不停播放背景音效，並設定音效音量大小為 50%。遊戲時間為 60 秒，得分從 0 分開始，並開始計時，直到時間終了，將遊戲停止。

基礎專題 **08**

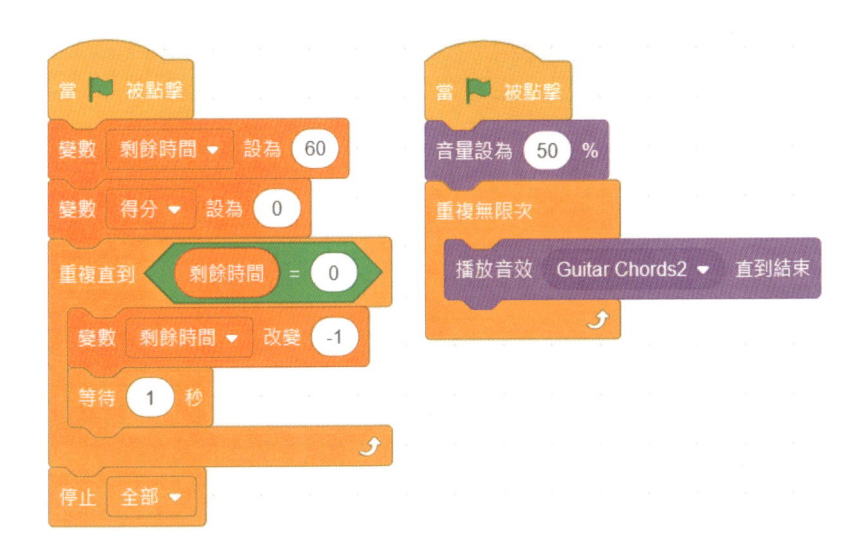

[程式積木圖示]

3. **捕手角色的積木**：在每 0.5 秒內，不斷地切換造型。同時設定 **捕手** 隨著滑鼠移動，並且以 y 座標 <0 限制只可以在球場區內移動。

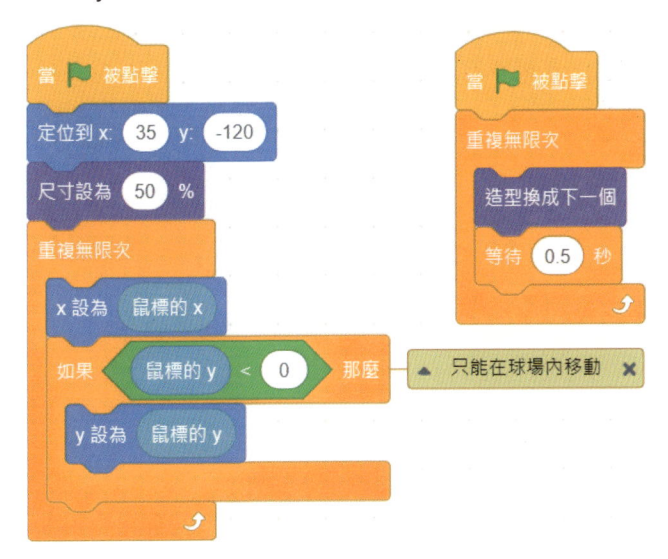

[程式積木圖示]

4. **棒球角色的積木**：**棒球** 是以複製分身方式複製出來，在每 0.5~1 秒內，會複製一個棒球的分身。

8-7

當角色的分身建立時，會觸發 **當分身產生** 事件，在此事件中先將 **棒球** 分身移到舞台上方，位置 x: 在 -240 到 240 間，y: 在 280 到 400 間，由亂數決定。

將分身顯示後，由上往下每次移動 10 點，並等待 0.01 ~ 0.02 秒，如果碰到 **捕手** 就是被 **捕手** 接住了，播放 **Zoop** 音效，得分加 10 分，並將 **棒球** 分身隱藏、刪除。

如果碰到 **地上** 就是未被 **捕手** 接住，播放 **Laser1** 音效，得分扣 50 分，並將 **棒球** 分身隱藏、刪除。

基礎專題 08

```
當分身產生
定位到 x: 隨機取數 -240 到 240  y: 隨機取數 280 到 400
顯示
重複直到 碰到 地上 ?
    y 改變 -10                           ← 每次向下移動 10 點
    等待 隨機取數 0.01 到 0.02 秒         ← 延時 0.01~002 秒
    如果 碰到 捕手 ? 那麼
        播放音效 Zoop                    ← 捕手接到棒球，播放 Zoop 音
        變數 得分 改變 10                   效，得分加 10 分。
        隱藏
        分身刪除
變數 得分 改變 -50
播放音效 Laser1                          ← 棒球落到地面上，播放
隱藏                                       Laser1 音效，得分扣 50
分身刪除                                    分。將分身隱藏刪除。
```

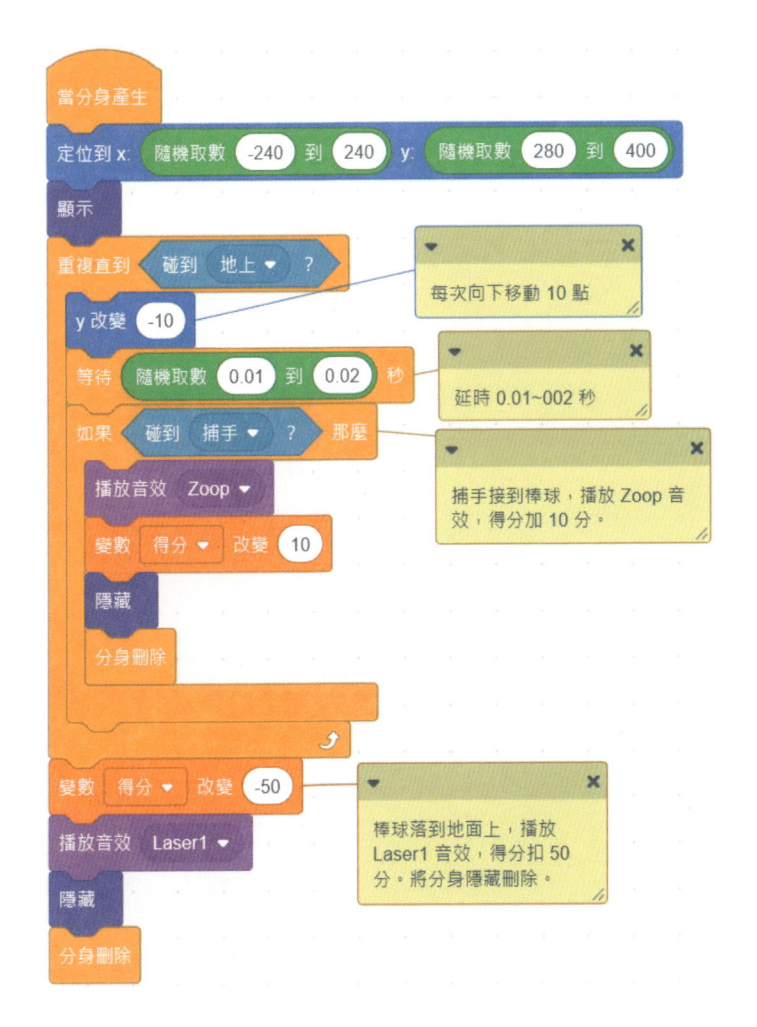

5. **足球**角色的積木：**足球** 也是以複製分身方式複製出來，在每 0.5~1 秒內，會複製一個 **足球** 的分身。

```
當 ▶ 被點擊
隱藏
重複無限次
    等待 隨機取數 0.5 到 1 秒
    建立 足球 的分身
```

8-9

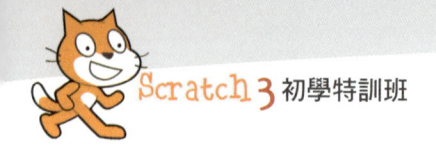

在 **當分身產生** 事件中先將 **足球** 分身移到舞台上方，位置 x: 在 -240 到 240 間，y: 在 280 到 400 間。

將分身顯示後，由上往下每次移動 10 點，並等待 0.01 ~ 0.02 秒，如果碰到 **捕手**，播放 **Duck** 音效，得分扣 50 分，並將 **足球** 分身隱藏、刪除。

如果碰到 **地上** 就是未碰到 **捕手**，將 **足球** 分身隱藏、刪除。

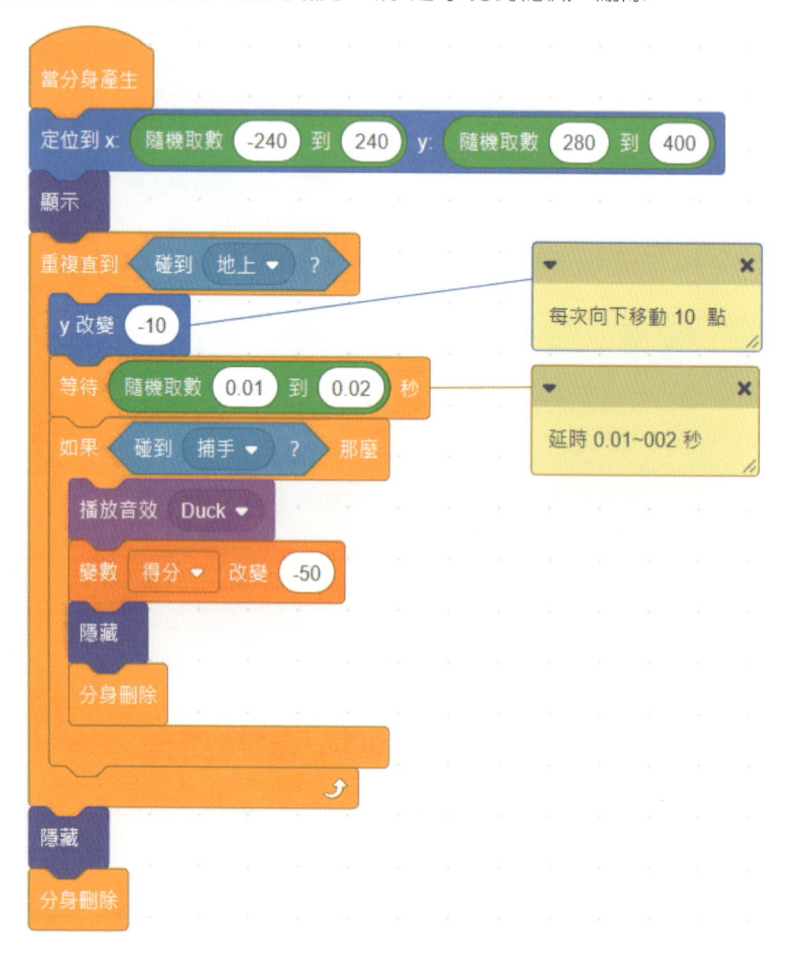

```
當分身產生
定位到 x: 隨機取數 -240 到 240  y: 隨機取數 280 到 400
顯示
重複直到 <碰到 地上 ?>
    y 改變 -10                    ← 每次向下移動 10 點
    等待 隨機取數 0.01 到 0.02 秒  ← 延時 0.01~002 秒
    如果 <碰到 捕手 ?> 那麼
        播放音效 Duck
        變數 得分 改變 -50
        隱藏
        分身刪除
隱藏
分身刪除
```

8-10

8.3 專題：彈鋼琴

利用 Scratch 製作鋼琴相當容易，不只可用滑鼠演奏，也可以使用鍵盤彈奏，還可以使用內建的音效或音效檔案，非常適合初學者邊學邊彈。

8.3.1 彈鋼琴 (播放音效檔)

按下白色鍵盤，分別彈奏 Do、Re、Mi、Fa、So、La、Si，可以滑鼠演奏，也可以使用鍵盤 1、2、3、4、5、6、7 彈奏，趕快來彈奏一首吧！(<ch08\Ch08_ 彈鋼琴 (播放音效檔).sb3>)

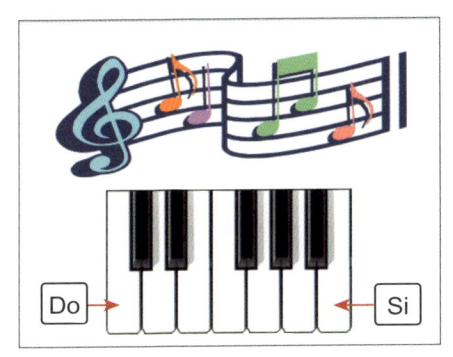

場景安排

1. **編輯舞台**：點選 **舞台**，切換至 **程式區** 的 **背景** 頁籤，按 **上傳** 圖示上傳 <resources\ 背景 .png> 圖檔，刪除預設建立背景圖 **backdrop1**。

2. **新增 Do 角色**：刪除預設的角色「Sprite1」，在角色區面板按 **上傳** 圖示新增角色，上傳 resources 目錄的 <Do.png>，角色名稱為「Do」。

    切換到 **音效** 頁籤，按 **上傳** 圖示，上傳 resources 目錄的 <Do.mp3> 加入鋼琴角色 **Do** 的音效。

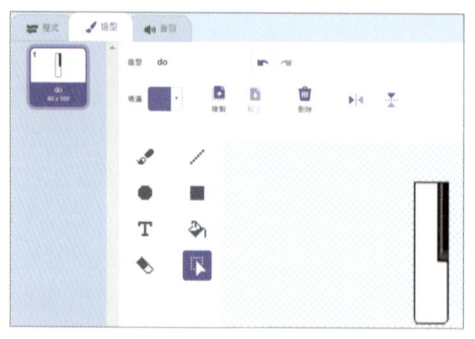

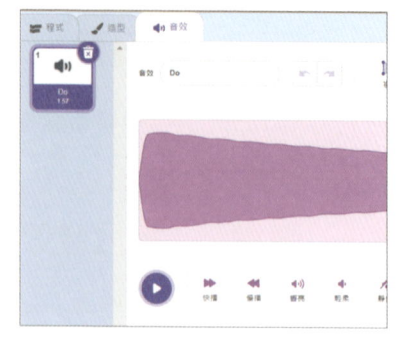

同樣的操作，再按 **上傳** 圖示新增角色，分別上傳 resources 目錄的 <Re.png>、<Mi.png>、<Fa.png>、<So.png>、<La.png>、<Si.png> 等圖檔，每個角色對應的音效檔分別為 <Re.mp3>、<Mi.mp3>、<Fa.mp3>、<So.mp3>、<La.mp3>、<Si.mp3>。

完成後的背景和角色如下：

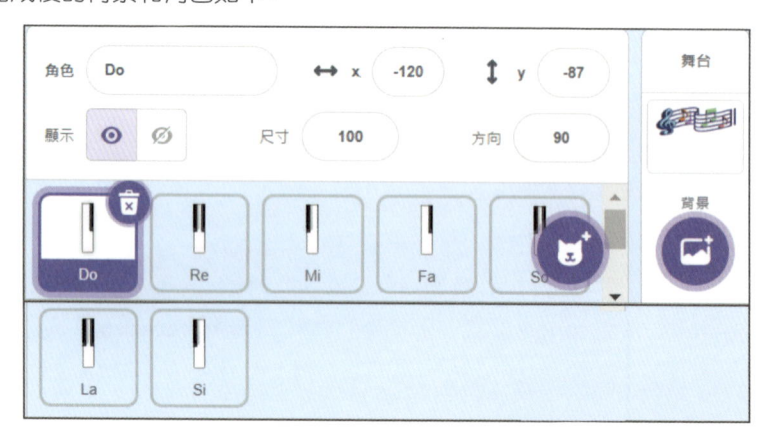

積木安排

1. **Do 角色的積木**：將 **Do** 角色移到指定的位置，避免操作的過程移動位置，建議使用者以全螢幕執行專題。

    可以用滑鼠彈琴，也可以使用按鍵 **1** 彈奏。彈奏時會先將大小縮小一些後又復原，模擬按下鋼琴的動作，並發出 Do 的音階。

基礎專題 08

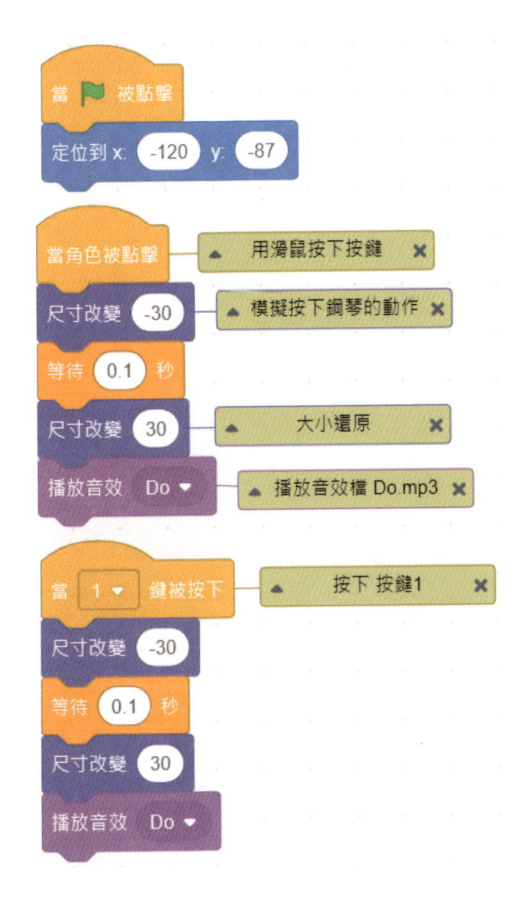

2. **其它角色的積木**：鍵盤 Re~Si 的積木和 Do 相似，只有放置位置和彈奏的音效檔不同，不再贅述。

8.3.2 彈鋼琴 (彈奏音符)

同上一個範例，但音效是使用 Scratch 內建的音符彈奏。(<ch08\Ch08_ 彈鋼琴 (彈奏音符).sb3>)

場景安排

1. **舞台**：同上一個範例。

2. **Do 角色**：同上一個範例，因為使用內建的音符彈奏，因此，不用上傳 <Do.mp3> 音效檔。

3. **其它角色**：同上一個範例，不用上傳音效檔。

8-13

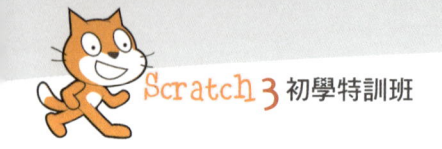

積木安排

1. **Do 角色的積木**：使用內建的音符彈奏，其餘和上一個範例相同。

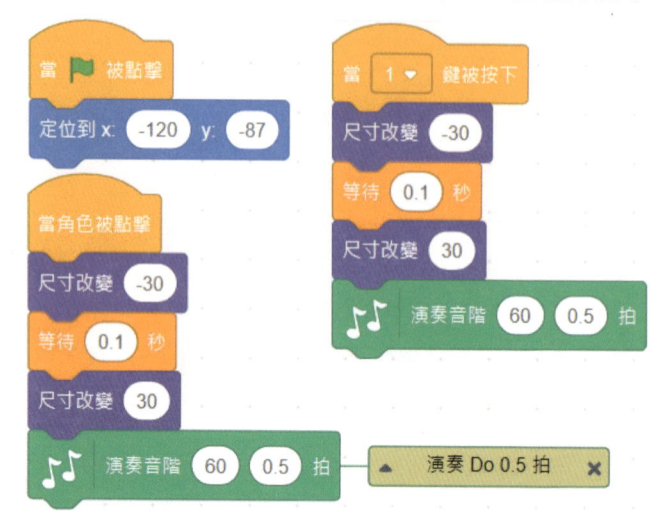

2. **其它角色的積木**：鍵盤 Re~Si 的積木和 Do 相似，只有放置位置和彈奏的音符不同，不再贅述。

8.4 專題：猜拳遊戲

猜拳遊戲是老少咸宜的遊戲，不需任何的道具，也沒有場地的限制，可以兩人玩，也可以多人玩，當大家需要找出一位公差時，也可以用猜拳遊戲挑人。

這個專題中，我們改和電腦玩猜拳，左下的遊戲者可選按他上方的 **剪刀**、**石頭**、**布** 拳種，右下電腦上方的 **電腦拳** 圖示則會不停的輪轉，當遊戲者出拳後，電腦也會同時出拳，獲勝者得分加 1 分。(<ch08\Ch8_猜拳遊戲.sb3>)

場景安排

1. **編輯舞台**：點選 **舞台**，切換至 **程式區** 的 **背景** 頁籤，將預設的白色背景「backdrop1」填成淡青漸層色。

2. **新增電腦角色**：刪除預設的角色「Sprite1」，在角色區面板按 **選個角色** 圖示新增角色，從 **範例角色** 中選擇 **LapTop**，並將角色名稱命名為「電腦」。

3. **新增遊戲者角色**：同上的操作，從 **範例角色** 中選擇 **Devin**，並將角色名稱命名為「遊戲者」，載入的 **Devin** 角色預設含有下列 4 種造型。

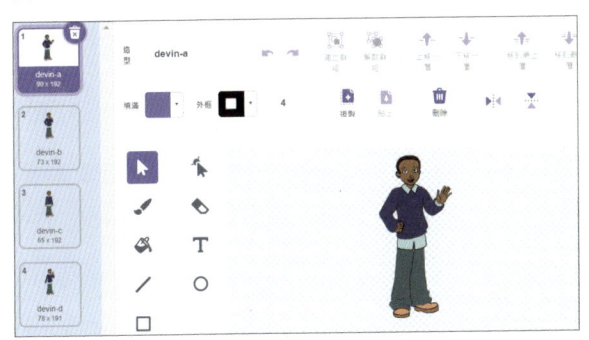

4. **新增電腦拳角色**：在角色區面板按 **繪畫** 圖示新增角色，並改名為「電腦拳」，在繪圖區的 **造型** 頁籤按 **上傳**，分別上傳 resources 目錄的 <剪刀.png>、<石頭.png> 和 <布.png> 等圖檔，並刪除預設建立造型 **costume1**。

   注意：造型編號順序是 1-剪刀、2-石頭、3-布。

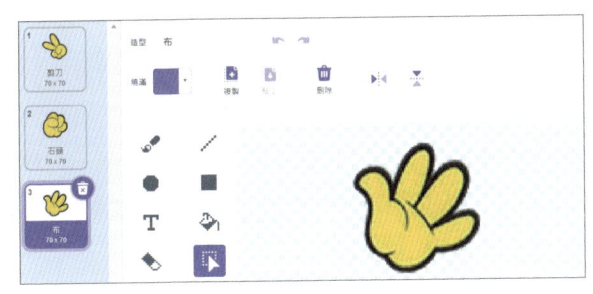

5. **新增其他角色**：在角色區面板按 **上傳** 圖示新增角色，上傳 resources 目錄的 <剪刀.png>，角色名稱為 **剪刀**。

   同樣的操作，再按 **上傳** 圖示新增角色，分別上傳 resources 目錄的 <石頭.png>、<布.png>，角色名稱分別為 **石頭**、**布**。

8-15

完成後的背景和角色如下：

積木安排

1. **建立變數**：建立 **遊戲者出拳**、**遊戲者得分**、**電腦出拳**、**電腦得分** 全域變數。

2. **剪刀角色的積木**：按下 **剪刀** 圖示，表示遊戲者出的拳種是 **剪刀**，以變數設定 **遊戲者出拳 =1**，並將圖示放大，讓它突顯出來，兩秒後再復原。

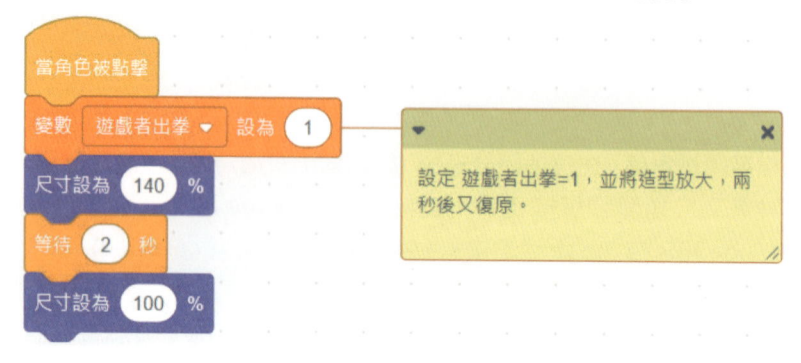

   設定 遊戲者出拳=1，並將造型放大，兩秒後又復原。

3. **石頭、布角色的積木**：**石頭、布** 的積木和剪刀相同，唯一差異是分別設定 **遊戲者出拳 =2**、**遊戲者出拳 =3**。

4. **遊戲者角色的積木**：遊戲開始時設定 **遊戲者得分 =0**、**電腦得分 =0**、**遊戲者出拳 =0**，準備進行猜拳遊戲。然後廣播訊息 **電腦拳旋轉**，讓電腦拳不停旋轉，直到遊戲者出拳後才停止旋轉。

   遊戲的結果只有平手、遊戲者贏、電腦贏 3 種，當 **遊戲者出拳 =1**(剪刀)、**電腦出拳 =2**(石頭)，就是電腦贏；同樣地，當 **遊戲者出拳 =2**(石頭)、**電腦出拳 =3**(布) 或 **遊戲者出拳 =3**(布)、**電腦出拳 =1**(剪刀) 也都是電腦贏。其餘平手、遊戲者贏的狀況也都不難理解，我們就不再贅述。

   當遊戲比出結果後，設電腦出拳 =0、遊戲者出拳 =0，同時再廣播訊息電腦拳不停旋轉，即可以再繼續下一輪遊戲。

基礎專題 08

遊戲者 廣播訊息 電腦拳旋轉 後，除了 電腦拳 收到廣播訊息並開始不停切換造型外，遊戲者 自己也收到該廣播訊息，並設定造型為 **devin-b**。

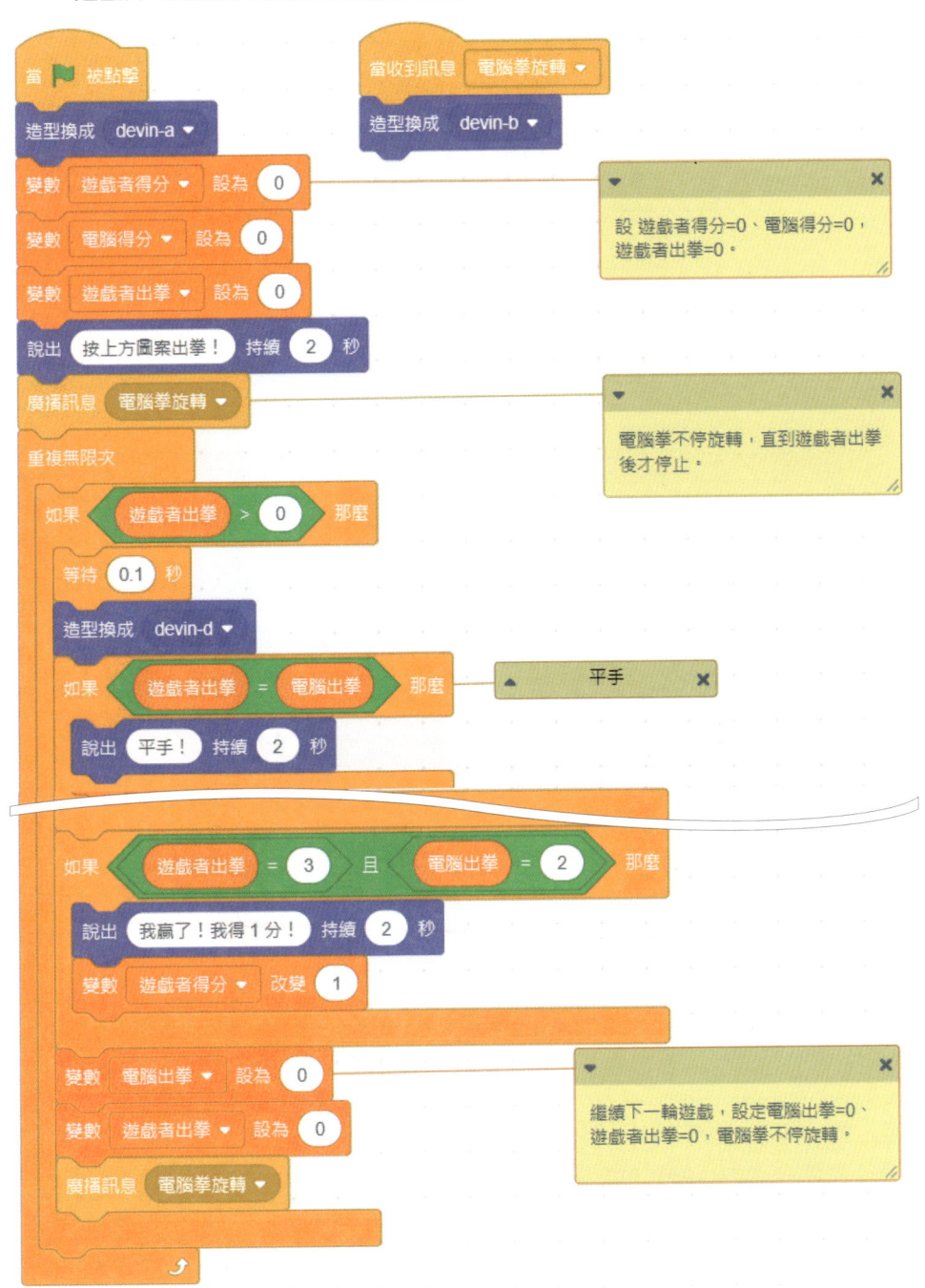

```
當 ▶ 被點擊
造型換成 devin-a
變數 遊戲者得分 ▼ 設為 0
變數 電腦得分 ▼ 設為 0
變數 遊戲者出拳 ▼ 設為 0
說出 按上方圖案出拳！ 持續 2 秒
廣播訊息 電腦拳旋轉 ▼
重複無限次
    如果 遊戲者出拳 > 0 那麼
        等待 0.1 秒
        造型換成 devin-d ▼
        如果 遊戲者出拳 = 電腦出拳 那麼
            說出 平手！ 持續 2 秒
        ...
        如果 遊戲者出拳 = 3 且 電腦出拳 = 2 那麼
            說出 我贏了！我得1分！ 持續 2 秒
            變數 遊戲者得分 ▼ 改變 1
        變數 電腦出拳 ▼ 設為 0
        變數 遊戲者出拳 ▼ 設為 0
        廣播訊息 電腦拳旋轉 ▼
```

```
當收到訊息 電腦拳旋轉 ▼
造型換成 devin-b ▼
```

> 設 遊戲者得分=0、電腦得分=0，遊戲者出拳=0。

> 電腦拳不停旋轉，直到遊戲者出拳後才停止。

▲ 平手 ✕

> 繼續下一輪遊戲，設定電腦出拳=0、遊戲者出拳=0，電腦拳不停旋轉。

8-17

5. **電腦拳角色的積木**：當接收到 **電腦拳旋轉** 的廣播訊息後，電腦拳會不停地切換造型，當 **遊戲者** 出拳後即停止旋轉，並設定 **電腦出拳 = 造型編號**。

8.5 專題：心情刷刷樂

就跟玩刮刮樂一樣，這個遊戲在底圖放置了一張圖片，你可以利用刷子慢慢的將上方的圖層刷去，看著圖片逐漸顯示，讓心情也慢慢平靜下來。

按下綠旗開始會更換舞台的背景，並以複製分身方式，複製很多的磚塊將舞台蓋住，移動刷子可以漸漸刷出背景圖形。(<ch08\Ch08_ 心情刷刷樂 .sb3>)

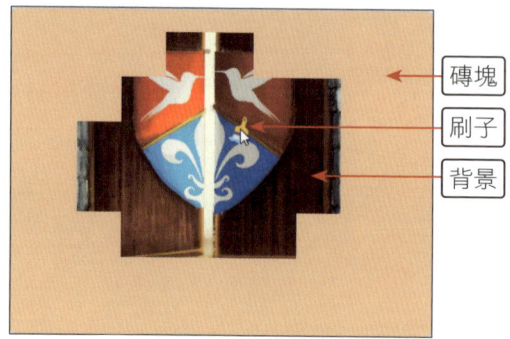

場景安排

1. **編輯舞台**：點選 **舞台**，切換至 **程式區** 的 **背景** 頁籤，按 **選個背景** 圖示從 **範例背景** 中選取 **Spotlight**、**School** 和 **Castle 1** 等 3 個造型當作背景圖，刪除預設建立背景圖 **backdrop1**。

基礎專題 **08**

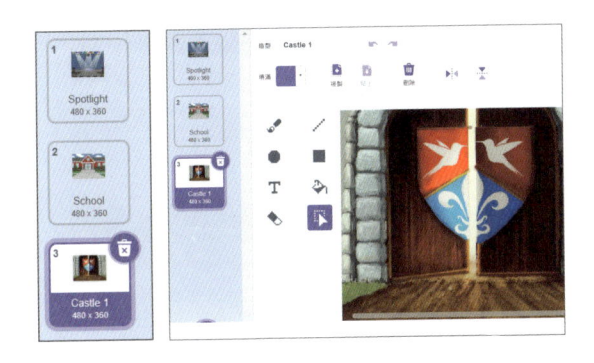

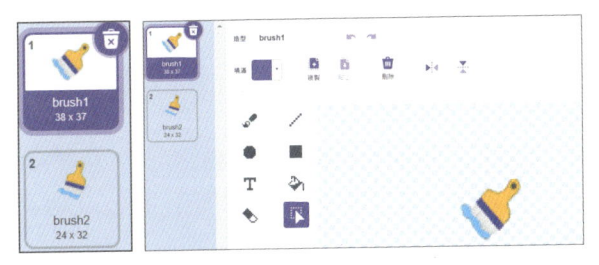

2. **新增角色**：刪除預設的角色「Sprite1」，在角色區面板按 **上傳** 圖示新增角色，上傳 resources 目錄的 <brush1.png>，再於程式區的 **造型** 頁籤按 **上傳**，上傳 <brush2.png>，並將角色名稱命名為「刷子」。完成後 **刷子** 角色共包含 2 個造型檔。

相同的方式，在角色區面板再按 **上傳** 圖示新增角色，上傳 resources 目錄的 <磚塊.png>，角色名稱為「磚塊」。

積木安排

1. **建立變數**：建立全域變數 **遊戲狀態**。

2. **舞台的積木**：舞台中共有 3 個背景造型，每次程式執行會取得下一個背景造型當作背景，因此背景會不斷的更改。

8-19

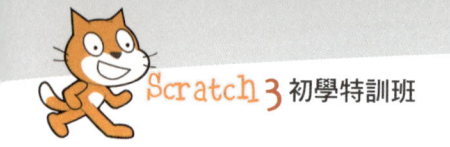

3. **刷子角色的積木**：將刷子移到最上層，並隨著滑鼠移動，同時會不斷循環切換 **brush1**、**brush2** 造型，組成動畫。

4. **磚塊角色的積木**：利用複製分身方式，複製 8 列 * 11 行的磚塊，先將本尊隱藏，複製的分身才顯示。

    首先將 **磚塊** 角色移到 **x:-240 y:180**，每一列共有 11 個複製的磚塊，每一列複製的動作如下：建立角色的分身，再將本尊角色右移 50 格。

    完成一列後，將角色本尊移到下一列，即 **x:-240 y:y 座標 -50** 位置，再開始複製第二列，總共有 8 列。

    當所有的分身複製完成後，先等待 1 秒鐘，然後設定變數 **遊戲狀態** 為 **開始**，準備進行遊戲。

基礎專題 08

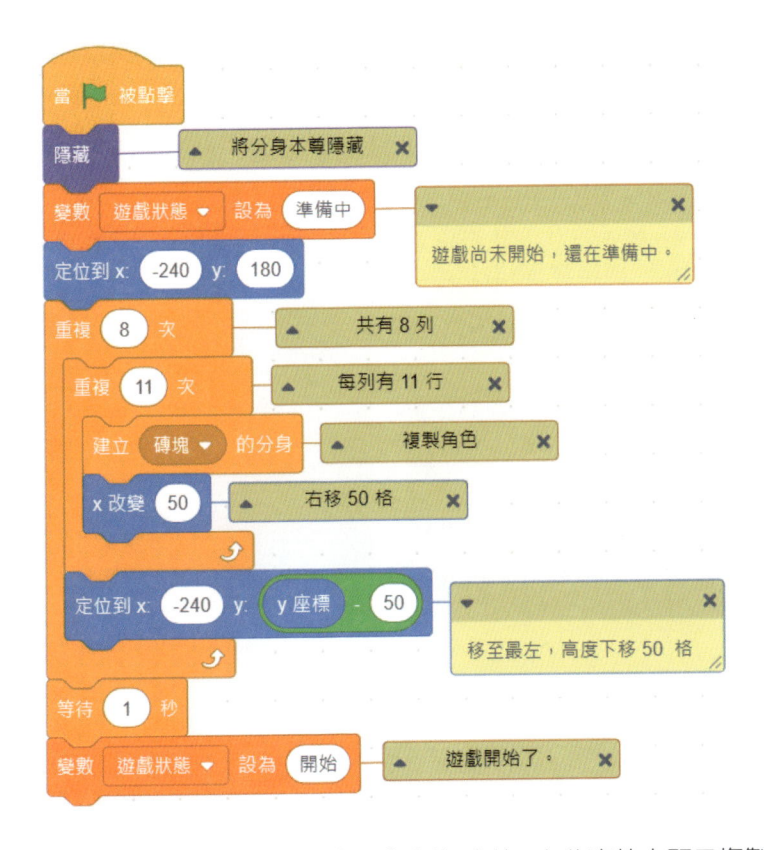

```
當 ▶ 被點擊
隱藏                          將分身本尊隱藏
變數 遊戲狀態 ▼ 設為 準備中
                              遊戲尚未開始，還在準備中。
定位到 x: -240  y: 180
重複 8 次                      共有 8 列
    重複 11 次                 每列有 11 行
        建立 磚塊 ▼ 的分身      複製角色
        x 改變 50              右移 50 格
    定位到 x: -240  y: y座標 - 50
                              移至最左，高度下移 50 格
等待 1 秒
變數 遊戲狀態 ▼ 設為 開始      遊戲開始了。
```

當角色的分身建立時，會觸發 **當分身產生** 事件，在此事件中顯示複製的分身，並判斷磚塊是否碰到刷子，成立就將磚塊的分身隱藏，讓背景逐漸顯示出來。

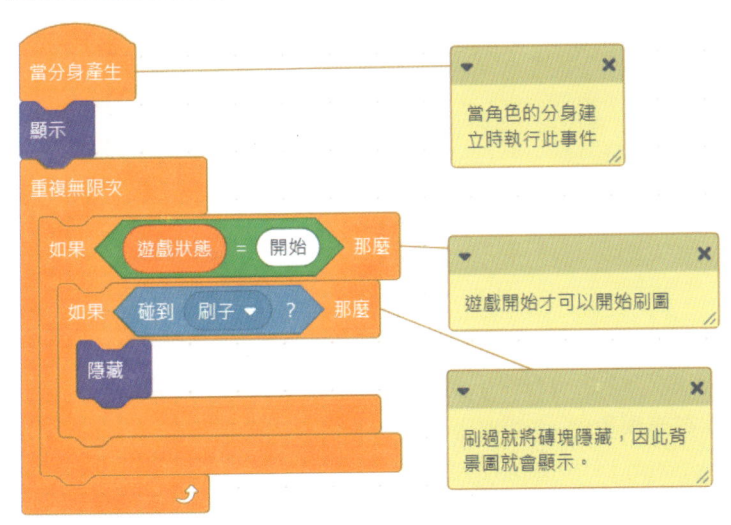

```
當分身產生
顯示                          當角色的分身建立時執行此事件
重複無限次
    如果 遊戲狀態 = 開始 那麼
                              遊戲開始才可以開始刷圖
        如果 碰到 刷子 ▼ ? 那麼
            隱藏              刷過就將磚塊隱藏，因此背景圖就會顯示
```

8-21

8.6 專題：障礙賽

貓咪是障礙賽高手，苦練多日後準備破記錄，障礙會不斷朝他飛來，貓咪必須以敏捷的身手按 **↑** 或 **空白** 鍵向上跳躍，以躲避障礙，若碰到障礙生命值減 1，總共只有 3 個生命值，當生命值為 0 表示闖關失敗。若成功跳躍 10 個障礙即算闖關成功。(<ch08\Ch8_ 障礙賽 .sb3>)

場景安排

1. **編輯舞台**：點選 **舞台**，切換至 **程式區** 的 **背景** 頁籤，按 **選個背景** 圖示從 **範例背景** 上傳 **Wall 1** 圖檔，同時，刪除預設建立背景圖 **backdrop1**。

2. **新增障礙角色**：將原來 **Sprite1** 的角色改名為 **貓**。在角色區面板按 **繪畫** 圖示新增角色，將角色名稱命名為「障礙」，在造型面板中按 **選個造型** 圖示從 **範例造型** 中分別選擇 **Truck-b**、**Milk-b** 和 **Tree1** 等 3 種造型，同時將 **Truck-b** 造型水平翻轉將車頭朝左。

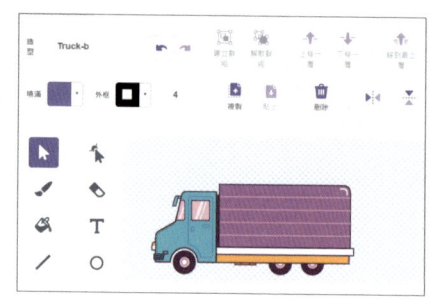

3. **新增比賽結果角色**：在角色區面板按 **上傳** 圖示新增角色，上傳 resources 目錄的 <yes.png>、<no.png> 2 種造型，並將角色名稱命名為「比賽結果」。

基礎專題 08

再切換到 **音效** 頁籤，按 **選個音效** 圖示，從 **範例音效** 選擇 **Jungle** 加入角色音效。

積木安排

1. **建立變數**：建立 **生命值**、**總得分** 全域變數。
2. **貓角色的積木**：開始時設定 **總得分** = 0、**生命值** = 3，按下 **↑** 或 **空白** 鍵以自訂函式 **跳躍** 向上跳躍。

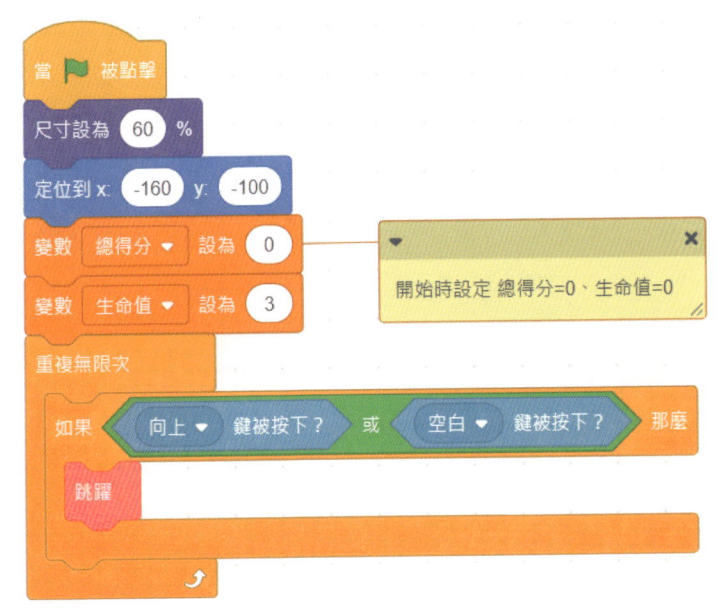

函式積木指令 **跳躍**，是以 costume2 造型往上跳躍後落下，然後再將造型回復為 **costume1**，我們將往上跳躍設計成兩階段，前段較快，到最高點時變慢。

8-23

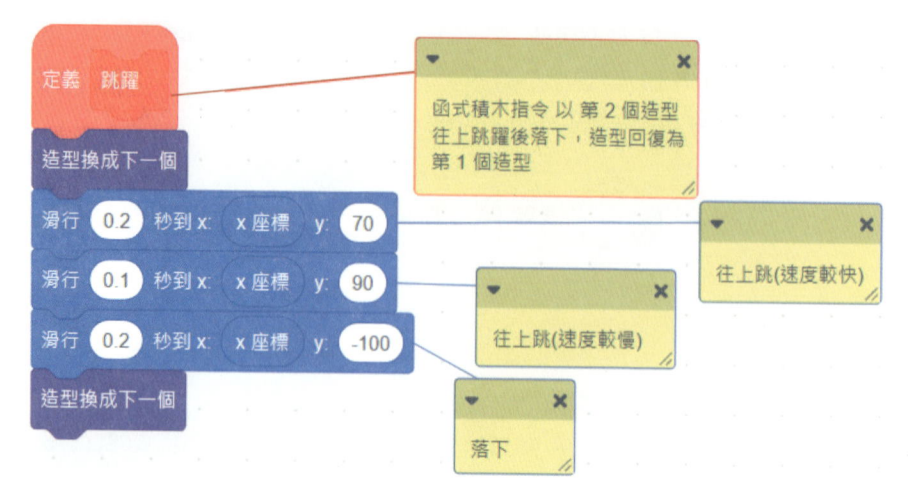

Scratch 3 初學特訓班

[跳躍函式積木定義圖示]

函式積木指令 以 第 2 個造型 往上跳躍後落下，造型回復為 第 1 個造型

- 往上跳(速度較快)
- 往上跳(速度較慢)
- 落下

3. **障礙角色的積木**：先將本尊隱藏，每 0.5~1 秒，產生 1 個障礙。

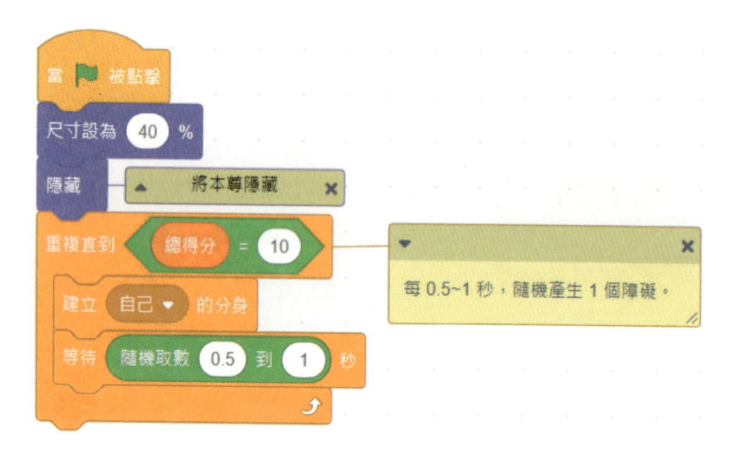

[障礙角色積木圖示]

每 0.5~1 秒，隨機產生 1 個障礙。

當分身產生時，顯示建立的分身，從障礙的 3 個造型中任選 1 個，並在 1 秒內由右向左移動，在移動過程中，若未碰到 **貓** 就將 **總得分** 加 1 分，同時刪除分身，如果 **總得分** 到達 10 分，廣播訊息 **結束**。

基礎專題 08

[積木程式圖：當分身產生 → 顯示「顯示建立的分身」→ 造型換成 隨機取數 1 到 3 → 定位到 x:200 y:-100 → 滑行 1 秒到 x:-240 y:y座標 → 變數 總得分 改變 1 → 如果 總得分 = 10 那麼 廣播訊息 結束 → 分身刪除]

註解：
- 從障礙的 3 個造型中任選 1 個
- 在 1 秒內由右向左移動，在移動過程中，若未碰到貓咪就將 總得分加 1 分，同時刪除分身。

如果碰到 **貓**，**生命值** 減 1，並將分身刪除，如果 **生命值** 為 0，廣播訊息 **結束**。

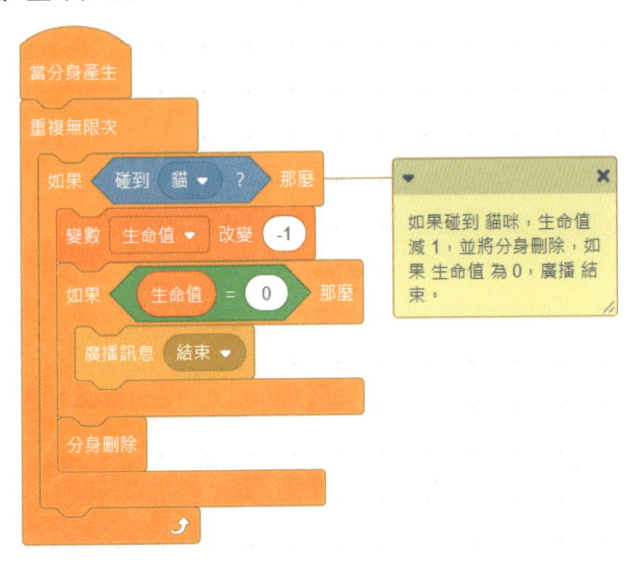

[積木程式圖：當分身產生 → 重複無限次 → 如果 碰到 貓? 那麼 → 變數 生命值 改變 -1 → 如果 生命值 = 0 那麼 廣播訊息 結束 → 分身刪除]

註解：如果碰到 貓咪，生命值 減 1，並將分身刪除，如果 生命值 為 0，廣播 結束。

4　**比賽結果的積木**：遊戲開始，將角色隱藏，並不停播放背景音效。

　　當接收到 **結束** 的廣播訊息，判斷總得分。如果 **總得分 = 10**，顯示 **成功** 的畫面，否則就是失敗，顯示 **失敗** 的畫面。

8-25

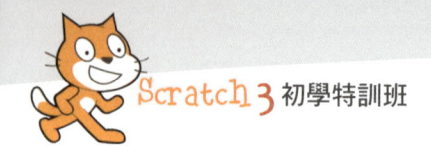

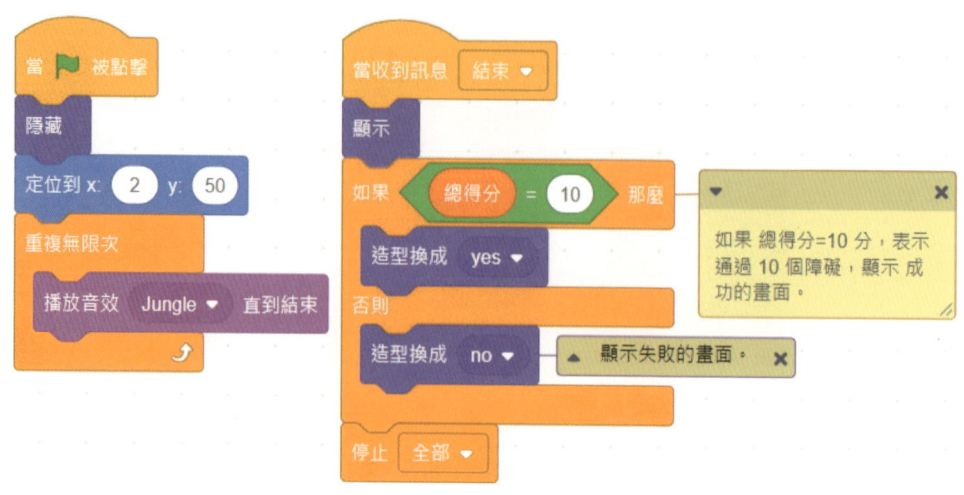

8.7 專題：打磚塊

打磚塊是經典的老遊戲，按下 **紅球** 將球往上發出，**紅球** 會在舞台中移動，可用板子將球往上拍。當紅球碰到左、右邊緣、磚塊、板子均會反彈，紅球碰到磚塊會將磚塊打掉，當所有的磚塊都被打掉即算闖關成功，如果碰到下邊緣的終止線，遊戲即算闖關失敗。

所有的磚塊也是以複製分身的方式，為了讓讀者易於研讀，磚塊只有複製 10 塊，遊戲的關數也只有 1 關，讀者可自行擴充這些功能。(<ch08\Ch08_ 打磚塊 .sb3>)

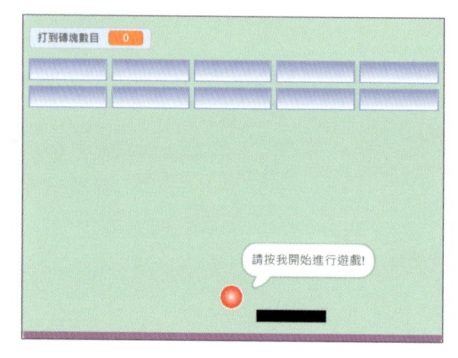

場景安排

1. **編輯舞台**：點選 **舞台**，切換至 **程式區** 的 **背景** 頁籤，將預設建立背景圖 **backdrop1** 填成淺綠色。並將造型名稱命名為「背景」。

2. **新增過關、失敗角色**：刪除預設的角色「Sprite1」，在角色區面板按 **上傳** 圖示新增角色，上傳 resources 目錄的 < 過關 .png > 新增 **過關** 角色。同樣的操作，再上傳 < 失敗 .png > 新增 **失敗** 角色。

3. **新增角色**：在角色區面板按 **繪畫** 圖示新增角色，並改名為「終止線」，在 **costume1** 造型的繪圖區中繪製一條紅色的直線，將 **終止線** 佈置在舞台的最下方。

   同樣的操作，分別再新增「板子」、「紅球」、「磚塊」等角色。並請將 **磚塊** 的音效設定為 **範例音效** 內建的 **pop** 音效。

   完成後的背景和角色及舞台佈置如下：

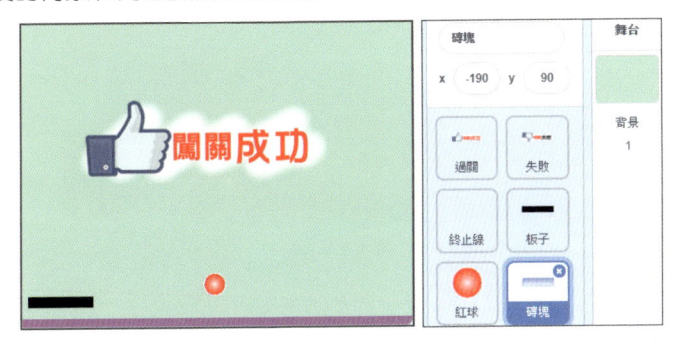

積木安排

1. **建立變數**：建立全域變數 **打到磚塊數目**。

2. **舞台的積木**：設定初值 **打到磚塊數目 = 0**，當 10 塊磚塊全部打掉，廣播訊息 **過關**，顯示過關畫面。

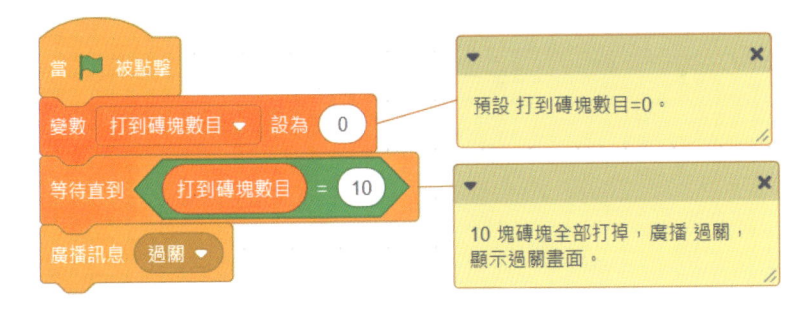

3. **紅球角色的積木**：首先將 **紅球** 移到 **板子** 上，按下 **紅球** 以 30~60 度的方向向上發出，每次移動 10 點。

當 **紅球** 碰到左、右邊緣會反彈，碰到 **板子**、**磚塊** 也會反彈，**紅球** 和 **板子**、**磚塊** 上、下碰撞後彈回的公式是 180- 方向，如果碰到下邊緣的 **終止線**，即算闖關失敗，並廣播訊息 **失敗**。

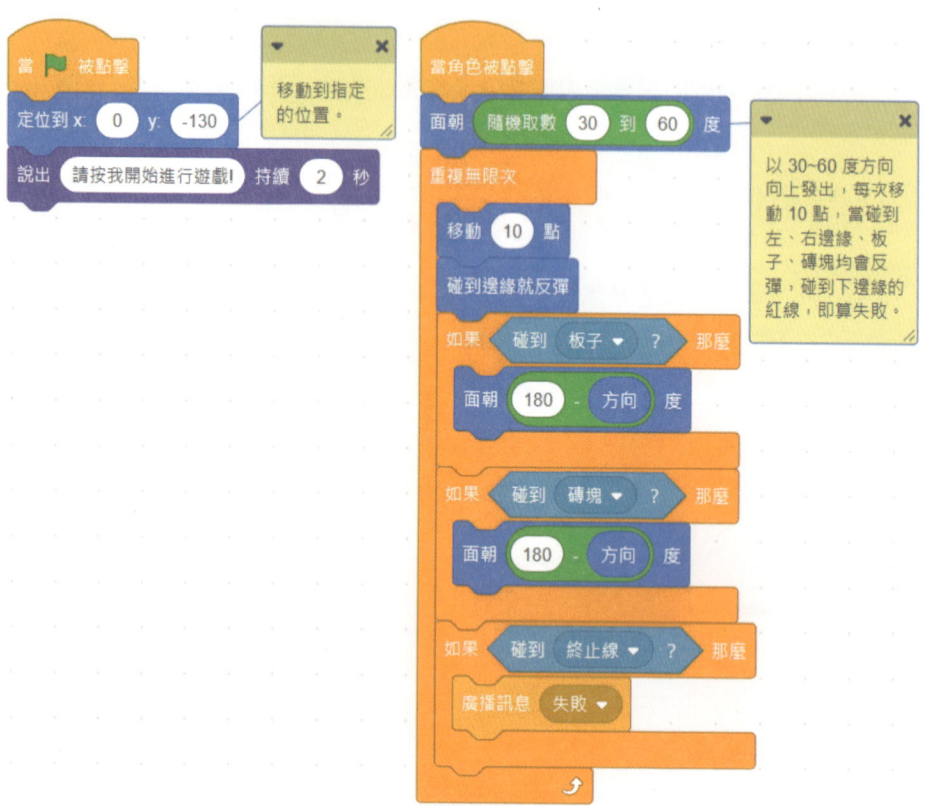

4. **板子角色的積木**：板子會隨著滑鼠的 x 座標左、右移動。

5. **磚塊角色的積木**：利用複製分身方式，複製 2 * 5 的磚塊，首先將本尊隱藏，複製的分身才顯示。第一列的位置為 x:-190,y:120、第二列的位置為 x:-190,y:90，每一列有 5 個磚塊，每一個磚塊的間距是 95 點。

當分身產生時，顯示複製的分身，判斷是否碰到紅球，如果碰撞到紅球，將磚塊隱藏，發出碰撞聲，同時將 **打到磚塊數目** 加 1。

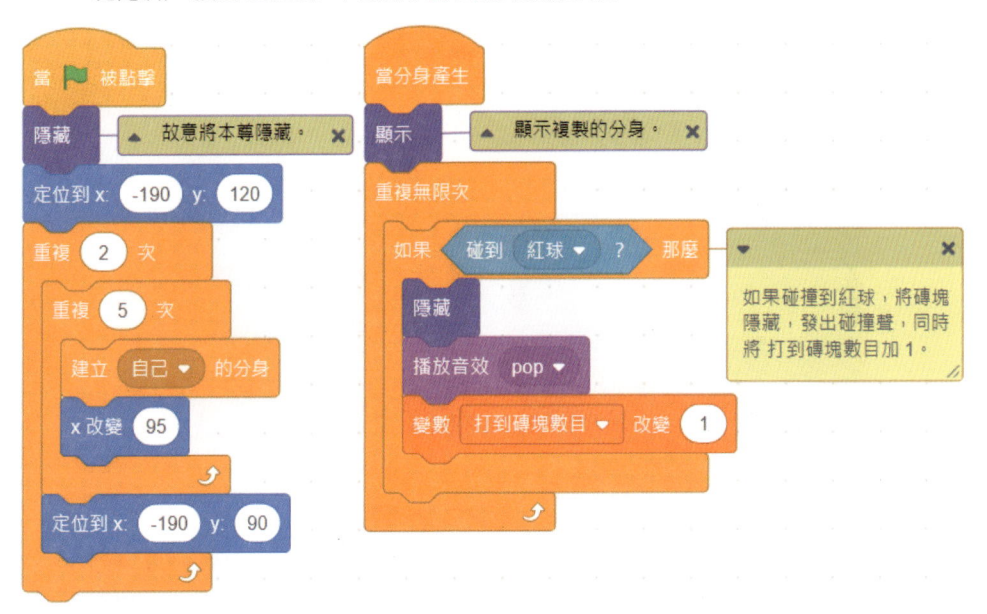

6. **過關、失敗角色的積木**：當 **過關** 角色接收到 **過關** 廣播訊息、**失敗** 角色接收到 **失敗** 廣播訊息，分別會顯示闖關成功、闖關失敗的畫面，並且停止所有積木的運作。

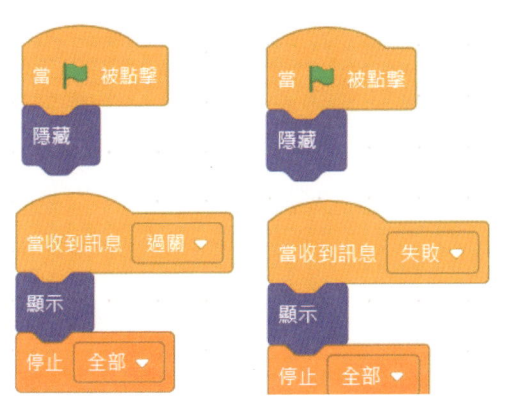

8.8 專題：乒乓球雙人對戰

乒乓球兩人對戰，可以讓您和好友對戰幾回合，當按下綠旗開始後 1 秒鐘，就開始發球，左方的玩家可以使用 **A**、**Z** 鍵，控制擋板的上下移動，將球擊向對方，當對方漏接時，己方就得 1 分。同樣地，右方的玩家可以使用 **↑**、**↓** 鍵，控制擋板的上下移動。

當任一方得分，會取得發球權，繼續發球，得分超過 5 分，即算獲勝，顯示勝利的畫面。(<ch08\Ch08_ 乒乓球雙人對戰 .sb3>)

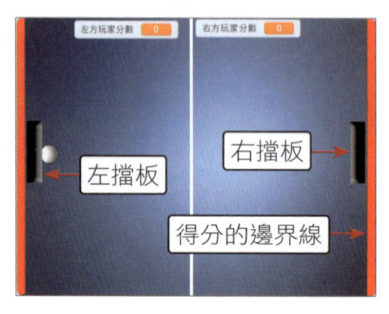

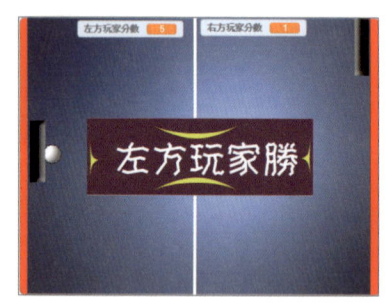

場景安排

1. **編輯舞台**：點選 **舞台**，切換至 **程式區** 的 **背景** 頁籤，按 **上傳** 圖示上傳 <resources\Background.png> 圖檔，命名為「背景」，然後在 **背景** 中央畫一條白色分隔線，兩邊各畫一條紅色得分底線。同時，刪除預設建立背景圖 **backdrop1**。

2. **新增擋板角色**：刪除預設的角色「Sprite1」，在角色區面板按 **上傳** 圖示新增角色，上傳 resources 目錄的 <paddle.png>，角色命名為 **右擋板**。

   相同的方式，再按 **上傳** 圖示新增角色，上傳 resources 目錄的 <paddle.png>，按 ▶◀ 橫向翻轉圖示將圖形 **左右翻轉**，角色命名為 **左擋板**。

3. **新增左方勝、右方勝角色**：分別上傳 resources 目錄的 <victoryLeft.png>、<victoryRight.png>，角色分別命名為 **左方勝**、**右方勝**。

4. **新增球角色**：在角色區面板按 **上傳** 圖示新增角色，上傳 resources 目錄的 <ball.png>，角色命名為 **球**。

基礎專題 08

切換到 **音效** 頁籤，上傳 resources 目錄的 <撞板聲 .wav>，新增 **球** 角色音效。

完成後的背景和角色以及舞台佈置如下：

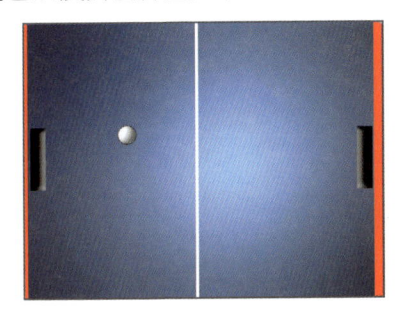

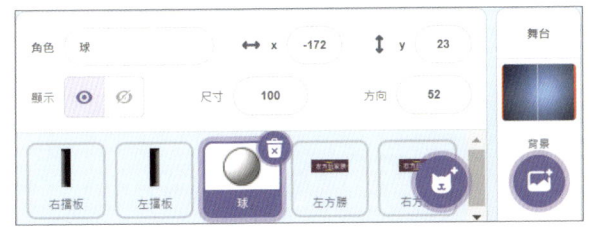

積木安排

1. **建立變數**：建立 **左方玩家分數**、**右方玩家分數** 全域變數。

2. **舞台的積木**：遊戲開始，**左方玩家分數**、**右方玩家分數** 都從 0 開始。

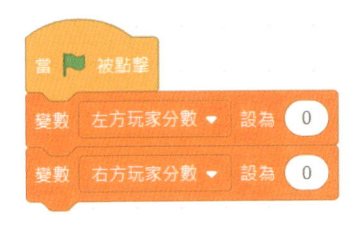

3. **球角色的積木**：等待 1 秒後，左擋板以 45~75 方向將 **球** 發出。**球** 每次移動 8 點，若碰到上、下邊緣就反彈，碰到左、右擋板就將球擊回對方，並播放撞擊聲。左、右碰撞後彈回的公式是 **360- 方向**，我們故意加上 **-10~10** 間的亂數，是為了製造切球的效果。

    當 **球** 碰到右邊紅線，左方玩家得 1 分，將 **球** 移到左擋板，準備再重新發球。同樣地，碰到左邊紅線，右方玩家得 1 分，將 **球** 移到右擋板，準備再重新發球。

    當左、右任一方得分到達 5 分時，廣播訊息 **結束**，顯示勝利的畫面。

8-31

Scratch 3 初學特訓班

```
當 ▶ 被點擊
定位到 x: -197 y: 3          ← 等待 1 秒後，左擋板以 45~75 方向發球。
面朝 隨機取數 45 到 75 度
等待 1 秒
重複無限次
    移動 8 點                ← 每次移動 8 點，若碰到邊緣就反彈。
    碰到邊緣就反彈
    如果 <碰到 左擋板 ▼ ?> 或 <碰到 右擋板 ▼ ?> 那麼    ← 碰到左、右擋板就將球擊回對方，並播放撞擊聲。
        播放音效 撞板聲 ▼
        面朝 360 - 方向 + 隨機取數 -10 到 10 度
    如果 <碰到顏色 ● ?> 那麼                          ← 碰到左、右邊界的紅色邊界線。
        如果 <x 座標 > 200> 那麼                      ← 碰到右邊紅線，左方玩家得 1 分，將球移到左擋板，準備再重新發球。
            變數 左方玩家分數 ▼ 改變 1
            定位到 x: -197 y: 3
            面朝 隨機取數 45 到 75 度
        否則                                          ← 碰到左邊紅線，右方玩家得 1 分，將球移到右擋板，準備再重新發球。
            變數 右方玩家分數 ▼ 改變 1
            定位到 x: 197 y: 3
            面朝 隨機取數 -45 到 -75 度
        如果 <左方玩家分數 = 5> 或 <右方玩家分數 = 5> 那麼   ← 當左、右方，任一方得分到達 5 分時，廣播 結束，顯示 勝利的畫面。
            廣播訊息 結束 ▼
        廣播訊息 重新發球 ▼                           ← 等待 1 秒後，再重新發球。
        等待 1 秒
```

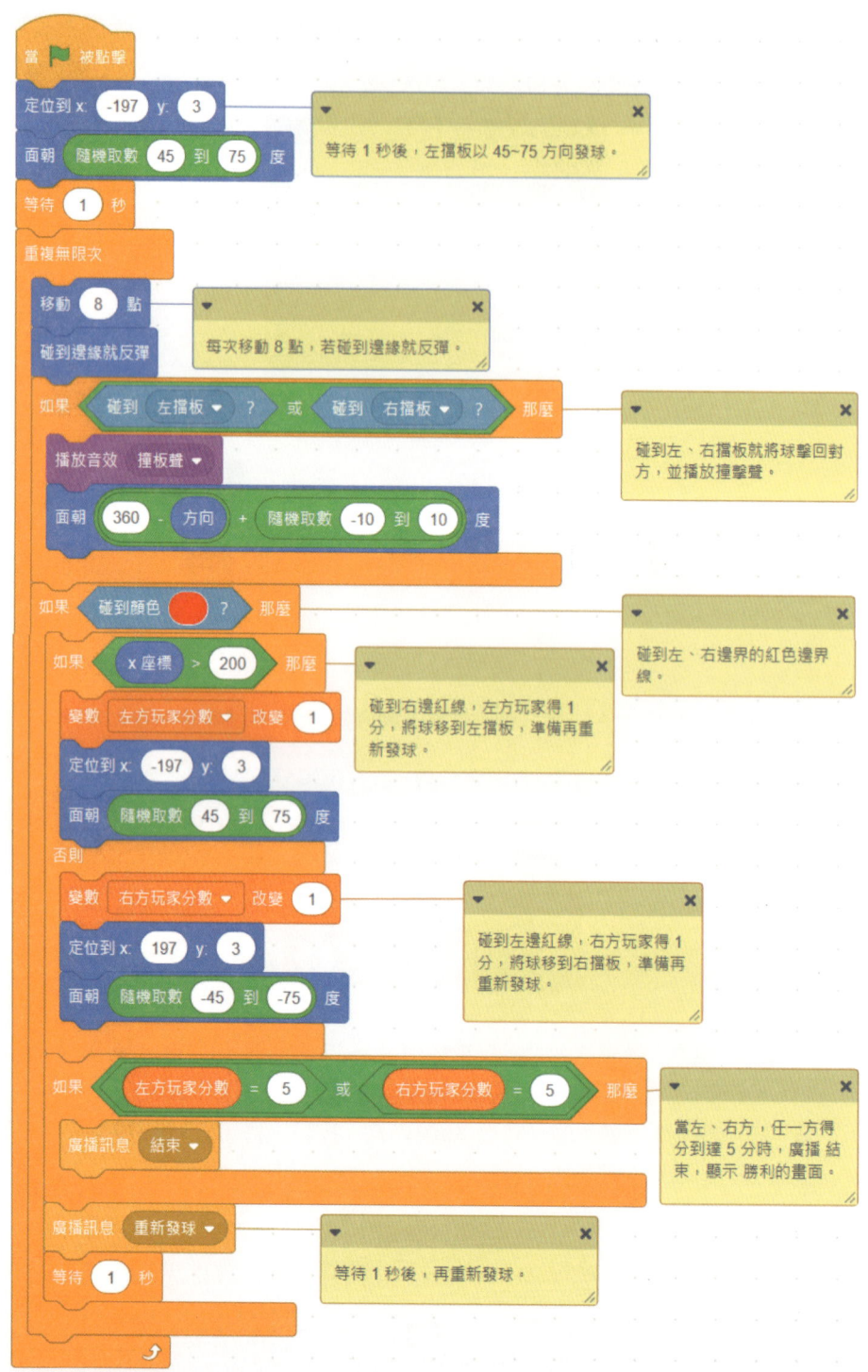

8-32

4. **右擋板角色的積木**：移動指定的位置，按下 ↑、↓ 鍵，控制擋板的上下移動。當接收到 **重新發球** 訊息時，將球移到發球的位置，準備發球。

   左擋板角色的積木 和 **右擋板** 相似，只是控制鍵改為 **A**、**Z**。

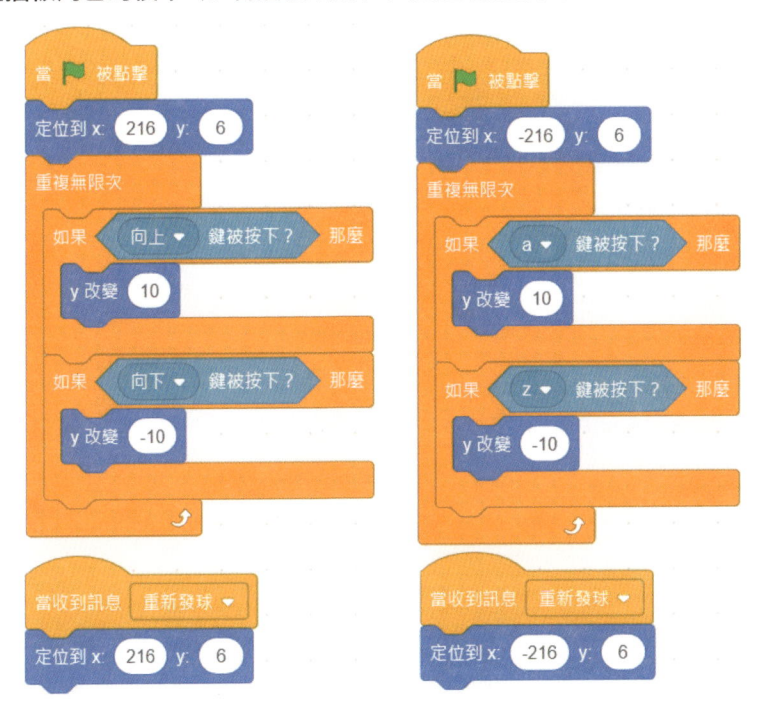

5. **右方勝、左方勝角色的積木**：移到中間位置後隱藏起來，獲勝時才顯示，右方得分到達 5 分，即為右方獲勝，顯示勝利畫面，並將程式停止。同樣地，左方得分到達 5 分，即為左方獲勝。

8-33

Scratch 3 初學特訓班

當 ▷ 被點擊
定位到 x: 0 y: 0
隱藏

移到中間位置後，隱藏起來，獲勝時才顯示。

當 ▷ 被點擊
定位到 x: 0 y: 0
隱藏

當收到訊息 結束 ▼
如果 右方玩家分數 = 5 那麼
　顯示
　停止 全部 ▼

右方得分到達 5 分，即為獲勝，顯示勝利畫面，並將程式停止。

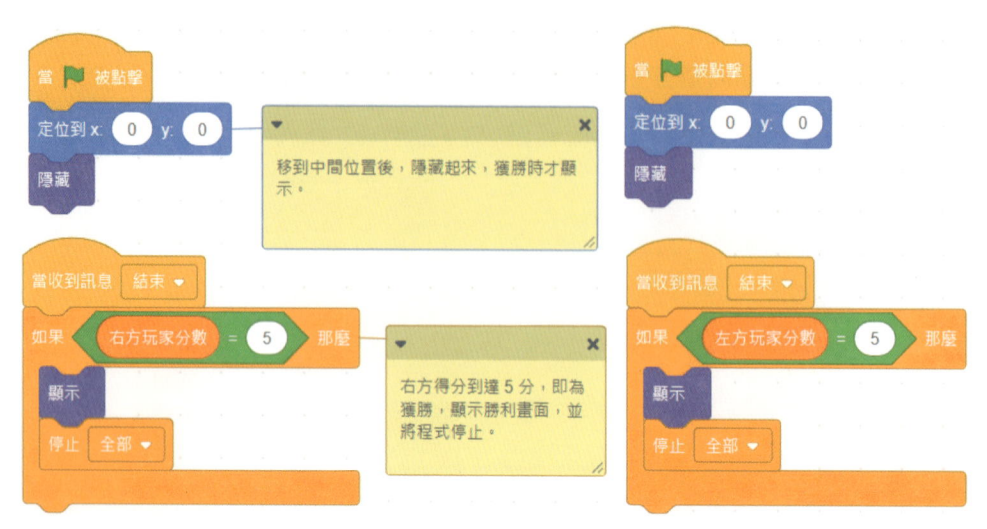

當收到訊息 結束 ▼
如果 左方玩家分數 = 5 那麼
　顯示
　停止 全部 ▼

Chapter 09

進階專題

「隨機轉盤」將輪盤以隨機的方式轉動，當輪盤停止時，再依箭頭圖示的指令動作。

「打雪怪遊戲」中所有的雪怪出現的時間和位置都是以亂數隨機產生，同時加入音效，為了讓讀者易於了解，我們設計了基本版、進階版和複製分身版。

「吃角子老虎」是簡易的遊戲機，它完全沒有作弊，只要運氣好，贏個一把不成問題。「打字練習」平時可以拿來給自己或同學練習，增加打字的速度。

「黃金的考驗」是一個具有互動的遊戲，所有天空上的蝴蝶均可以主動攻擊，地上的猴子也會加以還擊，配合音效，讓遊戲精彩度破表。

進階專題更具挑戰也更有趣！

9.1 專題：隨機轉盤

人生有時像命運的轉盤，貓咪的人生隨機轉盤也是如此，貓咪只要抵達藍色的邊界就可達陣，但命運輪盤偏偏捉弄，讓牠無法順利完成。

按下 **命運** 按鈕，輪盤會以隨機的方式轉動，當輪盤停止時，貓咪將依 **箭頭** 圖示的指示的指令移動，向 **上、下、左、右** 移動，當抵達藍色的邊界就完成達陣。(<ch09\Ch09_ 隨機轉盤 .sb3>)

場景安排

1. **編輯舞台**：點選 **舞台**，切換至 **程式區** 的 **背景** 頁籤，將預設的白色背景「backdrop1」填成淡綠色，並在舞台右方畫製一個藍色的矩形。

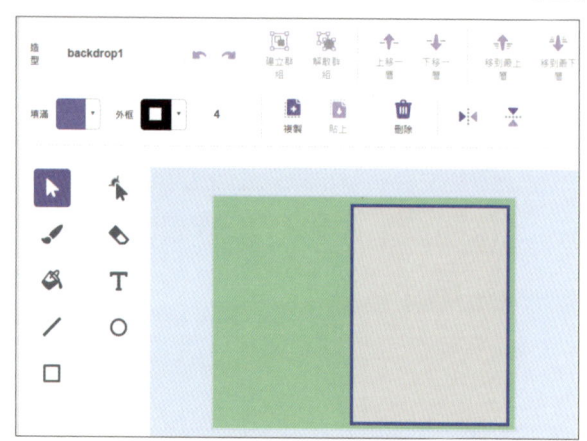

2. **更改角色**：將預設的角色「Sprite1」，名稱更改為「貓咪」，並將它佈置在舞台的右方。

3. **新增角色**：在角色區面板按 **上傳** 圖示新增角色，上傳 resources 目錄的 <轉盤 .png>。同樣的操作，再上傳 resources 目錄的 <命運 .png> 和 <成功達陣 .png>。

4. **新增指令角色**：在角色區面板按 **選個角色** 圖示新增角色，從 **範例角色** 中選擇 **Arrow1**，並將角色名稱命名為「指令」，載入的 **Arrow1** 角色預設含有 4 種造型，本專題中我們只用到方向向左的第 2 個造型。

完成後的背景、角色以及舞台佈置如下：

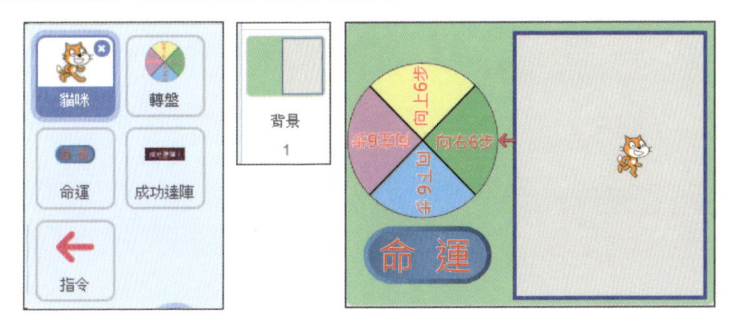

積木安排

1. **建立變數**：建立 **命運**、**旋轉圈數** 和 **目前圈數** 等全域變數。

2. **命運角色的積木**：將角色移到指定的位置，因為原始的圖檔太大，我們將比例縮小為 70%。

   按下 **命運** 按鈕，廣播訊息 **開始旋轉**。當 **轉盤** 收到廣播訊息後就會開始旋轉。

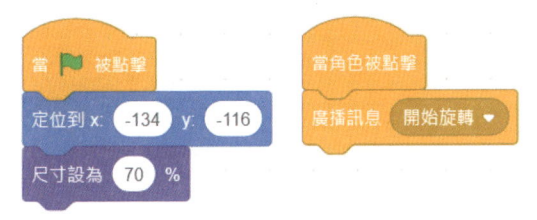

3. **轉盤角色的積木**：比較複雜的是 **轉盤角色的積木**，首先是轉動的處理。

   當轉盤收到 **開始旋轉** 廣播訊息，即開始順時針轉動，圈數介於 50~100 圈，轉動的速度會愈來愈慢，到達指定的圈數時即停止，並廣播訊息 **停止旋轉**。

程式積木說明：

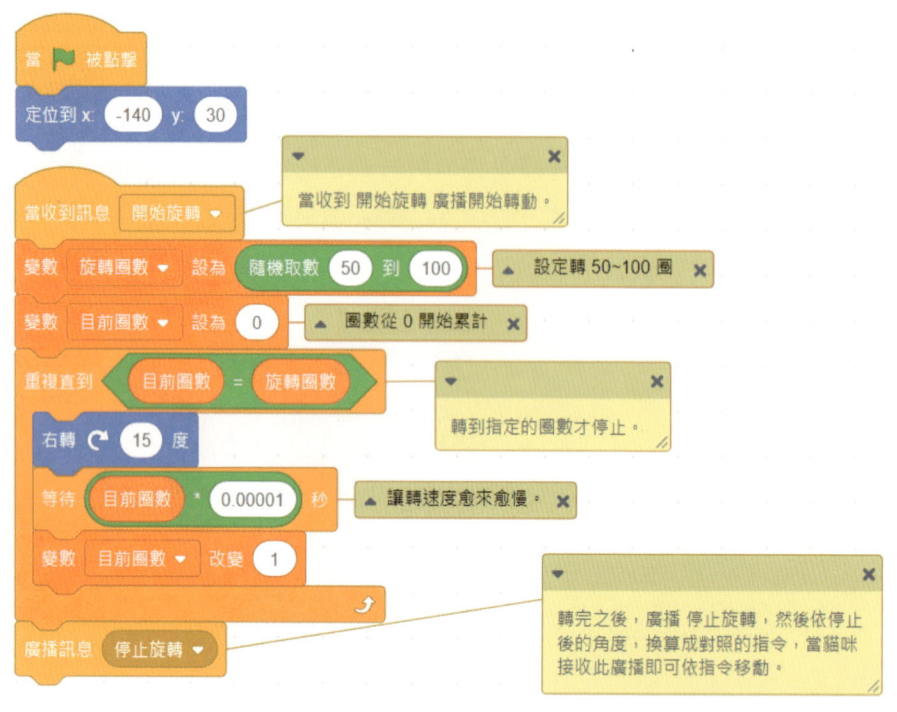

- 當 ▶ 被點擊
- 定位到 x: -140 y: 30
- 當收到訊息 開始旋轉
- 變數 旋轉圈數 設為 隨機取數 50 到 100　← 設定轉 50~100 圈
- 變數 目前圈數 設為 0　← 圈數從 0 開始累計
- 重複直到 目前圈數 = 旋轉圈數　← 轉到指定的圈數才停止。
  - 右轉 ↻ 15 度
  - 等待 目前圈數 * 0.00001 秒　← 讓轉速度愈來愈慢。
  - 變數 目前圈數 改變 1
- 廣播訊息 停止旋轉　← 轉完之後，廣播 停止旋轉，然後依停止後的角度，換算成對照的指令，當貓咪接收此廣播即可依指令移動。

當轉盤收到 **停止旋轉** 廣播訊息時，會依據轉盤的方向，定義相對應的移動指令，例如：當 **方向 >45 且 方向 <135** 以 **命運 = 1** 定義 **向右 6 步**。

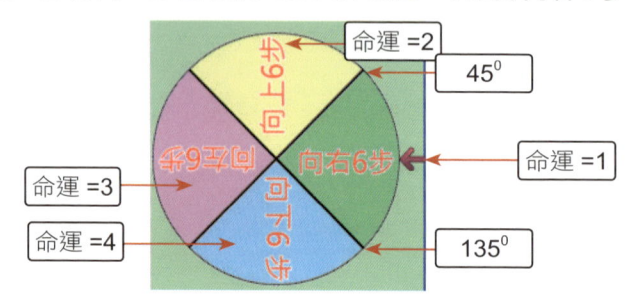

轉盤圖示：
- 命運 =2（上方黃色）：向上6步，45°
- 命運 =1（右方綠色）：向右6步
- 命運 =3（左方粉色）：向左6步
- 命運 =4（下方藍色）：向下6步，135°

同理，轉盤再向右轉 90，當方向為 135~225 時，指針會指向 **命運 = 2** 定義 **向上 6 步**，但 Scratch 225⁰ 是以 -135⁰ 表示。

因此程式用 (**方向 >135 且 方向 <181**) 和 (**方向 >-180 且 方向 <-135**) 兩個部份組成。

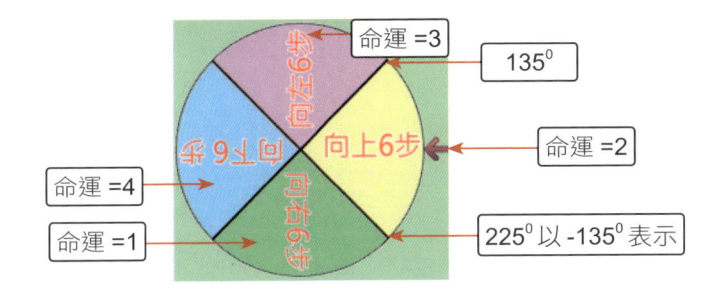

進階專題 09

命運 =3
135⁰
命運 =2
向上6步
225⁰ 以 -135⁰ 表示
命運 =4
命運 =1

其餘 **命運 = 3**、**命運 = 4** 依此類推。

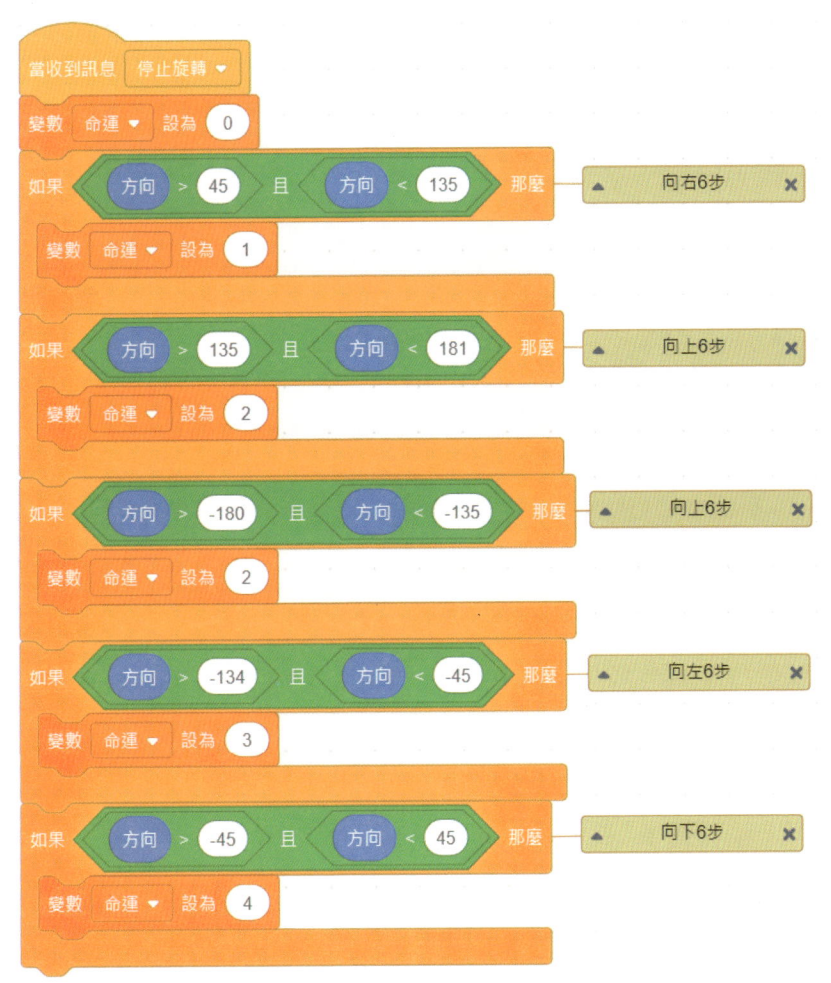

當收到訊息 停止旋轉
變數 命運 設為 0

如果 方向 > 45 且 方向 < 135 那麼
　向右6步
　變數 命運 設為 1

如果 方向 > 135 且 方向 < 181 那麼
　向上6步
　變數 命運 設為 2

如果 方向 > -180 且 方向 < -135 那麼
　向上6步
　變數 命運 設為 2

如果 方向 > -134 且 方向 < -45 那麼
　向左6步
　變數 命運 設為 3

如果 方向 > -45 且 方向 < 45 那麼
　向下6步
　變數 命運 設為 4

9-5

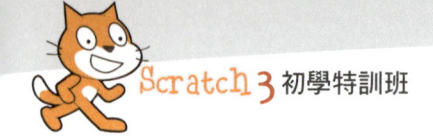

4. **貓咪角色的積木**：將角色移到指定的位置，因為原始的圖檔太大，我們將比例縮小為 50%。

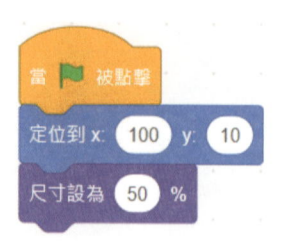

當 **貓咪** 收到 **停止廣播** 訊息後開始依定義的 **命運** 指令移動，為了讓移動時更有特色，我們定義了 **角色移動** 函式積木指令，只要適度修改 **角色移動** 函式積木指令就可以得到更佳的移動效果，本例中只簡單示範移動 6 步和造型切換。

當 **貓咪** 碰到藍色矩形，即表示完成，廣播訊息 **完成** 給 **成功達陣** 角色。

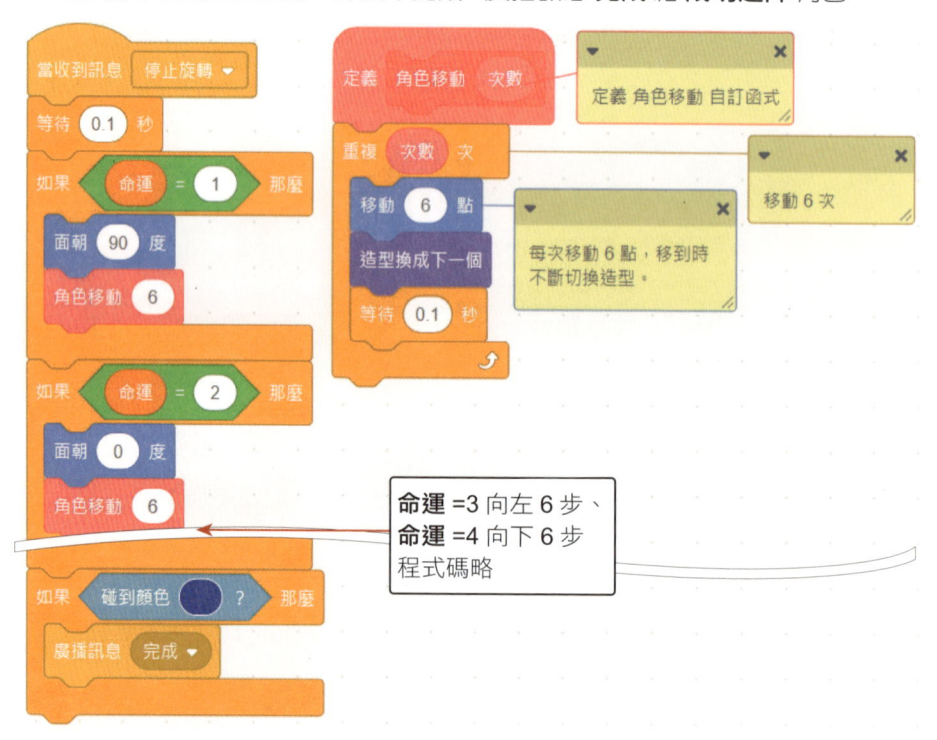

> **命運** =3 向左 6 步、**命運** =4 向下 6 步 程式碼略

5. **成功達陣角色的積木**：開始時將 **成功達陣** 角色隱藏，當接收到 **完成** 廣播訊息後，將 **成功達陣** 移到最上層顯示，並結束程式。

成功達陣角色的積木

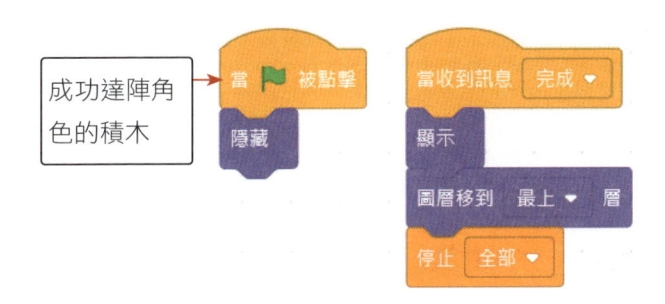

6. **指令角色的積木**：如上圖右。預設的 **指令** 角色太大，我們將它縮小一些，並將角色移到指定的位置，4 個造型中我們只使用第 2 個造型。

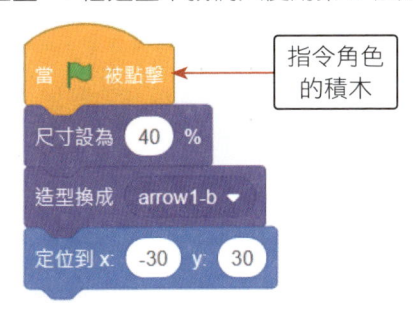

指令角色的積木

9.2 專題：打雪怪遊戲

打地鼠遊戲是一款驚險又刺激的遊戲，所有的地鼠、精靈出現的時間和位置都是以亂數隨機產生，同時加入音效，讓遊戲效果更加精彩和豐富。筆者曾以 Android 設計打地鼠遊戲並發佈到 Google Play 上，下載人數已超過數萬人。

「打雪怪遊戲」專題是將打地鼠遊戲重新包裝和詮釋，同時也將程式簡化，讓它更適合初學者學習。為了增加遊戲效果，本例中加入了大量的音效。

9.2.1 打雪怪遊戲基本版

按下綠旗開始計時 60 秒，得分從 0 開始。遊戲進行中雪人會不斷出沒，如果您擊中雪人會得到 10 分。(<ch09\Ch09_ 打雪怪遊戲基本版 .sb3>)

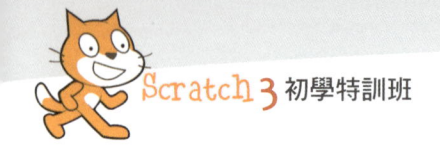

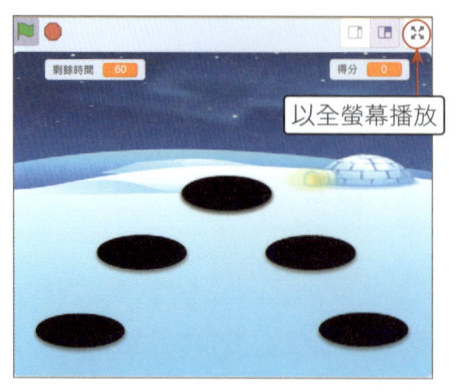

場景安排

1. **編輯舞台**：點選 **舞台**，切換至 **程式區** 的 **背景** 頁籤，按 **上傳** 圖示上傳 <resources\background.png> 圖檔，更名為「背景」，同時，刪除預設建立背景圖 **backdrop1**。

   刪除預設建立的 pop 音效，上傳 <resources\music.wav> 音效當做遊戲的背景音樂，並更名為「背景音樂」。

2. **新增角色**：刪除預設的角色「Sprite1」，在角色區面板按 **繪畫** 圖示新增角色，並改名為「地洞 1」，在繪圖區的 **造型** 頁籤按 **上傳** 圖示，分別上傳 <resources\hole.png>、<resources\goodguy.png> 和 <resources\badguy.png> 等圖檔並分別命名為「地洞」、「雪人」和「雪怪」，刪除預設造型 **costume1**。

   再切換到 **音效** 頁籤，刪除預設建立的「pop」音效，上傳 <resources\hit.wav>、<resources\lose.wav> 並分別命名為「得分」和「扣分」。

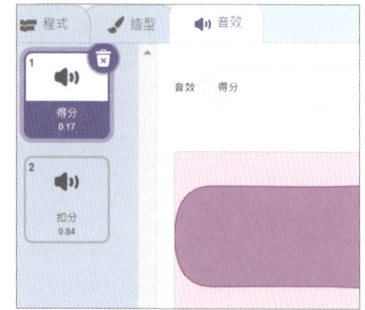

3. **複製角色**：選取「地洞 1」角色，按右鍵選取 **複製**，複製 4 個角色，並分別命名為「地洞 2」~「地洞 5」。並在舞台中調整 5 個地洞角色的位置。

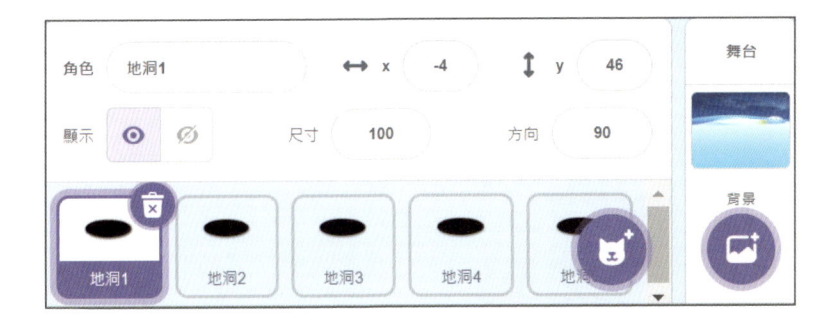

積木安排

1. **建立變數**：建立 **剩餘時間**、**得分** 全域變數。

2. **舞台的積木**：廣播訊息 **遊戲開始**，不停播放背景音效，並設定音效音量大小為 50%。遊戲時間為 60 秒，得分從 0 分開始，並開始計時，直到時間終了，將遊戲停止。

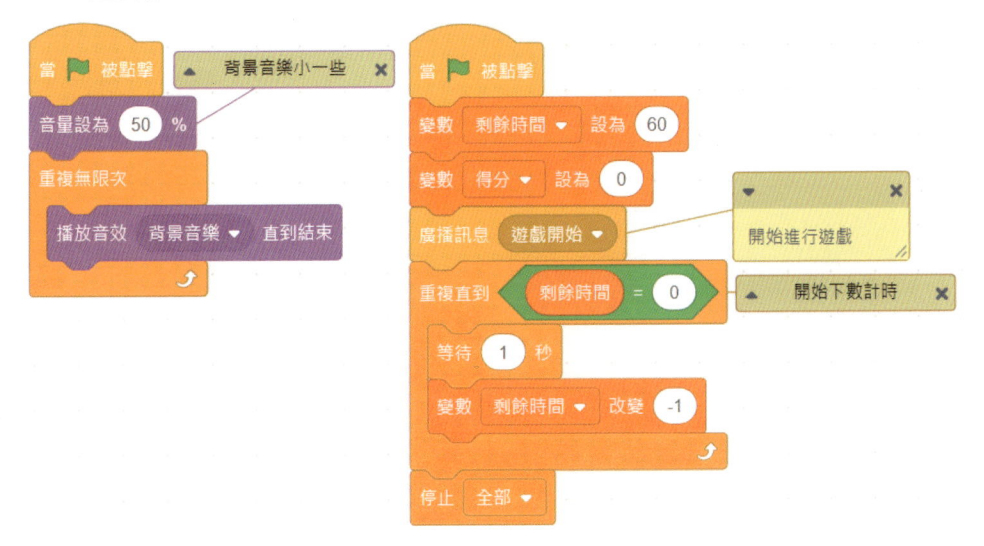

3. **地洞 1 角色的積木**：當接收到 **遊戲開始** 的廣播訊息，在 0.5~0.8 秒間，不斷地以隨機的方式，切換地洞、雪人造型。開始偵測是否打中雪人，如果是打到雪人，播放得分音效，得分加 10 分。

9-9

4. **複製積木**：**地洞 2~ 地洞 5** 積木和 **地洞 1** 完全相同，可以複製積木方式完成。

建議以全螢幕執行

在設計模式執行此範例，由於角色可以拖曳，造成在滑鼠點擊時，也容易拖曳 **地洞1~地洞5** 等角色。建議類似這種使用滑鼠控制的專題，可以按舞台右上方的 圖示 (顯示模式切換鈕)，將螢幕調整為全螢幕模式，然後在全螢幕模式中執行。

9.2.2 打雪怪遊戲進階版

按下綠旗開始計時 60 秒，得分從 0 開始。遊戲進行中雪人和紅色雪怪會不斷出沒，如果您擊中雪人會得到 10 分，但如果擊中紅色雪怪則會扣 50 分。(<ch09\Ch09_打雪怪遊戲進階版 .sb3>)

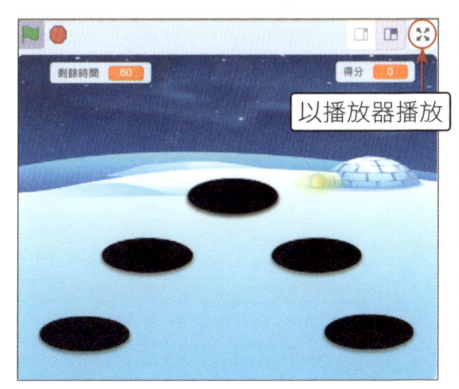

以播放器播放

場景安排

同上一個專題。

積木安排

1. **建立變數**：同上一個專題。
2. **舞台的積木**：同上一個專題。
3. **地洞 1 角色的積木**：將造型大小設為 80%，讓地洞看起來有前、中、後的層次感。在 0.5~0.8 秒間，不斷地以隨機的方式，切換地洞、雪人或雪怪造型。出現雪人的機率是 3/5 (3、4、5)，雪怪的機率是 2/5(1、2)。

   計算出現雪人的方法是隨機產生 1~5 間的亂數，如果這個亂數 >2，表示亂數可能是 3、4 或 5，因此機率就是 3/5，即 60%; 如果亂數 =1 或 2，就是雪怪，機率是 2/5，即 60%。

```
當收到訊息 遊戲開始
尺寸設為 80 %
重複無限次
    等待 隨機取數 0.5 到 0.8 秒
    造型換成 地洞
    等待 隨機取數 0.5 到 0.8 秒
    如果 隨機取數 1 到 5 > 2 那麼
        造型換成 雪人
    否則
        造型換成 雪怪
```

以隨機方式顯示雪人、雪怪。

當按下滑鼠，判斷是碰到雪人或雪怪。碰到雪人播放得分音效、得分加 10 分，碰到雪怪播放扣分音效、得分扣 50 分。同時，只要按下滑鼠去打雪人或雪怪，就會將造型設定為 **地洞**，如果得分小於 0 分，將得分設定為 0 分。

進階專題 **09**

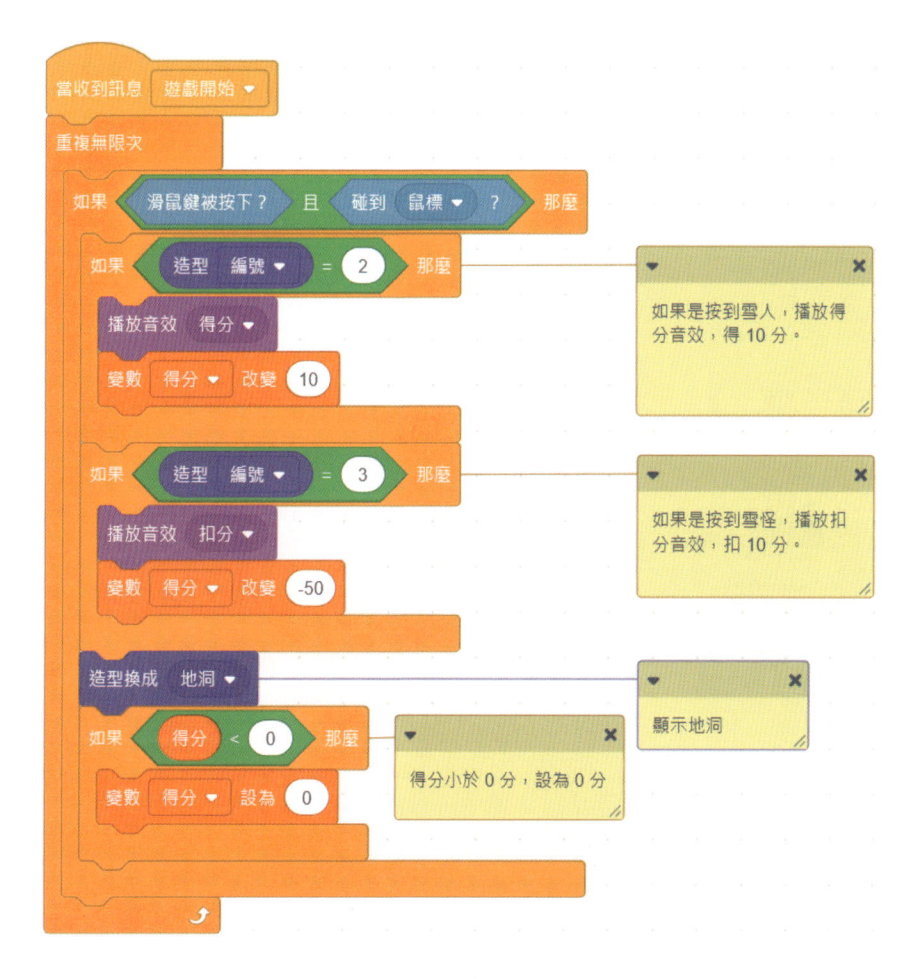

```
當收到訊息 遊戲開始▼
重複無限次
  如果 < 滑鼠鍵被按下? 且 碰到 鼠標▼ ? > 那麼
    如果 < 造型 編號▼ = 2 > 那麼
      播放音效 得分▼
      變數 得分▼ 改變 10
                                    如果是按到雪人，播放得
                                    分音效，得 10 分。
    如果 < 造型 編號▼ = 3 > 那麼
      播放音效 扣分▼
      變數 得分▼ 改變 -50
                                    如果是按到雪怪，播放扣
                                    分音效，扣 10 分。
    造型換成 地洞▼
                                    顯示地洞
    如果 < 得分 < 0 > 那麼
      變數 得分▼ 設為 0
                                    得分小於 0 分，設為 0 分
```

4. **地洞 2~ 地洞 5 角色的積木**：**地洞 2~ 地洞 5** 角色積木和 **地洞 1** 完全相同，可以複製積木方式完成，再將 **地洞 2**、**地洞 3** 造型大小設為 90%，**地洞 4**、**地洞 5** 造型大小設為 100%，讓地洞看起來有前、中、後的層次感。

9.2.3 打雪怪遊戲複製分身版

進階版中的 5 個地洞都是相同的，可以利用 Scratch 3 複製分身的方式輕鬆完成。(<ch09\Ch09_ 打雪怪遊戲複製分身版 .sb3>)

場景安排

由於 **場景安排**、**建立變數** 以及積木和上一個專題相似，因此我們只列出差異部分的積木。

9-13

積木安排

當按下綠旗,將本尊隱藏,複製 5 個分身,分身也依前、中、後層次佈置。 在 **當分身產生** 事件中,將分身顯示,然後不停地偵測分身是否被擊中。

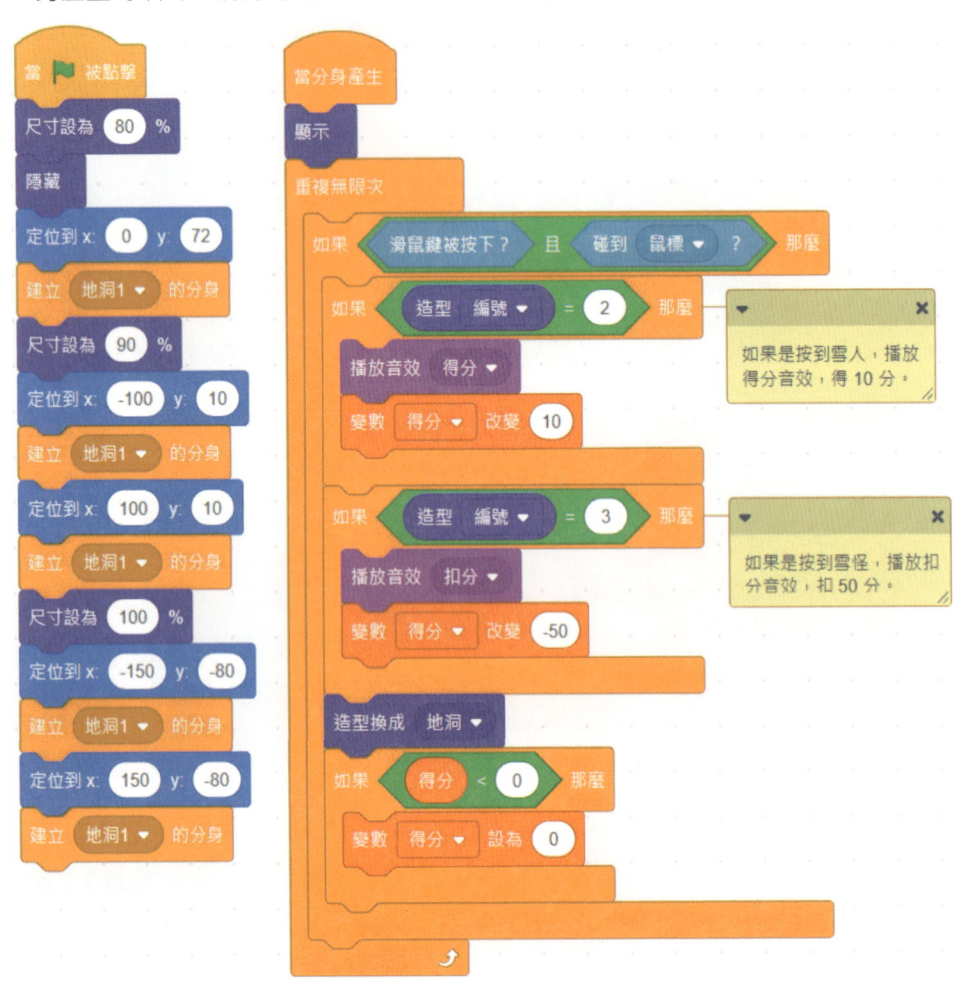

```
當 ▶ 被點擊
尺寸設為 80 %
隱藏
定位到 x: 0 y: 72
建立 地洞1 ▼ 的分身
尺寸設為 90 %
定位到 x: -100 y: 10
建立 地洞1 ▼ 的分身
定位到 x: 100 y: 10
建立 地洞1 ▼ 的分身
尺寸設為 100 %
定位到 x: -150 y: -80
建立 地洞1 ▼ 的分身
定位到 x: 150 y: -80
建立 地洞1 ▼ 的分身
```

```
當分身產生
顯示
重複無限次
    如果 〈 滑鼠鍵被按下? 且 碰到 鼠標 ▼ ? 〉 那麼
        如果 〈 造型 編號 ▼ = 2 〉 那麼
            播放音效 得分 ▼
            變數 得分 ▼ 改變 10
        如果 〈 造型 編號 ▼ = 3 〉 那麼
            播放音效 扣分 ▼
            變數 得分 ▼ 改變 -50
        造型換成 地洞 ▼
        如果 〈 得分 < 0 〉 那麼
            變數 得分 ▼ 設為 0
```

> 如果是按到雪人,播放得分音效,得 10 分。

> 如果是按到雪怪,播放扣分音效,扣 50 分。

9.3 專題：吃角子老虎

玩真實的吃角子老虎勝率很低，這個自製的吃角子老虎，完全沒有作弊，只要運氣好，贏個一把不成問題。您共有 300 塊賭金當賭本 (美金)，每賭 1 次需要 10 塊。

按下拉桿，轉盤開始轉動幾秒後停止，如果 3 個轉盤造型都相同，就是 3 顆星，可贏得 80 塊；有 2 個轉盤造型相同為 2 顆星，可贏得 10 塊，否則 10 塊就會被吃光。(<ch09\Ch09_ 吃角子老虎 .sb3>)

場景安排

1. **編輯舞台**：點選 **舞台**，切換至 **程式區** 的 **背景** 頁籤，按 **上傳** 圖示上傳 <resources\background.png> 圖檔，更名為「背景」，同時，刪除預設建立背景圖 **backdrop1**。

2. **新增拉桿造型角色**：刪除預設的角色「Sprite1」，在角色區面板按 **上傳** 圖示新增角色，上傳 resources 目錄的 < 拉桿造型 .png>，並將造型中心點依下圖設定。

    再切換到 **音效** 頁籤，按 **上傳** 圖示，上傳 resources 目錄的 < 轉盤聲 .mp3> 加入 **拉桿造型** 角色拉動後轉盤旋轉的音效。再按 **選個音效** 圖示，分別從 **範例音效** 加入 **Plunge**、**Ya** 音效，**Plunge** 是拉桿的音效，**Ya** 是 3 顆星的音效。

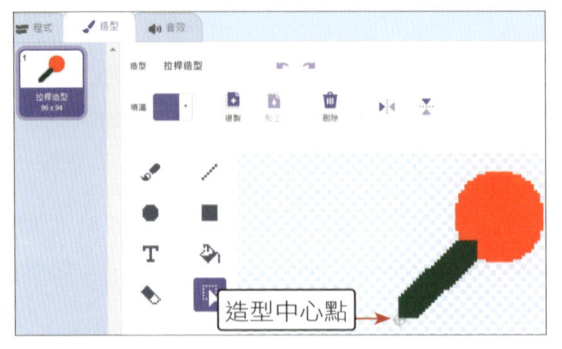

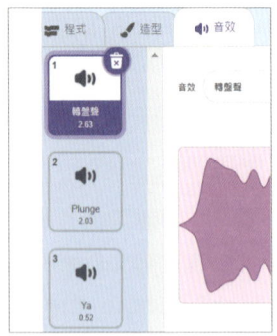

3. **新增圖片一角色**：在角色區面板按 **上傳** 圖示新增角色，上傳 resources 目錄的 <圖片一 .sprite3> 角色檔，角色命名為 **圖片一**。<圖片一 .sprite3> 角色內含有 8 個造型，每個造型都是從 **範例造型** 中匯入圖片後，再加下 132*123 的黑色框。 因為過程稍繁瑣，我們直接匯入 <圖片一 .sprite3> 角色檔。**圖片一**角色的造型如下：

同樣地操作，再新增 **圖片二**、**圖片三** 角色，也是匯入 <圖片一 .sprite3> 角色檔，再分別命名為 **圖片二**、**圖片三**。

完成後的背景和角色如下：

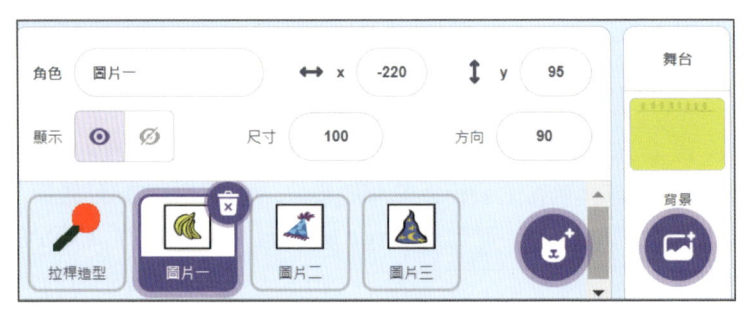

積木安排

1. **建立變數**：建立 **圖片一數字**、**圖片二數字**、**圖片三數字**、**拉桿角度**、**賭金** 全域變數。

2. **舞台的積木**：賭本共有 300 塊。

3. **拉桿造型角色的積木**：先將拉桿移到指定的位置。按下拉桿後，發出拉桿音效，拉桿往下拉。復原後，廣播訊息 **開始旋轉**，叫轉盤開始轉動，並發出轉盤旋轉音效。

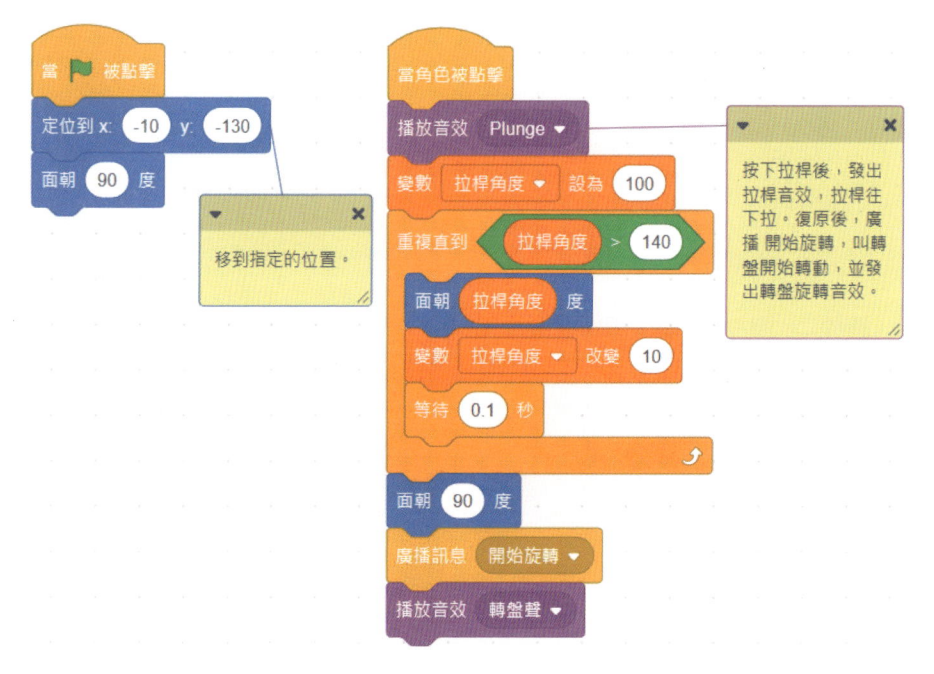

4. **圖片一角色的積木**：程式執行後先將 **圖片一** 移到指定位置，並從 8 個造型任意選 1 個。當 **圖片一** 接收到 **開始旋轉** 訊息後轉盤旋轉 18~22 個造型，等轉盤停止後設定變數 **圖片一數字 = 造型編號**。

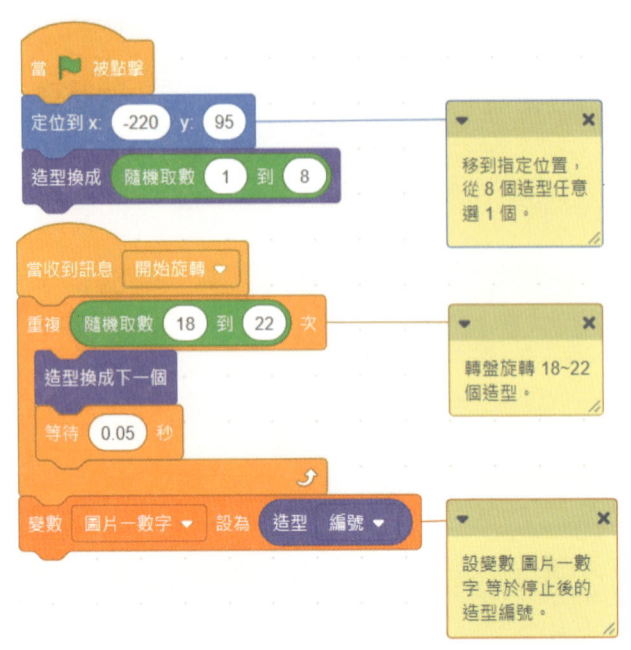

圖片一角色積木

- 當 ▶ 被點擊
- 定位到 x: -220 y: 95
- 造型換成 隨機取數 1 到 8

移到指定位置，從 8 個造型任意選 1 個。

- 當收到訊息 開始旋轉 ▼
- 重複 隨機取數 18 到 22 次
  - 造型換成下一個
  - 等待 0.05 秒

轉盤旋轉 18~22 個造型。

- 變數 圖片一數字 ▼ 設為 造型 編號 ▼

設變數 圖片一數字 等於停止後的造型編號。

5. **圖片二、圖片三角色的積木**：圖片二、圖片三 積木和 圖片一 相似，差異為移動的位置、轉動的造型數，設定變數為 **圖片二數字**、**圖片三數字**，此外，圖片三旋轉結束時會廣播訊息 **旋轉結束**。

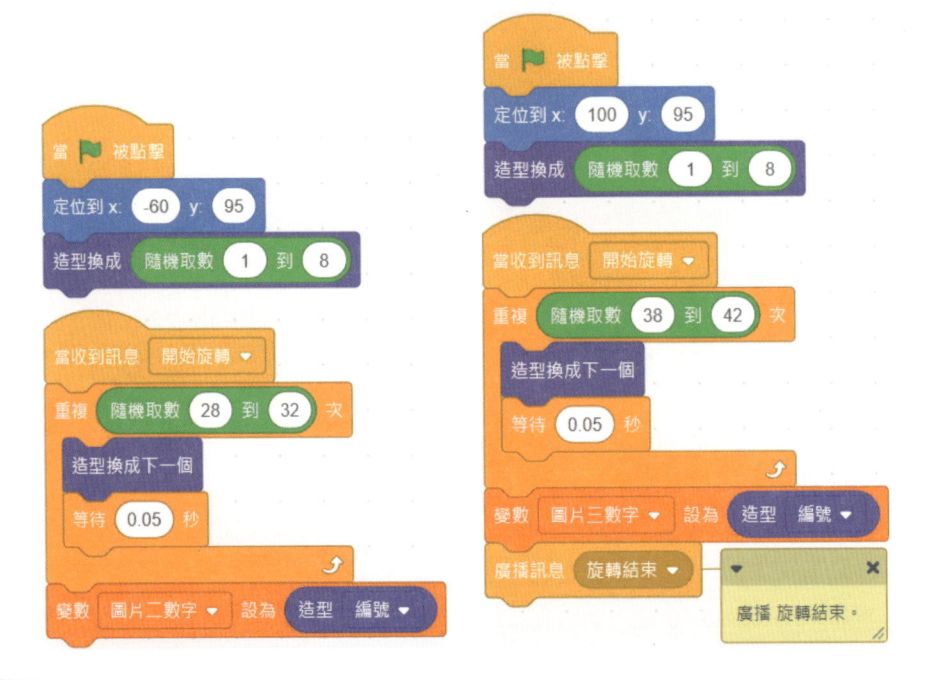

圖片二

- 當 ▶ 被點擊
- 定位到 x: -60 y: 95
- 造型換成 隨機取數 1 到 8
- 當收到訊息 開始旋轉 ▼
- 重複 隨機取數 28 到 32 次
  - 造型換成下一個
  - 等待 0.05 秒
- 變數 圖片二數字 ▼ 設為 造型 編號 ▼

圖片三

- 當 ▶ 被點擊
- 定位到 x: 100 y: 95
- 造型換成 隨機取數 1 到 8
- 當收到訊息 開始旋轉 ▼
- 重複 隨機取數 38 到 42 次
  - 造型換成下一個
  - 等待 0.05 秒
- 變數 圖片三數字 ▼ 設為 造型 編號 ▼
- 廣播訊息 旋轉結束 ▼

廣播 旋轉結束。

6. **拉桿造型角色的積木**：當三個轉盤轉動停止後，會廣播訊息 **旋轉結束**，拉桿造型 接收此廣播訊息即進行勝、負的判斷，因為積木中會使用到 **拉桿造型角色** 中的 **Ya** 音效，因此將它寫在 **拉桿造型角色的積木** 中。 當三個轉盤圖片都相同，贏 80 塊並播放 **Ya** 音效，任意兩個轉盤圖片相同，贏 10 塊，否則就是輸了。

```
當收到訊息 旋轉結束
如果  圖片一數字 = 圖片二數字  且  圖片一數字 = 圖片三數字  那麼
                                                          ▼          ✕
    說出  賓果！ 持續  1  秒                              三個轉盤圖片都相同。
    變數  賭金 ▼ 改變  80
    播放音效  Ya ▼
否則
    如果  圖片一數字 = 圖片二數字  或  圖片一數字 = 圖片三數字  或  圖片二數字 = 圖片三數字  那麼
        說出  贏10元！ 持續  1  秒      ▼                    ✕
        變數  賭金 ▼ 改變  10           任意兩個轉盤圖片相同。
    否則
        說出  輸10元！ 持續  1  秒      ▼  賭輸了!  ✕
        變數  賭金 ▼ 改變  -10
```

9.4 專題：打字高手

用 Scratch 設計打字練習是相當實用的，平時也可以拿來給自己或同學練習，增加打字的速度，同時也會充滿成就感。

9.4.1 打字高手基本版

按下綠旗開始計時 60 秒，得分從 0 開始。英文字母 A~E 會由舞台上方以隨機方式，逐漸往下移動，當字母出現在舞台中時，按下該按鍵表示**擊中**該字母，播放 **擊中** 的音效，得分加 1 分，被擊中的字母會隱藏後再從舞台上方重新出現。

如果該字母不在舞台上卻按下該鍵，則會播放 **失誤** 的音效，字母碰到下邊緣表示失誤，得分扣 1 分，並將字母隱藏。(<ch09\Ch09_ 打字高手基本版 .sb3>)

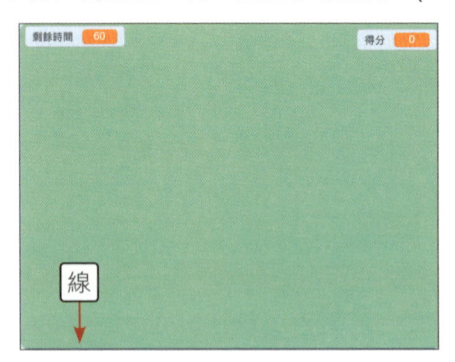

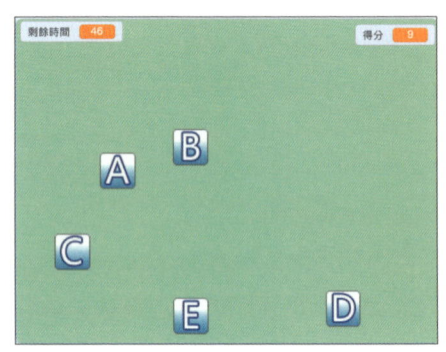

場景安排

1. **編輯舞台**：點選 **舞台**，切換至 **程式區** 的 **背景** 頁籤，將預設的白色背景「backdrop1」填成淡綠色。

2. **新增角色**：刪除預設的角色「Sprite1」，在角色區面板按 **上傳** 圖示新增角色，上傳 resources 目錄的 < 線 .png>，並將角色名稱命名為「線」，並將它佈置在舞台最下緣。

3. **新增 A 角色**：在角色區面板按 **上傳** 圖示新增角色，上傳 resources 目錄的 <A.gif>，並將角色名稱命名為「A」，並設定角色為只能左右旋轉。

    再切換到 **音效** 頁籤，按 **上傳** 圖示分別上傳 resources 目錄的 < 擊中 .wav> 和 < 失誤 .wav>。

進階專題 **09**

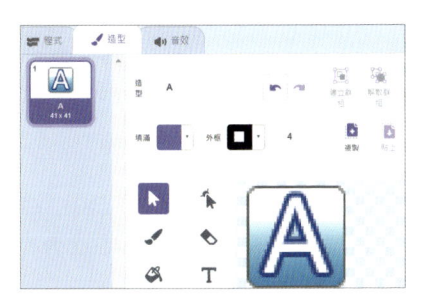

4. **新增其他角色**：同步驟 3 的操作，分別再新增「B」、「C」、「D」、「E」角色，圖檔分別選取 <B.gif>~<E.gif>。

完成後的背景和角色如下：

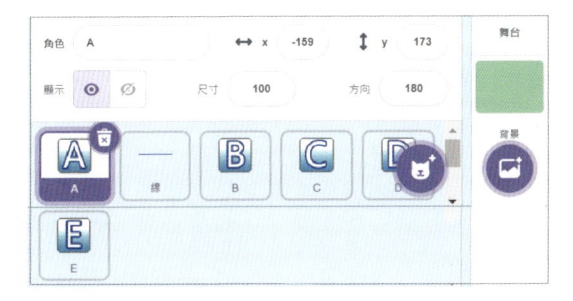

積木安排

1. **建立變數**：建立 **剩餘時間**、**得分** 全域變數。

2. **舞台的積木**:遊戲時間為 60 秒，得分從 0 分開始，並開始計時，直到時間終了，將遊戲停止。

9-21

3. **A 角色的積木**：

建立區域變數：建立 **按下按鍵**、**目標出現** 區域變數。當字母 **A** 出現在舞台中，設定 **目標出現 = 是**，當按下按鍵 **A**，設定 **按下按鍵 = 是**。

字母每 1~3 秒，自 x:=-180~180 y:1500~2000 處往下移動，設定 **目標出現 = 否**、**按下按鍵 = 否** 代表按鍵 **A** 尚未出現在舞台上，尚未按下按鍵 **A**。

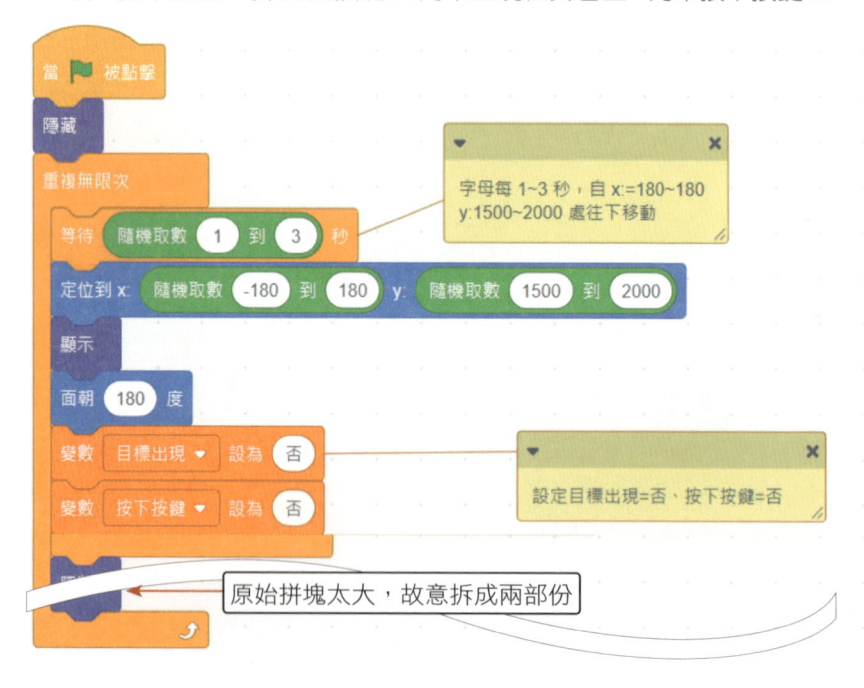

```
當 ▶ 被點擊
隱藏
重複無限次
  等待 隨機取數 1 到 3 秒
  定位到 x: 隨機取數 -180 到 180  y: 隨機取數 1500 到 2000
  顯示
  面朝 180 度
  變數 目標出現 ▼ 設為 否
  變數 按下按鍵 ▼ 設為 否
```

（註解：字母每 1~3 秒，自 x:=180~180 y:1500~2000 處往下移動）
（註解：設定目標出現=否、按下按鍵=否）
（註解：原始拼塊太大，故意拆成兩部份）

每 0.2 秒向下移動 5~15 格，直到按下按鍵 **A** 或碰到底線才停止並消失。

如果字母出現在舞台區中，設定 **目標出現 = 是**，按下 **A** 鍵，設定 **按下按鍵 = 是**，用以強迫結束直到 **按下按鍵 = 是** 或 **碰到線** 積木，讓 **A** 鍵又重新從上方隨機產生後下移。如果碰到最下緣的 **線**，得分扣 1 分，並將 **A** 鍵隱藏。

進階專題 09

```
當 ▶ 被點擊
隱藏
重複無限次
    等待 隨機取數 1 到 3 秒     ← 上半部的拼塊
    重複直到 < 按下按鍵 = 是 > 或 < 碰到 線 ▼ ? >
        移動 隨機取數 5 到 15 點        ┤每 0.2 秒向下移動 5~15
                                       點，直到按下按鍵或碰到底
                                       線才停止。
        如果 < y座標 > -180 且 y座標 < 180 > 那麼
            變數 目標出現 ▼ 設為 是     ┤如果字母出現在舞台區中，
                                       設定 目標出現=是
        等待 0.2 秒
        如果 < a ▼ 鍵被按下 ? > 那麼
            變數 按下按鍵 ▼ 設為 是     ┤如果按下 A 鍵，設定 按下按鍵
                                       =是，強迫結束內迴圈，並將 A
                                       鍵隱藏，讓 A 鍵又重新從上方
                                       隨機產生後下移。
    如果 < 碰到 線 ▼ ? > 那麼
        變數 得分 ▼ 改變 -1           ┤如果碰到最下緣的線，得分扣
                                       1 分。
    隱藏
```

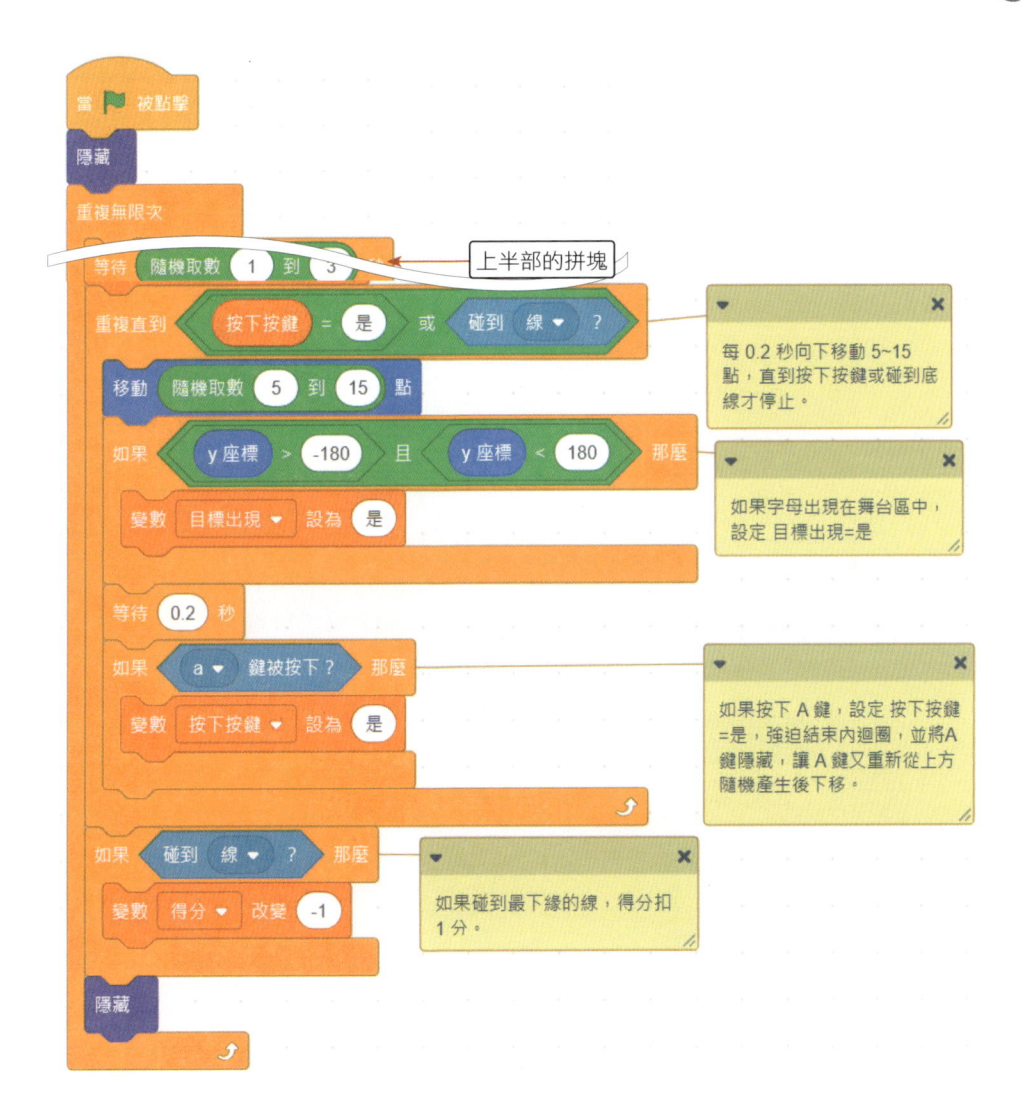

當按下 **A** 鍵，如果字母 **A** 出現，代表擊中，播放擊中音效，得分加 1 分。字母 **A** 未出現，按下 **A** 鍵則會播放失誤音效。

9-23

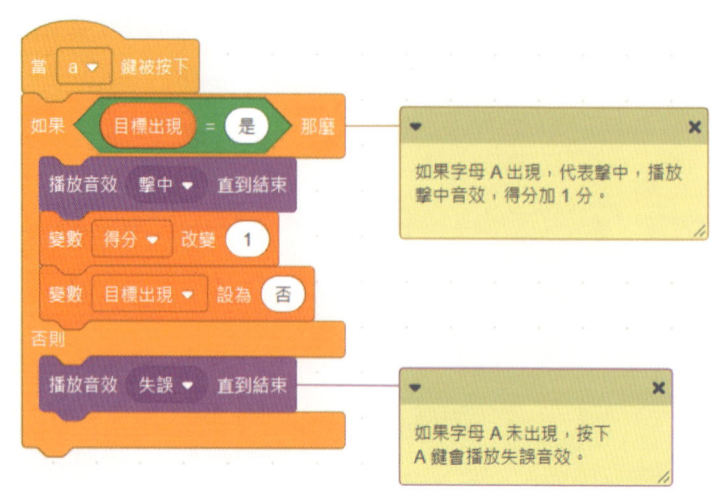

4. **複製積木**：B~E 角色積木和 **A 角色** 幾乎完全相同，可用複製積木方式完成。然後再修改差異的部份，也就是將偵測的按鍵改為對應的按鍵。以 **B** 角色為例：請將 **a** 按鍵改為 **b** 按鍵，共有兩個地方需要修改。

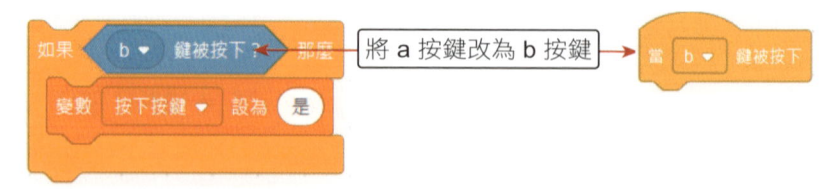

9.4.2 打字高手進階版

打字高手基本版的按鍵只有英文字母 A~E，進階版中擴充為完整的 A~Z 共 26 個英文字母，讓專題更完整。(<ch09\Ch09_ 打字高手進階版 .sb3>)

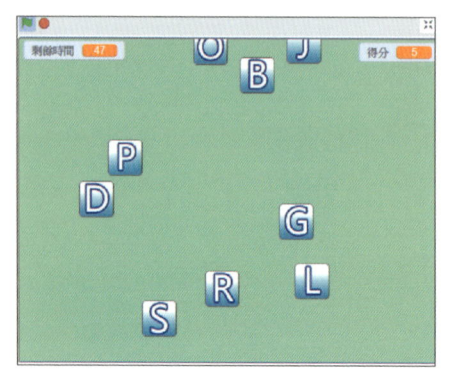

9-24

進階專題 09

場景安排

同上一個專題。但將字母擴充為 26 個英文字母。完成後的背景和角色如下 (J~Z 字母未顯示出來)：

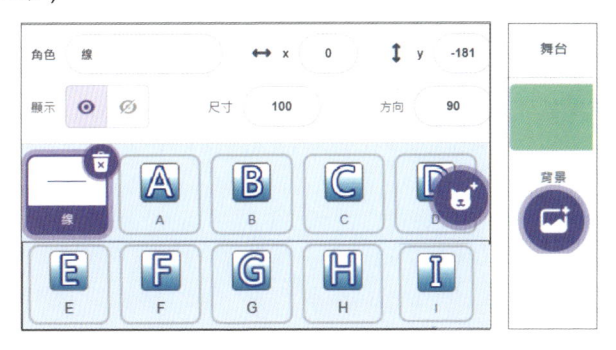

積木安排

1. **建立變數**：同上一個專題。

2. **舞台的積木**：同上一個專題。

3. **A~Z 角色的積木**：

    其實我們已在打字練習基本版中建構了進階版的架構。只要先完成 **A 角色** 積木，再複製給 **B~Z** 角色積木即可完成。然後再修改差異的部份，也就是將偵測的按鍵改為對應的按鍵。即字母 **A** 對應 a 按鍵，字母 **B** 對應 **b** 按鍵，其餘依此類推。

    當有太多的字母同時出現時，遊戲者將會應接不暇，請將字母出現的頻率調慢一些。原來的時間是 1~3 秒，改為自己測試後較滿意的時間，總共 26 個字母都要調。例如：調整為 5~20 秒。

    將原來 1~3 秒調整為 5~20 秒

9-25

利用全域變數調整所有英文字母出現的時間

在打字練習進階版中,我們調整英文字母出現的時間,總共需要調整 26 次,有沒有只需要調整一次的方法呢?有的。

請先建立兩個全域變數,minTime、maxTime,然後在舞台積木中設定 minTime=5、maxTime=20,如下:(<ch09\Ch09_打字高手進階版_全域變數.sb3>)

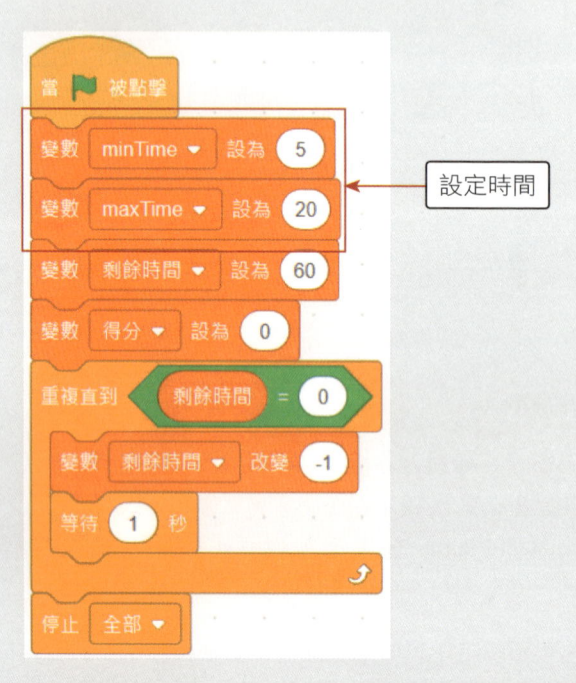

然後將 A~Z 共 26 組積木中的數值改為使用 minTime、maxTime 變數,以按鍵 A 為例,調整如下:

9.5 專題：黃金的考驗

黃金的考驗是一個具有互動的遊戲，所有天空上的蝴蝶均可以主動攻擊，地上的猴子也會加以還擊，配合音效，讓遊戲精彩度破表。

所有的子彈、蝴蝶蛋，都是以製造分身的方式產生，而且密度極高，遊戲時一定得全神貫注，否則稍不留神，即可能被擊中。

9.5.1 黃金的考驗基本版

基本版只有一隻蝴蝶，蝴蝶會不停下蛋攻擊猴子，猴子可以 **左、右** 鍵移動躲避，若猴子被擊中會發出慘叫聲，而猴子也可以按下 **空白鍵** 發射子彈攻擊蝴蝶，若蝴蝶被擊中也會發出哀號聲。(<ch09\Ch09_ 黃金的考驗基本版 .sb3>)

場景安排

1. **編輯舞台**：點選 **舞台**，切換至 **程式區** 的 **背景** 頁籤，按 **選個背景** 圖示從 **範例背景中** 選取 **Hay Field** 圖檔，刪除預設建立背景圖 **backdrop1**。

2. **新增蝴蝶 1 角色**：刪除預設的角色「Sprite1」，在角色區面板按 **選個角色** 圖示新增角色，從 **範例角色** 中選擇 **Butterfly 2**，並將角色名稱命名為「蝴蝶 1」，載入的 **Butterfly 2** 角色預設含有下列 2 種造型。

   再切換到 **音效** 頁籤，刪除預設建立的「pop」音效，按 **選個音效** 圖示，從 **範例音效** 選擇 **Bird** 新增角色音效。

   請將造型中心點設在肚子位置 (**butterfly2-a**、**butterfly2-b** 兩個造型都要設中心點)，並設定面向左，只能左右移動。

兩個造型都要設中心點

造型中心點

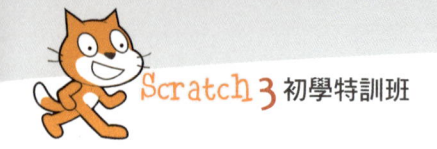

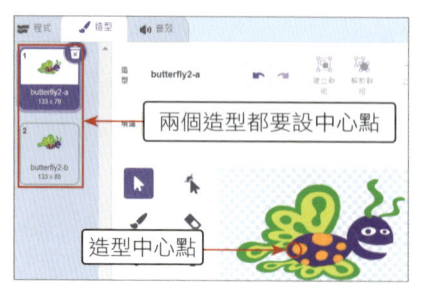

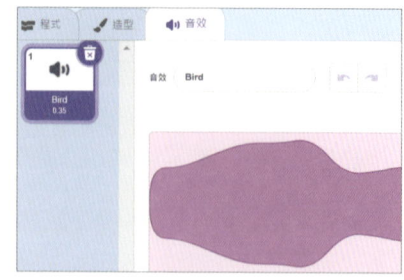

3. **新增猴子角色**：同樣的操作，從 **範例角色** 中選擇 **Monkey**，並將角色名稱命名為「猴子」，切換到 **音效** 標籤，刪除預設建立的 **Chee Chee** 和 **Chomp** 音效，從 **範例音效** 選擇 **Scream1** 新增角色音效。

   請將造型中心點設在 **猴子** 頭頂位置，並設定面向左，只能左右移動。

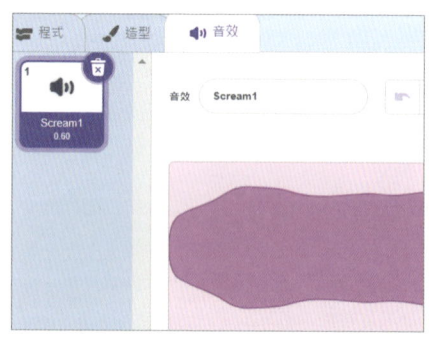

   所有造型都要設中心點

   造型中心點

4. **新增子彈角色**：在角色區面板按 **繪畫** 圖示新增角色，並改名為「子彈」，在 **costume1** 造型的繪圖區中繪製子彈，將造型中心點設在子彈中心。切換到 **音效** 標籤，刪除預設建立的 **pop** 音效，從 **範例音效** 選擇 **Laser2** 新增角色音效。

5. **新增蝴蝶蛋 1 角色**：同上的操作，按 **繪畫** 圖示新增角色，改名為「蝴蝶蛋1」，在 **costume1** 造型的繪圖區中繪製蝴蝶蛋，將造型中心點設在蝴蝶蛋中心。切換到 **音效** 標籤，刪除預設建立的 **pop** 音效，從 **範例音效** 選擇 **Laser1** 新增角色音效。

完成後的背景和角色如下：

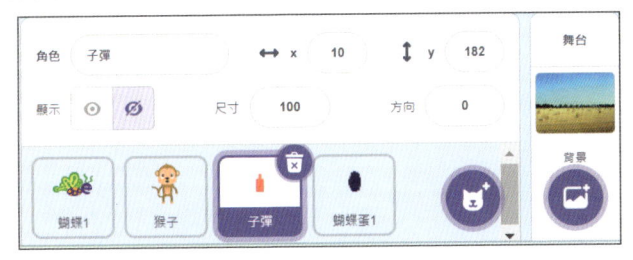

積木安排

1. **建立變數**：建立 **蝴蝶 1 的 x 座標、蝴蝶 1 的 y 座標、猴子 x 座標、猴子 y 座標** 全域變數。

2. **蝴蝶 1 角色的積木**：不停的切換造型，製作蝴蝶飛舞的效果。

蝴蝶 1 每 1~3 秒會由右方邊界外，往左方飛入舞台中，每次向左移動 2~5 點，在移動過程中會廣播訊息 **蝴蝶 1 下蛋**，不停製造蝴蝶蛋攻擊下方的 **猴子**，蝴蝶下蛋位置必須位於蝴蝶造型中心處，因此以全域變數 **蝴蝶 1 的 x 座標**、**蝴蝶 1 的 y 座標** 記錄之。

蝴蝶 1 也會遭受 **猴子** 發射子彈攻擊，如果被子彈擊中，播放被擊中音效，同時廣播訊息 **停止蝴蝶 1 下蛋**，停止 **蝴蝶 1** 下蛋，並將 **蝴蝶 1** 隱藏。

當 **蝴蝶 1** 超出左邊界，將 **蝴蝶 1** 隱藏，同時停止 **蝴蝶 1** 下蛋。

```
當 ▶ 被點擊
重複無限次
    定位到 x: 隨機取數 300 到 500    y: 隨機取數 80 到 120
    等待 隨機取數 1 到 3 秒
    顯示
    廣播訊息 蝴蝶1下蛋 ▼         ◄── 蝴蝶1可以開始下蛋了
    重複直到  x座標 < -240  或  碰到 子彈 ▼ ?
        x 改變 隨機取數 -2 到 -5    ◄── 如果未碰到下緣或子
        變數 蝴蝶1的x座標 ▼ 設為 x座標         彈,往左移動 2~5
        變數 蝴蝶1的y座標 ▼ 設為 y座標    ◄── 記錄蝴蝶1的 x、y 座標
                                         位置。
    如果 碰到 子彈 ▼ ? 那麼
        廣播訊息 停止蝴蝶1下蛋 ▼     ◄── 如果被子彈擊中,播放
        播放音效 Bird ▼                被擊中音效,同時廣播
                                       停止蝴蝶1下蛋
    隱藏                    ◄── 將蝴蝶1隱藏。
    廣播訊息 停止蝴蝶1下蛋 ▼  ◄── 廣播蝴蝶1停止下蛋。
```

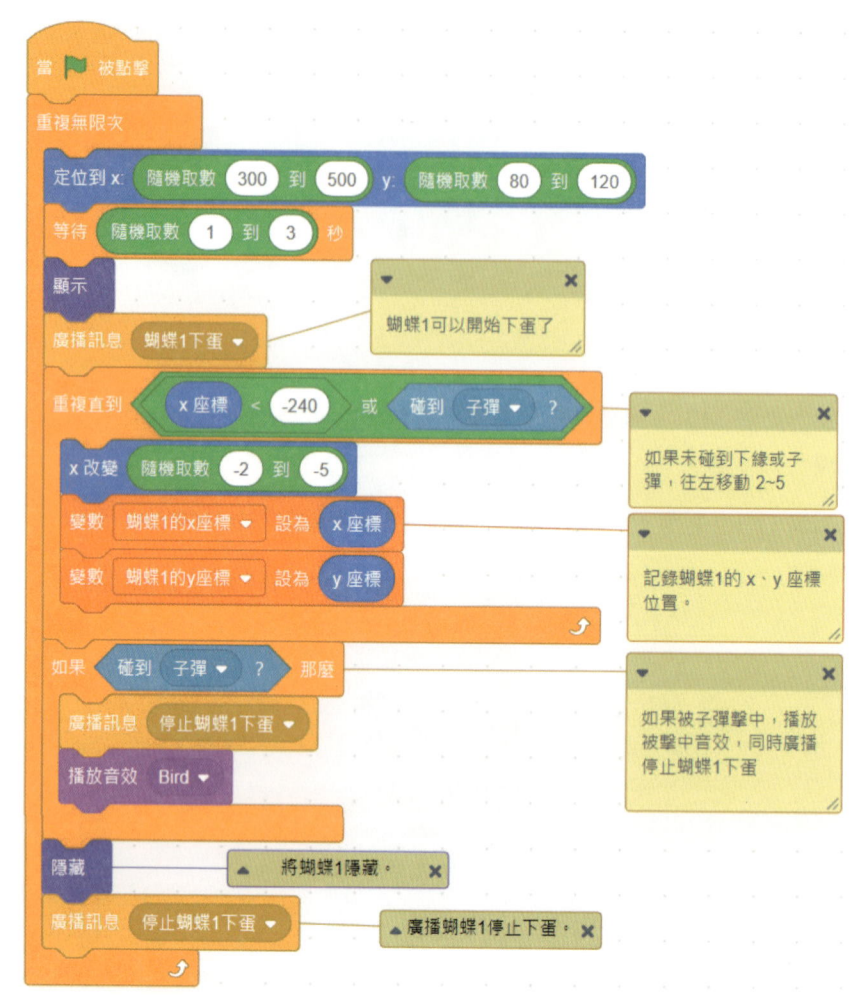

3. **猴子角色的積木**:在每 0.8 內,不斷地切換造型。同時設定依按下左、右鍵向左、向右移動。

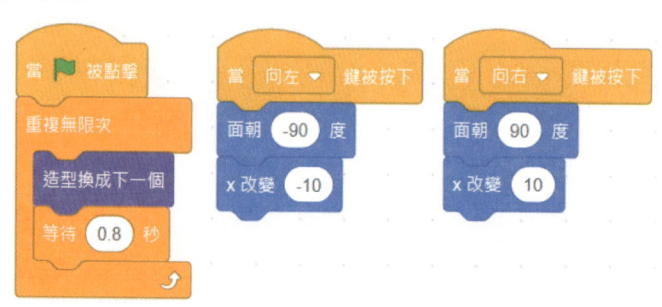

```
當 ▶ 被點擊           當 向左 ▼ 鍵被按下     當 向右 ▼ 鍵被按下
重複無限次             面朝 -90 度            面朝 90 度
  造型換成下一個       x 改變 -10             x 改變 10
  等待 0.8 秒
```

原始的 **猴子** 角色太大，將牠縮小為 60%，在移動的過程中，不斷地以全域變數 **猴子 x 座標**、**猴子 y 座標** 記錄位置，因為 **猴子** 發射子彈的位置必須位於 **猴子** 造型中心處。

若 **猴子** 碰到 **蝴蝶蛋 1**，播放被擊中的音效。

```
當 ▶ 被點擊
尺寸設為 60 %
定位到 x: 0 y: -100
重複無限次
    變數 猴子x座標 ▼ 設為 x 座標
    變數 猴子y座標 ▼ 設為 y 座標
    如果 碰到 蝴蝶蛋1 ▼ ? 那麼
        播放音效 Scream1 ▼ 直到結束
```

4. **子彈角色的積木**：當按下 **空白鍵**，即製造 1 個分身，並故意等待 0.4 秒，避免子彈發射太頻繁。

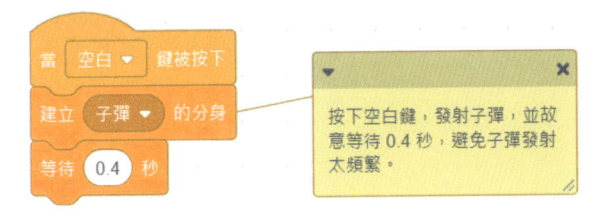

```
當 空白 ▼ 鍵被按下
建立 子彈 ▼ 的分身
等待 0.4 秒
```

> 按下空白鍵，發射子彈，並故意等待 0.4 秒，避免子彈發射太頻繁。

子彈 由 **猴子** 的 x、y 座標處向上發射。每次移到 30 點，直到 y 座標 >180 為止，然後將分身刪除。

[Scratch 3 初學特訓班]

```
當分身產生
定位到 x: 猴子x座標  y: 猴子y座標
播放音效 Laser2 ▼
面朝 0 度
顯示
重複直到 y 座標 > 180
    移動 30 點
隱藏                    ◀ 將分身隱藏、刪除。
分身刪除
```

每次移到 30 點，直到 y 座標>180 為止。

5. **蝴蝶蛋 1 角色的積木**：當收到 **蝴蝶 1 下蛋** 廣播訊息，即每 0.5~0.8 秒製造 1 個蝴蝶蛋分身。

```
當收到訊息 蝴蝶1下蛋 ▼
隱藏
重複無限次
    等待 隨機取數 0.5 到 0.8 秒
    建立 蝴蝶蛋1 ▼ 的分身
```

每 0.5~0.8 秒製造一個分身

將 **蝴蝶蛋 1** 分身移到 **蝴蝶 1** 的 x、y 座標，向下移動，每次移動 8 點，直到 y 座標 <-180 為止，然後將分身刪除。

進階專題 09

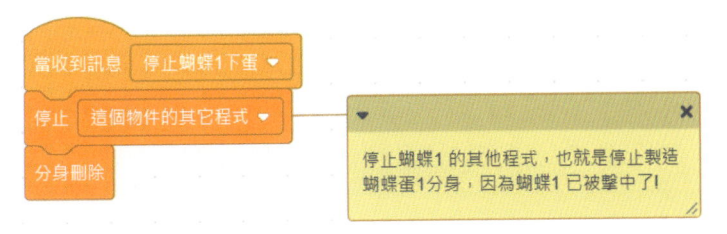

（程式積木圖：當分身產生 / 播放音效 Laser1 / 定位到 x: 蝴蝶1的x座標 y: 蝴蝶1的y座標 / 面朝 180 度 / 顯示 / 重複直到 y座標 < -180 / 移動 8 點 / 分身刪除）

> 將分身移到蝴蝶1 的 x、y 標，同時向下移動，每次移到 8 點，直到 y 座標 <-180 為止。

當蝴蝶超出左邊界，或被子彈擊中，會廣播訊息 **停止蝴蝶1下蛋**，當 **蝴蝶蛋1** 角色接收此廣播訊息即會以 `停止 這個物件的其它程式` 停止製造 **蝴蝶蛋1** 分身，因為 **蝴蝶1** 已被擊中了，同時將分身刪除。

（程式積木圖：當收到訊息 停止蝴蝶1下蛋 / 停止 這個物件的其它程式 / 分身刪除）

> 停止蝴蝶1 的其他程式，也就是停止製造蝴蝶蛋1分身，因為蝴蝶1已被擊中了!

🐱 停止出場角色的其他程式

前面 **蝴蝶蛋1** 角色的積木共有 **3** 大塊，即 **當收到訊息蝴蝶1下蛋**、**當分身產生** 事件以及 **當收到訊息停止蝴蝶1下蛋**。在 **當收到訊息停止蝴蝶1下蛋** 中使用 `停止 這個物件的其它程式` 積木，它會停止 **當收到訊息蝴蝶1下蛋**、**當分身產生** 事件的積木運作，但不會停止 **當收到訊息停止蝴蝶1下蛋** 中的積木運作。

較細心的讀者，會發覺當 **蝴蝶蛋** 太靠近左邊界時，會有飛行未達到地面即消失的狀況，我們在後面的進階版再來探討如何改進。

9-33

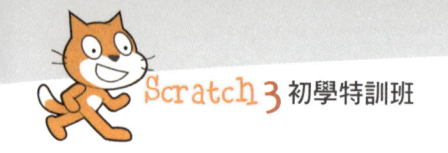

9.5.2 黃金的考驗進階版

進階版將蝴蝶增加為 3 隻，每隻蝴蝶都會不停下蛋攻擊猴子，遊戲的張力和刺激性將大幅提升。(<ch09\Ch09_ 黃金的考驗進階版.sb3>)

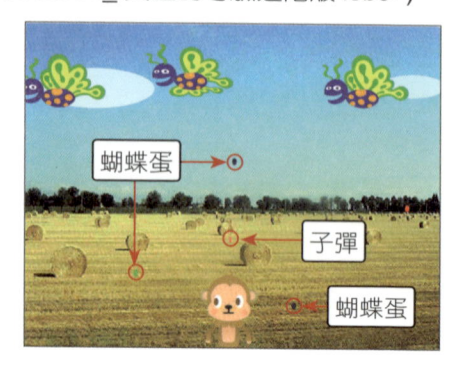

場景安排

同上一個專題。但將 **蝴蝶 1**、**蝴蝶蛋 1** 各再複製 2 隻：其中 **蝴蝶 1** 和 **蝴蝶蛋 1** 配對、**蝴蝶 2** 和 **蝴蝶蛋 2** 配對、**蝴蝶 3** 和 **蝴蝶蛋 3** 配對。可以更改 **蝴蝶蛋 2**、**蝴蝶蛋 3** 的顏色。例如：**蝴蝶蛋 2** 改為紅色、**蝴蝶蛋 3** 改為綠色。同時再新增兩朵白雲 **白雲 1**、**白雲 2**。如下：

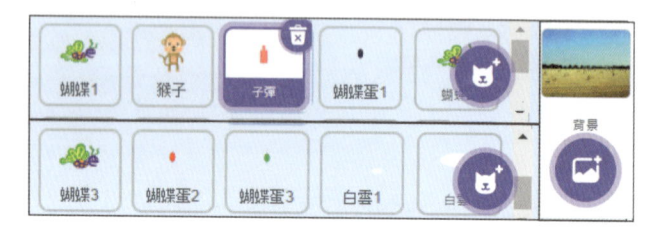

積木安排

1. **建立變數**：除了建立 **蝴蝶 1 的 x 座標**、**蝴蝶 1 的 y 座標**、**猴子 x 座標**、**猴子 y 座標** 全域變數，再建立 **蝴蝶 2 的 x 座標**、**蝴蝶 2 的 y 座標**、**蝴蝶 3 的 x 座標**、**蝴蝶 3 的 y 座標** 和 **蝴蝶 1 是否可以下蛋**、**蝴蝶 2 是否可以下蛋**、**蝴蝶 3 是否可以下蛋** 全域變數。

2. **白雲角色的積木**：**白雲 1**、**白雲 2** 積木都相同，它往下移動 1 層，設定幻影的特效，不定時從左邊界逐漸往右移動，直到超出右邊界為止，並不斷循環。

進階專題 **09**

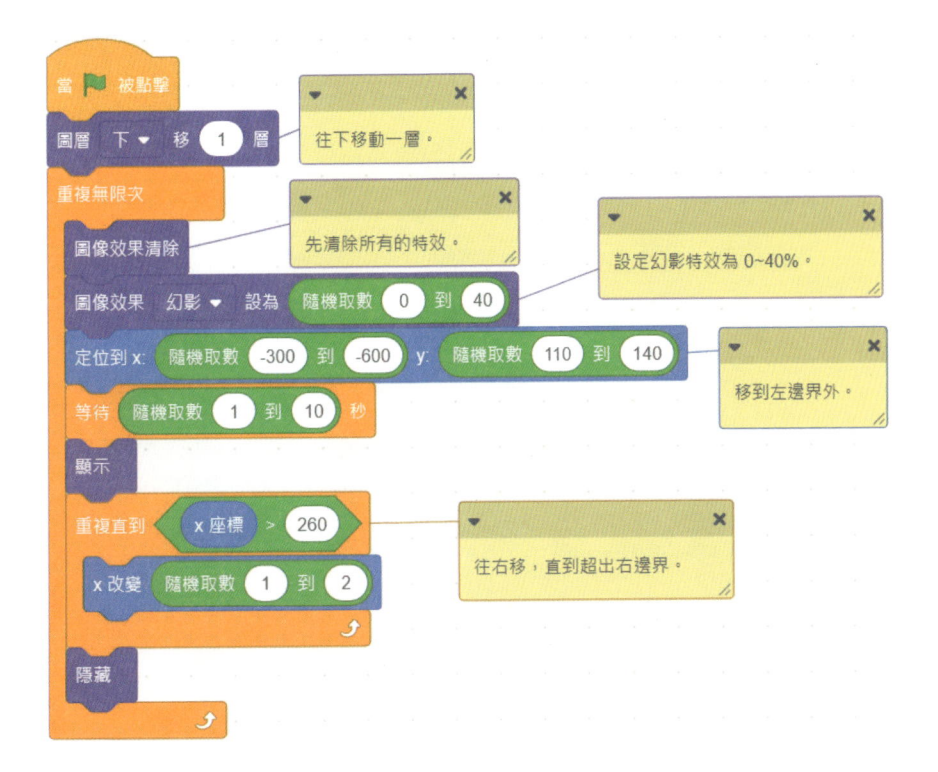

```
當 🏁 被點擊
圖層 下▼ 移 1 層          往下移動一層。
重複無限次
  圖像效果清除             先清除所有的特效。
  圖像效果 幻影▼ 設為 隨機取數 0 到 40    設定幻影特效為 0~40%。
  定位到 x: 隨機取數 -300 到 -600  y: 隨機取數 110 到 140   移到左邊界外。
  等待 隨機取數 1 到 10 秒
  顯示
  重複直到 x 座標 > 260      往右移，直到超出右邊界。
    x 改變 隨機取數 1 到 2
  隱藏
```

3. **蝴蝶 1 角色的積木**：基本版專題中，**蝴蝶蛋 1** 角色的積木，在 **當收到訊息停止蝴蝶 1 下蛋** 事件中使用 `停止 這個物件的其它程式▼` 積木，它會停止 **當收到訊息蝴蝶 1 下蛋**、**當分身產生** 事件的積木運作，因此，會有飛行未達到地面 **蝴蝶蛋** 即消失的狀況。

    為了改進這個狀況，我們加入全域變數 **蝴蝶 1 是否可以下蛋** 來控制，其餘的積木和基本版均相同。

9-35

程式積木說明（蝴蝶1角色）：

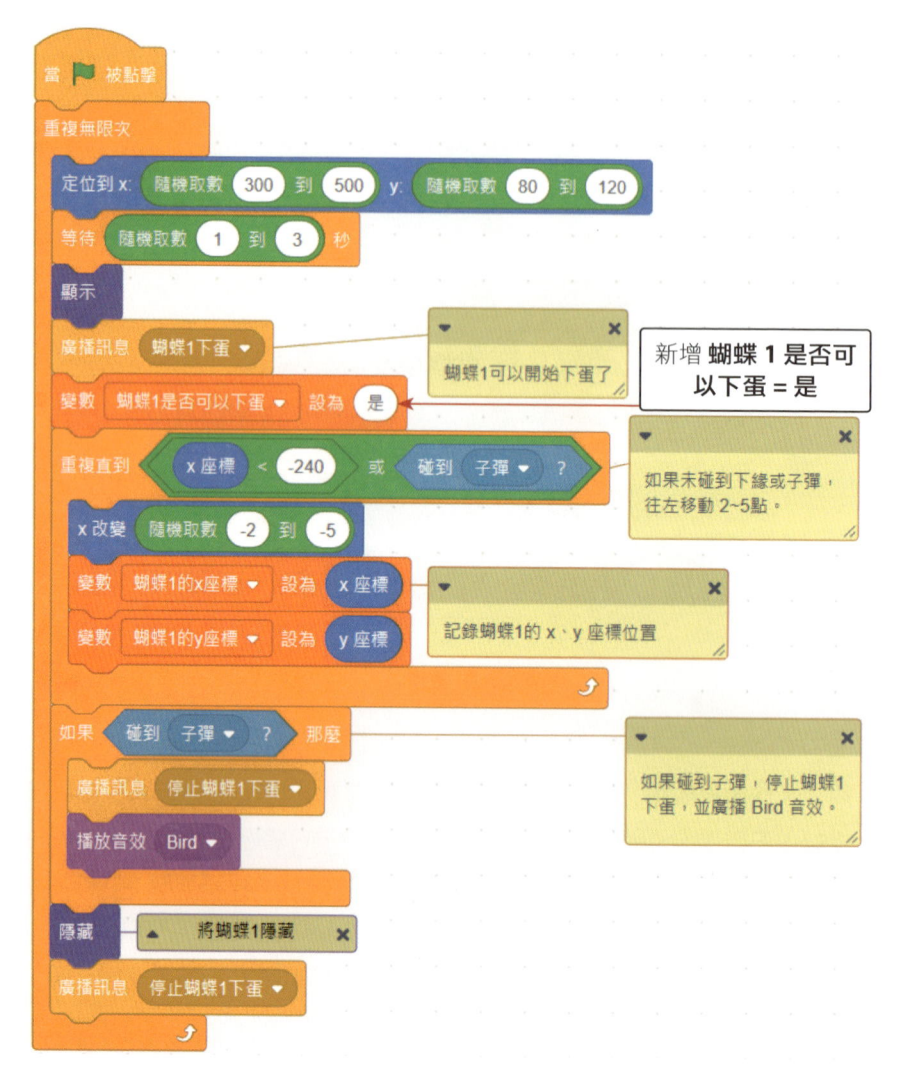

- 當 ▶ 被點擊
- 重複無限次
  - 定位到 x: 隨機取數 300 到 500　y: 隨機取數 80 到 120
  - 等待 隨機取數 1 到 3 秒
  - 顯示
  - 廣播訊息 蝴蝶1下蛋 ← 蝴蝶1可以開始下蛋了
  - 變數 蝴蝶1是否可以下蛋 設為 是 ← 新增 蝴蝶1是否可以下蛋 = 是
  - 重複直到 x座標 < -240 或 碰到 子彈 ? ← 如果未碰到下緣或子彈，往左移動 2~5 點。
    - x 改變 隨機取數 -2 到 -5
    - 變數 蝴蝶1的x座標 設為 x座標
    - 變數 蝴蝶1的y座標 設為 y座標 ← 記錄蝴蝶1的 x、y 座標位置
  - 如果 碰到 子彈 ? 那麼 ← 如果碰到子彈，停止蝴蝶1下蛋，並廣播 Bird 音效。
    - 廣播訊息 停止蝴蝶1下蛋
    - 播放音效 Bird
  - 隱藏 ▲ 將蝴蝶1隱藏 ✕
  - 廣播訊息 停止蝴蝶1下蛋

4. **子彈角色的積木**：同上一專題。

5. **蝴蝶蛋1角色的積木**：當接收 **蝴蝶1下蛋** 廣播訊息，還要檢查變數 **蝴蝶1是否可以下蛋** 是否等於 是，條件成立才允許下蛋。

進階專題 09

```
當收到訊息 蝴蝶1下蛋 ▼
隱藏
重複無限次
    等待 隨機取數 0.5 到 0.8 秒          每 0.5~0.8 秒製造一個分身。
    如果 蝴蝶1是否可以下蛋 = 是 那麼     蝴蝶1是否可以下蛋 = 是 才允許下蛋
        建立 蝴蝶蛋1 ▼ 的分身
```

將 **蝴蝶蛋 1** 分身移到 **蝴蝶 1** 的 x、y 座標，向下移動，每次移到 8 格，直到 y 座標 <-180 為止，然後將分身刪除。這些積木和基本版相同，但這個觀念非常重要，所以還是將它完整陳列。

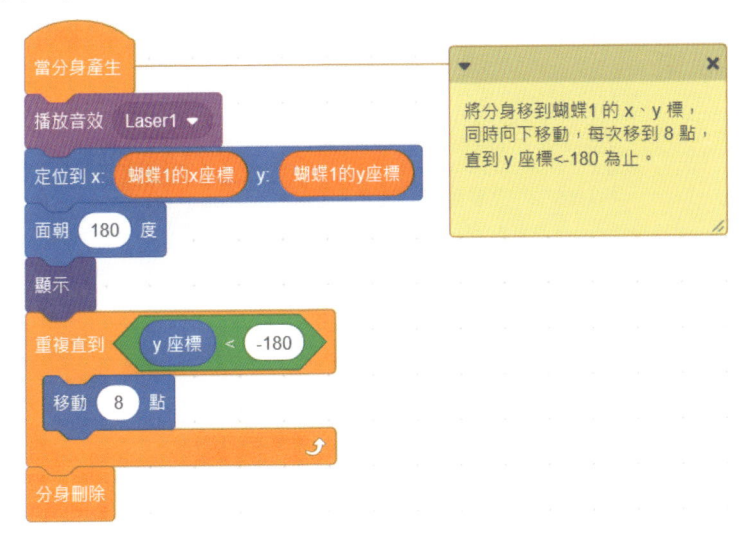

```
當分身產生
播放音效 Laser1 ▼                    將分身移到蝴蝶1的 x、y 標，
定位到 x: 蝴蝶1的x座標 y: 蝴蝶1的y座標  同時向下移動，每次移到 8 點，
面朝 180 度                           直到 y 座標<-180 為止。
顯示
重複直到 y座標 < -180
    移動 8 點
分身刪除
```

當蝴蝶超出左邊界，或被子彈擊中，必須停止製造 **蝴蝶蛋 1** 分身，我們刪除原來的積木，改用設定 **蝴蝶 1 是否可以下蛋 = 否** 控制不允許下蛋。

```
當收到訊息 停止蝴蝶1下蛋 ▼            改用設定 蝴蝶1是否可以下蛋 = 否 控制不允許下蛋
變數 蝴蝶1是否可以下蛋 ▼ 設為 否
```

9-37

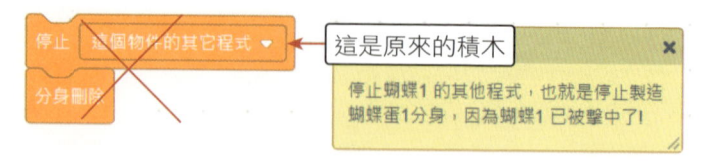

> 這是原來的積木
> 停止蝴蝶1 的其他程式，也就是停止製造蝴蝶蛋1分身，因為蝴蝶1 已被擊中了!

6. **複製蝴蝶角色積木**：**蝴蝶 2**、**蝴蝶 3** 角色積木和 **蝴蝶 1** 角色幾乎完全相同，可用複製積木方式完成之，然後再修改差異的部份。

請再建立 **蝴蝶 2 下蛋**、**停止蝴蝶 2 下蛋** 廣播訊息，然後將控制 **蝴蝶 1** 的積木，全部改為 **蝴蝶 2**。

- 改為 **蝴蝶 2 下蛋**
- 改為 **蝴蝶 2 是否可以下蛋**
- 改為 **蝴蝶 2 的 x、y 座標**
- 改為 **停止蝴蝶 2 下蛋**
- 改為 **停止蝴蝶 2 下蛋**

9-38

進階專題 **09**

同樣地操作，建立 **蝴蝶 3 下蛋**、**停止蝴蝶 3 下蛋** 廣播訊息，然後將控制 **蝴蝶 1** 的積木，全部改為 **蝴蝶 3**。

7. **複製蝴蝶蛋積木**：同樣地，也複製 **蝴蝶蛋 1** 角色積木到 **蝴蝶蛋 2**、**蝴蝶蛋 3** 角色，然後再修改差異的部份。同樣地操作，也修改 **蝴蝶蛋 3** 的積木。

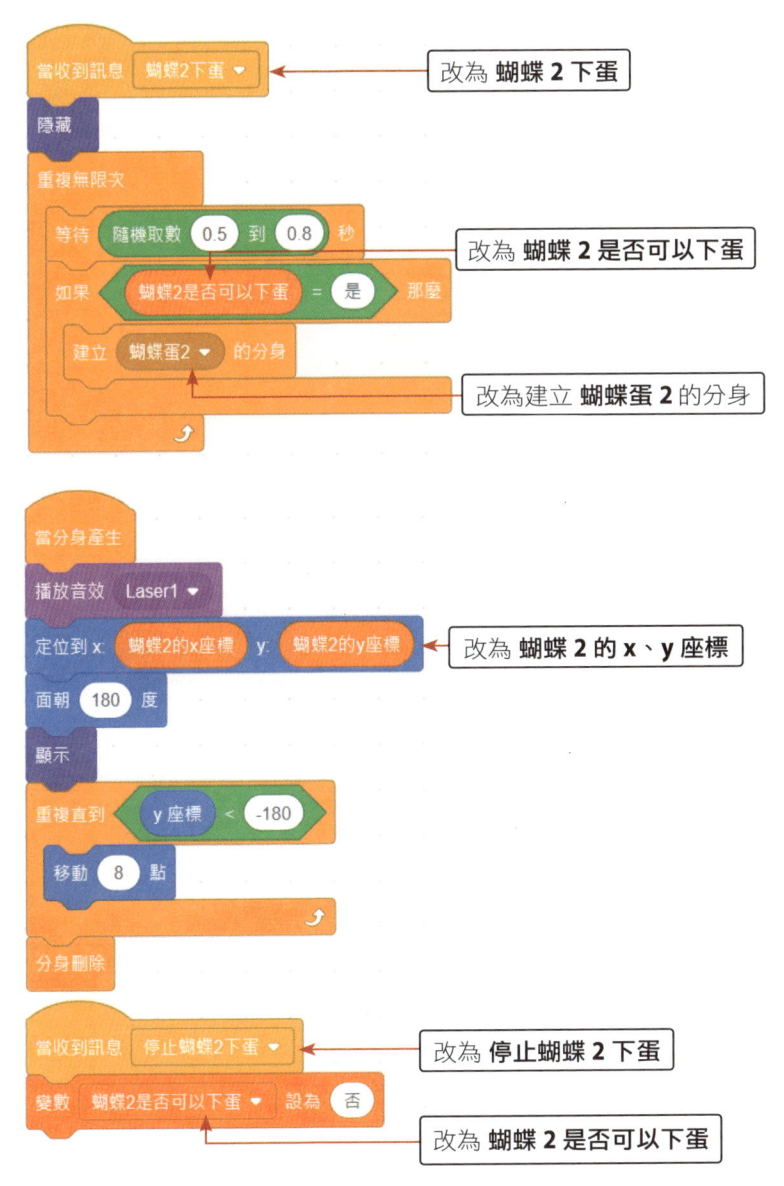

- 改為 **蝴蝶 2 下蛋**
- 改為 **蝴蝶 2 是否可以下蛋**
- 改為建立 **蝴蝶蛋 2** 的分身
- 改為 **蝴蝶 2 的 x、y 座標**
- 改為 **停止蝴蝶 2 下蛋**
- 改為 **蝴蝶 2 是否可以下蛋**

9-39

8. **猴子角色的積木**：同上一專題，再新增碰到 **蝴蝶蛋 2**、**蝴蝶蛋 3** 的音效。

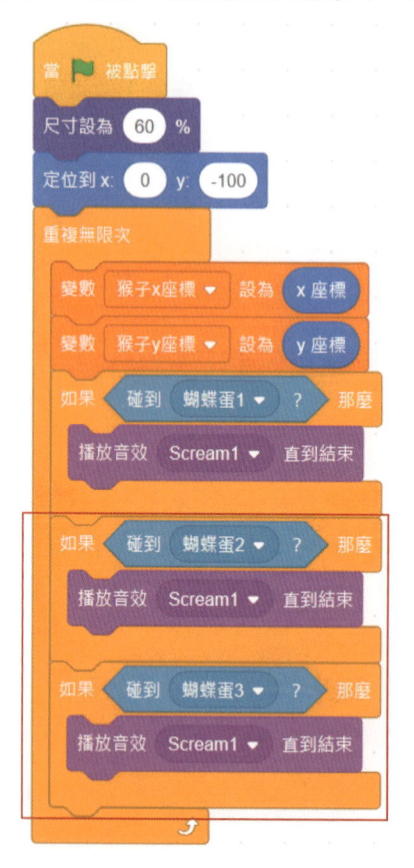

```
當 ▶ 被點擊
尺寸設為 60 %
定位到 x: 0 y: -100
重複無限次
    變數 猴子x座標 ▼ 設為 x座標
    變數 猴子y座標 ▼ 設為 y座標
    如果 碰到 蝴蝶蛋1 ▼ ? 那麼
        播放音效 Scream1 直到結束
    如果 碰到 蝴蝶蛋2 ▼ ? 那麼
        播放音效 Scream1 直到結束
    如果 碰到 蝴蝶蛋3 ▼ ? 那麼
        播放音效 Scream1 直到結束
```

9-40

程式設計邏輯訓練超簡單--Scratch 3 初學特訓班與 AI 應用(第二版)

作　　者：文淵閣工作室 編著　鄧君如 總監製
企劃編輯：王建賀
文字編輯：王雅雯
設計裝幀：張寶莉
發 行 人：廖文良

發 行 所：碁峰資訊股份有限公司
地　　址：台北市南港區三重路 66 號 7 樓之 6
電　　話：(02)2788-2408
傳　　真：(02)8192-4433
網　　站：www.gotop.com.tw
書　　號：ACL071100
版　　次：2024 年 08 月二版
　　　　　2025 年 08 月二版二刷
建議售價：NT$360

國家圖書館出版品預行編目資料

程式設計邏輯訓練超簡單：Scratch 3 初學特訓班與 AI 應用 / 文淵閣工作室編著. -- 二版. -- 臺北市：碁峰資訊, 2024.08
　面；　公分
　ISBN 978-626-324-872-4(平裝)

　1.CST：電腦遊戲　2.CST：電腦動畫設計
312.8　　　　　　　　　　　　　　　　113010674

商標聲明：本書所引用之國內外公司各商標、商品名稱、網站畫面，其權利分屬合法註冊公司所有，絕無侵權之意，特此聲明。

版權聲明：本著作物內容僅授權合法持有本書之讀者學習所用，非經本書作者或碁峰資訊股份有限公司正式授權，不得以任何形式複製、抄襲、轉載或透過網路散佈其內容。
版權所有‧翻印必究

本書是根據寫作當時的資料撰寫而成，日後若因資料更新導致與書籍內容有所差異，敬請見諒。若是軟、硬體問題，請您直接與軟、硬體廠商聯絡。